无师道

Windows Vista操作系统

（第2版）

本书编委会　编著

電子工業出版社

Publishing House of Electronics Industry

北京·BEIJING

内容简介

Windows Vista是微软公司推出的新一代操作系统，具有精美华丽的界面外观、强大易用的功能，还提供了更高的安全性。

本书详细介绍了Windows Vista操作系统的相关知识，对于初学电脑的用户有很大的帮助，主要包括Windows Vista的安装、Windows Vista的基本操作、文件与文件夹的管理、Windows Vista的个性化设置、汉字输入、用户账户管理、娱乐工具和视频软件的使用、网络连接与网上冲浪以及系统安全与维护等方面的内容。

本书实用性强、语言通俗易懂、结构清晰明了，并配有精彩实用的交互式多媒体光盘，非常适合Windows Vista操作系统的初学者使用，也可作为各类电脑培训班和广大电脑爱好者的教材和参考书。

图书在版编目(CIP)数据

Windows Vista操作系统 / 本书编委会编著.-2版.—北京：电子工业出版社，2009.3
（无师通）
ISBN 978-7-121-07759-3

I. W… Ⅱ.本… Ⅲ.窗口软件，Windows Vista Ⅳ.TP316.7

中国版本图书馆CIP数据核字（2008）第177435号

责任编辑：刘 舫
印　　刷：北京市天竺颖华印刷厂
装　　订：三河市鑫金马印装有限公司
出版发行：电子工业出版社
　　　　　北京市海淀区万寿路173信箱　　　邮编：100036
开　　本：787×1092　　1/16　　　　印张：20.75　　　　字数：531千字
印　　次：2009年3月第1次印刷
定　　价：39.00元（含光盘一张）

凡所购买电子工业出版社图书有缺损问题，请向购买书店调换。若书店售缺，请与本社发行部联系，联系及邮购电话：（010）88254888。

质量投诉请发邮件至zlts@phei.com.cn，盗版侵权举报请发邮件至dbqq@phei.com.cn。

服务热线：（010）88258888。

前　言

电脑是现在人们工作和生活的重要工具，掌握电脑的使用知识和操作技能已经成为人们工作和生活的重要能力之一。在当今高效率、快节奏的社会中，电脑初学者都希望能有一本为自己"量身打造"的电脑参考书，帮助自己轻松掌握电脑知识。

我们经过多年潜心研究，不断突破自我，为电脑初学者提供了这套学练结合的精品图书，可以让电脑初学者在短时间内轻松掌握电脑的各种操作。

此次推出的这套丛书采用"实用的电脑图书+交互式多媒体光盘+电话和网上疑难解答"的模式，通过配套的多媒体光盘完成书中主要内容的讲解，通过电话答疑和网上答疑解决读者在学习过程中遇到的疑难问题，这是目前读者自学电脑知识的最佳模式。

丛书的特点

本套丛书的最大特色是学练同步，学习与练习相互结合，使读者看过图书后就能够学以致用。

- **突出知识点的学与练**：本套丛书在内容上每讲解完一小节或一个知识点，都紧跟一个"动手练"环节让读者自己动手进行练习。在结构上明确划分出"学"和"练"的部分，有利于读者更好地掌握应知应会的知识。
- **图解为主的讲解模式**：以图解的方式讲解操作步骤，将重点的操作步骤标注在图上，使读者一看就懂，学起来十分轻松。
- **合理的教学体例**：章前提出"本章要点"，一目了然；章内包括"知识点讲解"与"动手练"板块，将所学的知识应用于实践，注重体现动手技能的培养；章后设置"疑难解答"，解决学习中的疑难问题，及时巩固所学的知识。
- **通俗流畅的语言**：专业术语少，注重实用性，充分体现动手操作的重要性，讲解文字通俗易懂。
- **生动直观的多媒体自学光盘**：借助多媒体光盘，直观演示操作过程，使读者可以方便地进行自学，达到无师自通的效果。

丛书的主要内容

本丛书主要包括以下图书：

- Windows Vista操作系统（第2版）
- Excel 2007电子表格处理（第2版）
- Word 2007电子文档处理（第2版）
- 电脑组装与维护（第2版）
- PowerPoint 2007演示文稿制作
- Excel 2007财务应用
- 五笔字型与Word 2007排版
- 系统安装与重装
- Office 2007办公应用（第2版）
- 电脑入门（第2版）
- 网上冲浪（第2版）
- Photoshop与数码照片处理（第2版）
- Access 2007数据库应用
- Excel 2007公式、函数与图表应用
- BIOS与注册表
- 电脑应用技巧

- ▶ 电脑常见问题与故障排除
- ▶ Photoshop CS3图像处理
- ▶ Dreamweaver CS3网页制作
- ▶ AutoCAD机械绘图
- ▶ 3ds Max 2009室内外效果图制作

- ▶ 常用工具软件
- ▶ Photoshop CS3特效制作
- ▶ Flash CS3动画制作
- ▶ AutoCAD建筑绘图
- ▶ 3ds Max 2009动画制作

丛书附带光盘的使用说明

　　本书附带的光盘是《无师通》系列图书的配套多媒体自学光盘，以下是本套光盘的使用简介，详情请查看光盘上的帮助文档。

- ▶ **运行环境要求**
  操作系统：Windows 9X/Me/2000/XP/2003/NT/Vista简体中文版
  显示模式：1024×768像素以上分辨率、16位色以上
  光驱：4倍速以上的CD-ROM或DVD-ROM
  其他：配备声卡、音箱（或耳机）
- ▶ **安装和运行**

　　将光盘放入光驱中，光盘中的软件将自动运行，出现运行主界面。如果光盘未能自动运行，请用鼠标右键单击光驱所在盘符，选择【展开】命令，然后双击光盘根目录下的"Autorun.exe"文件。

丛书的实时答疑服务

　　为更好地服务于广大读者和电脑爱好者，加强出版者和读者的交流，我们推出了电话和网上疑难解答服务。

- ▶ **电话疑难解答**
  电话号码：010-88253801-168
  服务时间：工作日9:00~11:30，13:00~17:00
- ▶ **网上疑难解答**
  网站地址：faq.hxex.cn
  电子邮件：faq@phei.com.cn
  服务时间：工作日9:00~17:00（其他时间可以留言）

丛书的作者

　　参与本套丛书编写的作者为长期从事计算机基础教学的老师或学者，他们具有丰富的教学经验和实践经验，同时还总结出了一套行之有效的电脑教学方法，这些方法都在本套丛书中得到了体现，希望能为读者朋友提供一条快速掌握电脑操作的捷径。

　　本套丛书以教会大家使用电脑为目的，希望读者朋友在实际学习过程中多加强动手操作与练习，从而快速轻松地掌握电脑操作技能。

　　由于作者水平有限，书中疏漏和不足之处在所难免，恳请广大读者及专家不吝赐教。

目　　录

第1章　走进Windows Vista系统...1
  1.1　Windows Vista的版本与安装...2
    1.1.1　Windows Vista操作系统的版本...2
    1.1.2　Windows Vista的硬件要求...2
    1.1.3　安装Windows Vista操作系统...3
  1.2　Windows Vista的启动与退出...6
    1.2.1　Windows Vista的启动...6
    1.2.2　Windows Vista的退出...7
    1.2.3　迎接用户的第一个窗口——欢迎中心...8
  1.3　Windows Vista系统的操作界面...9
    1.3.1　Windows Vista的桌面...9
    1.3.2　Windows Vista的窗口...12
    1.3.3　Windows Vista的对话框...14
    1.3.4　Windows Vista的菜单...17
  1.4　Windows Vista的帮助和支持...18
    1.4.1　"帮助和支持"窗口...18
    1.4.2　联机帮助与脱机帮助...20

第2章　Windows Vista的桌面和窗口操作...22
  2.1　使用与设置桌面图标...23
    2.1.1　移动桌面图标...23
    2.1.2　桌面图标的查看和排序...23
    2.1.3　显示常用桌面图标...24
    2.1.4　创建快捷方式...24
  2.2　使用与设置任务栏...26
    2.2.1　调整任务栏的大小和位置...26
    2.2.2　快速启动工具栏...26
    2.2.3　设置语言栏...27
    2.2.4　系统通知区域...28
    2.2.5　分组显示任务栏窗口按钮...29
  2.3　使用Windows边栏...30
    2.3.1　打开与关闭Windows边栏...30
    2.3.2　添加或删除小工具...31
    2.3.3　设置Windows边栏属性...32
    2.3.4　设置小工具属性...32
  2.4　使用"开始"菜单...33
    2.4.1　启动与搜索程序...33
    2.4.2　切换"开始"菜单的视图模式...34
    2.4.3　自定义"开始"菜单...35
  2.5　Windows Vista的窗口操作...35
    2.5.1　窗口的基本操作...35
    2.5.2　窗口预览功能...37
    2.5.3　Windows Flip与Flip 3D功能...38

第3章　Windows Vista的文件管理...40
  3.1　文件管理基础知识...41

3.1.1 文件夹和文件的定义 41
3.1.2 文件类型和打开文件 41
3.1.3 认识"计算机"窗口 43
3.1.4 认识资源管理器窗口 46
3.1.5 用户的个人文件夹 47
3.2 浏览和查看电脑中的文件 47
3.2.1 浏览电脑中的文件 47
3.2.2 搜索文件和文件夹 49
3.2.3 改变文件的视图方式 51
3.2.4 文件的排序 51
3.2.5 文件的分组 53
3.2.6 文件的筛选 54
3.2.7 文件的堆叠方式 55
3.3 文件夹与文件的基本操作 56
3.3.1 创建文件夹或文件 56
3.3.2 选中文件夹或文件 57
3.3.3 复制文件夹或文件 58
3.3.4 移动文件夹或文件 59
3.3.5 重命名文件夹或文件 60
3.3.6 删除文件夹或文件 61
3.4 设置文件夹与文件的属性 62
3.4.1 查看文件夹与文件的属性 62
3.4.2 隐藏或显示文件或文件夹 63
3.4.3 设置只读属性 65
3.4.4 自定义文件备注信息 66
3.5 使用回收站 67
3.5.1 查看与还原被删除的文件 67
3.5.2 永久删除文件和清空回收站 68
3.6 文件的加密 69
3.6.1 加密文件 69
3.6.2 备份加密证书 70

第4章 Windows Vista的汉字录入 74
4.1 输入法简介 75
4.2 输入法的切换与设置 75
4.2.1 切换输入法 75
4.2.2 输入法状态条 76
4.2.3 添加或删除输入法 76
4.3 微软拼音输入法 77
4.3.1 操作界面 78
4.3.2 输入中文 78
4.3.3 中英文切换 80
4.3.4 输入特殊字符 80

第5章 个性化Windows Vista系统设置 82
5.1 个性化外观和声音 83
5.1.1 设置Windows的颜色和外观 83
5.1.2 更换桌面背景 83
5.1.3 设置屏幕保护程序 84
5.1.4 设置系统声音 85
5.1.5 更改主题 87
5.1.6 设置分辨率和刷新率 87
5.1.7 启用Windows Aero系统方案 88
5.2 系统的其他基本设置 90
5.2.1 系统管理工具——控制面板 90

5.2.2 设置系统时间 91
5.2.3 设置计算机名 92
5.2.4 启用或禁用自动更新 93
5.2.5 管理系统字体 94
5.2.6 体验索引 96
5.3 硬件基本设置 97
5.3.1 查看电脑硬件信息 97
5.3.2 禁用或启用硬件设备 98
5.3.3 卸载硬件设备 98
5.3.4 设置鼠标参数 99
5.3.5 设置键盘参数 100
5.3.6 使用可移动存储设备 101
5.4 系统的电源管理 102
5.4.1 创建电源计划 102
5.4.2 删除电源计划 104
5.4.3 更改现有电源计划 104

第6章 Windows Vista的应用程序和组件 107
6.1 安装或卸载应用程序 108
6.1.1 安装应用程序 108
6.1.2 卸载应用程序 110
6.1.3 解决程序兼容性问题 111
6.2 添加或删除系统组件 112
6.2.1 添加Windows组件 112
6.2.2 删除Windows组件 113
6.3 使用Windows日历 114
6.3.1 创建约会 114
6.3.2 创建任务 116
6.4 使用Tablet PC工具 117
6.4.1 Tablet PC输入面板 117
6.4.2 Windows日记本 119
6.4.3 粘滞便笺 121
6.5 使用Windows Vista的截图工具 121
6.5.1 截取图像 121
6.5.2 处理和保存图像 122
6.6 使用Windows边栏小工具 123
6.6.1 使用"便笺" 123
6.6.2 管理"联系人" 124
6.6.3 设置"幻灯片放映" 126

第7章 Windows Vista的影音娱乐 128
7.1 Windows Media Player 129
7.1.1 启动WMP 129
7.1.2 打开影音文件 130
7.1.3 播放影音文件 131
7.1.4 媒体库 132
7.1.5 从CD中翻录音乐 136
7.2 Windows 照片库 137
7.2.1 Windows照片库窗口 137
7.2.2 导入其他文件夹 139
7.2.3 从数码相机中导入图片 140
7.2.4 修复图片 142
7.2.5 剪切图片 144
7.3 Windows Media Center 145
7.3.1 首次启动Windows Media Center 145

7.3.2 在音乐库中添加音乐 147
7.3.3 在图片库中浏览图片 149
7.4 Windows Movie Maker 150
7.4.1 Windows Movie Maker基础入门 150
7.4.2 导入素材 151
7.4.3 剪辑视频 153
7.4.4 移动或复制片断 157
7.4.5 添加视频效果 158
7.4.6 添加过渡效果 160
7.4.7 添加背景音乐 161
7.4.8 添加片头和片尾 163
7.4.9 保存视频 166

第8章 Windows Vista的用户账户管理 171
8.1 管理用户账户 172
8.1.1 创建新用户账户 172
8.1.2 设置用户密码 173
8.1.3 个性化用户头像 174
8.1.4 删除用户账户 175
8.1.5 用户账户的注销与切换 176
8.1.6 开启Guest来宾账户 176
8.2 家长控制 178
8.2.1 启用家长控制 178
8.2.2 限制可访问的网站 179
8.2.3 限制登录时间 180
8.2.4 控制可运行的游戏 181
8.2.5 控制可运行的程序 182
8.2.6 家长控制的运行效果 183
8.3 用户账户控制 185
8.3.1 用户账户控制机制 185
8.3.2 应对UAC对话框 185
8.3.3 UAC的禁用与启用 187
8.3.4 禁用安全桌面 188

第9章 Windows Vista的网络连接 191
9.1 进入Windows Vista的网络设置 192
9.1.1 打开网络和共享中心 192
9.1.2 认识网络和共享中心 193
9.1.3 网络窗口 196
9.2 建立ADSL连接 197
9.2.1 上网方式 197
9.2.2 创建ADSL拨号连接 198
9.2.3 拨号上网 200
9.2.4 创建连接快捷方式 202
9.3 局域网共享上网 202
9.3.1 局域网的硬件配置 202
9.3.2 配置电脑的IP地址 204
9.3.3 设置网络标识和工作组 206
9.3.4 打开网络发现 207
9.4 网络设置管理 207
9.4.1 更改网络位置 207
9.4.2 自定义网络图标 209
9.4.3 网络诊断和修复 210
9.5 局域网中的资源共享 211
9.5.1 开启文件共享 211

9.5.2 启用公用义件共享 212
9.5.3 共享任意文件夹 213
9.5.4 高级共享 214
9.5.5 停止文件共享 216
9.5.6 使用密码保护共享 217
9.6 Windows会议室 217
9.6.1 Windows会议室设置 217
9.6.2 创建新会议 218
9.6.3 共享会话 219
9.6.4 离开和退出会议 222

第10章 使用IE浏览器上网冲浪 224
10.1 Internet Explorer与网页浏览 225
10.1.1 IE 7.0的操作界面 225
10.1.2 使用IE 7.0打开网页 226
10.1.3 IE 7.0的选项卡操作 227
10.1.4 保存网页中的图片 229
10.1.5 保存整个网页 230
10.1.6 网页的显示设置 231
10.2 IE 7.0的使用技巧 233
10.2.1 用收藏夹收藏网站 233
10.2.2 管理收藏夹 235
10.2.3 使用历史记录 236
10.2.4 使用默认主页 237
10.2.5 订阅RSS源 238
10.2.6 使用自动完成功能 240
10.3 IE 7.0的基本设置 241
10.3.1 设置IE的语言 241
10.3.2 设置IE辅助选项 243
10.3.3 设置选项卡 245
10.3.4 管理加载项 246
10.3.5 禁止弹出广告窗口 248
10.3.6 清除IE临时文件夹 249
10.4 IE 7.0的安全和隐私设置 250
10.4.1 安全区域 250
10.4.2 设置可信站点 252
10.4.3 保护模式 253
10.4.4 仿冒网站 254
10.4.5 Cookie和隐私设置 256
10.4.6 设置临时文件 256

第11章 网上下载与网络通信 259
11.1 搜索与下载网络资源 260
11.1.1 使用搜索引擎 260
11.1.2 巧用Live Search 262
11.1.3 使用IE下载网络资源 264
11.2 Windows Live Messenger 266
11.2.1 下载与安装Windows Live Messenger 266
11.2.2 登录Windows Live Messenger 268
11.2.3 添加联系人 269
11.2.4 发送与接收聊天信息 270
11.2.5 视频聊天 271
11.3 Windows Mail 272
11.3.1 电子邮件入门 272
11.3.2 配置Mail账户 273

11.3.3　撰写与发送电子邮件..275
11.3.4　添加附件..276
11.3.5　查收新电子邮件..278
11.3.6　阅读与回复电子邮件..279
11.3.7　身份验证设置..280

第12章　Windows Vista的系统安全..284
　12.1　Windows Vista安全中心..285
　　12.1.1　进入安全中心..285
　　12.1.2　安全报警与修复..285
　　12.1.3　禁止报警信息..288
　12.2　Windows Defender..289
　　12.2.1　Windows Defender与间谍软件..289
　　12.2.2　打开或关闭Windows Defender..289
　　12.2.3　扫描间谍软件..291
　　12.2.4　设置自动扫描..292
　　12.2.5　设置警报等级..294
　　12.2.6　删除或还原隔离项目..294
　12.3　Windows防火墙设置..295
　　12.3.1　启用或禁用Windows防火墙..295
　　12.3.2　配置例外项目..296

第13章　Windows Vista的系统维护..300
　13.1　使用系统工具维护磁盘..301
　　13.1.1　磁盘清理..301
　　13.1.2　磁盘碎片整理..302
　　13.1.3　计划定期运行磁盘清理..303
　13.2　系统性能检测工具..305
　　13.2.1　任务管理器简介..305
　　13.2.2　使用任务管理器..307
　　13.2.3　可靠性和性能监视器..308
　　13.2.4　使用资源视图..310
　13.3　备份与还原中心..311
　　13.3.1　备份个人文件..311
　　13.3.2　还原个人文件..313
　　13.3.3　Complete PC备份..315
　　13.3.4　Complete PC还原..316
　13.4　系统备份与还原..316
　　13.4.1　创建系统还原点..316
　　13.4.2　还原系统..318
　　13.4.3　撤销还原..319

Chapter 01

第1章 走进Windows Vista系统

本章要点

↳ Windows Vista系统的版本与安装

↳ Windows Vista系统的启动与退出

↳ Windows Vista系统的操作界面

↳ Windows Vista系统的帮助与支持

Windows Vista是微软推出的新一代操作系统，它不但具有精美华丽的界面外观、强大易用的功能，还提供了更高的安全性能。用户可了解Windows Vista操作系统的不同版本，选择满足需求的版本进行安装。启动Windows Vista后，可以看到一个不同以往操作系统的桌面，不用担心完全陌生的界面，借助"欢迎中心"和"帮助和支持"，可以马上对Windows Vista系统熟悉起来。

1.1 Windows Vista的版本与安装

电脑的软件组成主要由系统软件和应用程序两部分构成，而操作系统就是系统软件的基础。微软在2007年正式推出了新一代的Windows Vista操作系统，以其华丽的界面和突出的系统功能吸引人们的眼球。

1.1.1 Windows Vista操作系统的版本

针对不同的用户群，Windows Vista操作系统主要划分了5个版本：家庭高级版（Windows Vista Home Premium）、家庭普通版（Windows Vista Home Basic）、商用版（Windows Vista Business）、企业版（Windows Vista Enterprise）和旗舰版（Windows Vista Ultimate），如图1-1所示。

★ 图1-1

用户可根据自己的实际需要选择适合自己的版本，这5种版本的功能和性能特点简单介绍如下。

- 家庭高级版（Windows Vista Home Premium）：提供简洁、赏心悦目的操作界面，支持多媒体中心等基本的家庭影音娱乐需求；IE 7.0完善的上网安全体制提供网上安全保障；内置家长控制功能，帮助家长监督和限制孩子使用电脑和网络。

- 家庭普通版（Windows Vista Home Basic）：简单易用且安全稳定，能满足普通用户的学习和影音娱乐需求，占用系统资源相对较少，系统的安全性和稳定性较好。

- 商用版（Windows Vista Business）：适合中小企业使用，除了基本的影音、网络等娱乐功能和安全机制外，增强了商务办公处理功能，例如Windows传真和扫描、Windows轻松传送、用户账户控制和增强的组策略功能，以及Windows会议室等。

- 企业版（Windows Vista Enterprise）：适合大型企业使用，便捷、直观而高效的文件管理工具让企业员工轻松查找和使用所需的信息，以提升工作效率；在保持高安全性级别的同时，提供有效的技术工具，最大程度地满足移动办公人员的工作需求。

- 旗舰版（Windows Vista Ultimate）：涵盖Windows Vista的所有功能，同时提供35种语言版本，满足家庭、办公、企业用户的全部多媒体影音需求和文件管理需求，提供多重安全防御机制保护电脑安全，同时对电脑硬件配置要求也很高。

本书主要以Windows Vista的旗舰版（Windows Vista Ultimate）为系统平台，讲解Windows Vista操作系统的界面、基本使用和基本设置等基础知识。

1.1.2 Windows Vista的硬件要求

不同操作系统对电脑的硬件组成有不同的要求。要支持华丽的Windows Vista操

作系统，需要相对较高的电脑硬件配置，以下是安装和使用Windows Vista操作系统所需要的最低电脑配置要求。

- ▶ CPU：最低要求1GHz以上，或者64位（x64）中央处理器（推荐1.8GHz以上的CPU）。
- ▶ 内存：至少512MB以上的内存（推荐使用1GB以上内存）。
- ▶ 硬盘：至少20GB以上的容量，最好保证剩余硬盘空间在15GB以上。
- ▶ 显卡：全面支持DirectX 9，至少128MB以上显存的显卡，并支持Pixel Shader 2.0和WDDM。
- ▶ 网卡：具有10/100Mb/s以上带宽的网卡。
- ▶ 光驱：DVD-ROM光驱，或者DVD刻录机。

1.1.3 安装Windows Vista操作系统

Windows Vista操作系统的安装方式有如下几种：全新安装、升级安装和无人值守安装。对于还没有安装任何操作系统，或者卸载掉原操作系统的电脑，可采用全新安装的常规安装方式。

Windows Vista的安装流程与Windows XP等操作系统的安装流程类似，只有一些较小的差别。在安装前需要准备一张Windows Vista操作系统的安装光盘或由镜像文件制作的光盘。

安装Windows Vista的常规流程大致如图1-2所示。

- ▶ BIOS参数设置：主要是将电脑设置为从光驱启动。
- ▶ 启动安装程序：将Windows Vista的安装光盘放入光驱，运行安装程序。

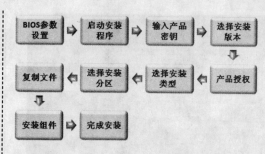

★ 图1-2

- ▶ 输入产品密钥：在安装设置过程中输入产品密钥，或者激活操作系统。
- ▶ 选择安装版本：选择要安装的Windows Vista的版本。
- ▶ 产品授权：阅读并接受许可协议。
- ▶ 选择安装类型：在安装设置过程中需要选择安装的类型，有"升级"安装和"自定义"安装两种选择。
- ▶ 选择安装分区：选择安装Windows Vista的硬盘分区，该分区的剩余容量必须大于8GB，并且必须为NTFS硬盘分区格式；如果在安装前未进行硬盘分区和格式化，需要在此步骤中创建和格式化分区。
- ▶ 复制文件：安装程序将安装文件复制到硬盘分区中。
- ▶ 安装组件：安装程序安装所有系统组件并且自动安装更新。
- ▶ 完成安装：组件安装完成后重启电脑，然后完成最后的启动设置。

动 手 练

下面跟随讲解练习使用光盘安装Windows Vista操作系统，其具体步骤如下。

1 启动电脑，在显示开机自检画面时按提示的热键进入BIOS设置界面，然后将第一引导启动设备设置为光驱启动（CDROM），如图1-3所示。

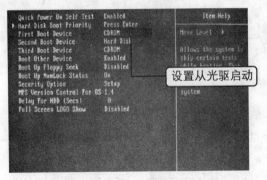

★ 图1-3

2 将Windows Vista的安装光盘放入光驱，同时保存并退出BIOS设置，重新启动电脑。然后在安装光盘的引导下开始加载所需的执行文件，如图1-4所示。

★ 图1-4

3 电脑启动安装程序并加载boot.wim，安装程序启动后，弹出"安装Windows"对话框，在该对话框中选择需要安装的语言类型、合适的时间和货币格式以及键盘和输入方法，然后单击"下一步"按钮，如图1-5所示。

★ 图1-5

4 在接下来弹出的对话框中单击"现在安装"按钮，正式开始安装Windows Vista操作系统，如图1-6所示。

★ 图1-6

5 屏幕上会显示约几分钟时间的等待界面，然后弹出"键入产品密钥进行激活"对话框页面，在"产品密钥"文本框中按顺序正确输入Windows Vista的产品密钥，单击"下一步"按钮，如图1-7所示。

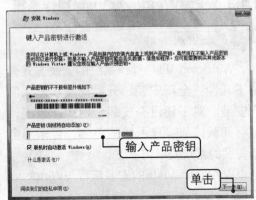

★ 图1-7

提 示

　　如果不输入产品密钥，直接单击"下一步"按钮，然后在弹出的"您想现在输入密钥吗？"对话框中单击"否"按钮，可以跳过输入产品密钥环节。但是在以后的使用过程中，还需再输入产品密钥。

6 进入"选择要安装的操作系统"对话框页面，在Windows Vista版本列表中选中需要安装的系统版本，然后单击"下一步"按钮，如图1-8所示。

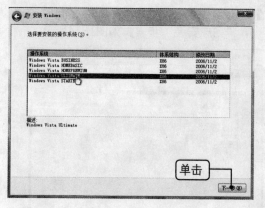

★ 图1-8

7 进入"请阅读许可条款"页面，阅读该许可条款后勾选"我接受许可条款"复选项，然后单击"下一步"按钮，如图1-9所示。

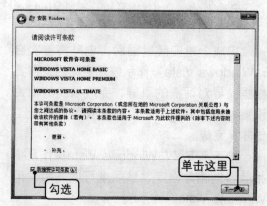

★ 图1-9

8 进入"您想进行何种类型的安装"页面，单击"自定义（高级）"安装方式选项，如图1-10所示。

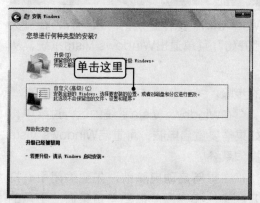

★ 图1-10

> **提 示**
>
> 在使用安装光盘引导安装的环境下，"升级"安装选项是不可用的，用户只能使用"自定义"安装方式。而如果采用的是升级安装方式，此时若要选择"升级"安装，在升级前必须保证系统盘剩余空间大于10GB。

9 进入"您想将Windows安装在何处？"页面，选择安装操作系统的分区，如果硬盘还没有划分系统分区，则选中未分配的磁盘空间，然后单击"驱动器选项（高级）"按钮，如图1-11所示。

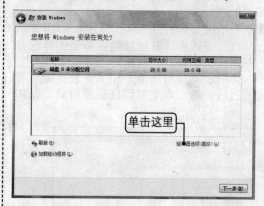

★ 图1-11

10 若没有划分系统分区，需要新建系统分区，在分区列表中选中未分配的磁盘空间，然后单击下方的"新建"按钮，再在"大小"微调框中输入需要创建的系统分区的大小，再单击"应用"按钮以新建一个硬盘分区，如图1-12所示。

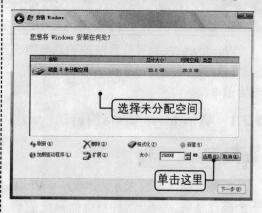

★ 图1-12

注　意

　　Windows Vista只能被安装在NTFS格式的硬盘分区中。并且由于Windows Vista系统需要占用较多的磁盘空间，建议系统分区的剩余容量必须大于8GB。

11 对话框的分区列表中显示刚创建的硬盘分区，接下来重复上一步的操作创建其他分区。如果已经划分了硬盘分区，可选中系统分区，直接单击"格式化"按钮，将系统分区格式化为NTFS格式就可以了。

12 选中已经格式化的系统分区，然后单击"下一步"按钮，开始在该分区中安装系统文件。

13 对话框显示"正在安装Windows…"字样，安装程序开始复制安装文件并配置系统设置，安装程序自动完成"展开文件"、"安装功能"和"安装更新"等过程，然后电脑将会自动重新启动，如图1-13所示。

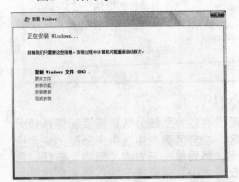

★ 图1-13

14 电脑重新启动后，安装程序自动进入"完成安装"步骤，如图1-14所示。

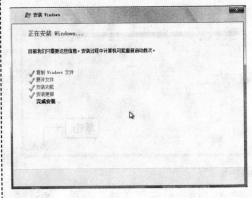

★ 图1-14

15 电脑再次自动重启，这次启动时会显示Windows Vista的滚动启动界面，准备启动Windows Vista系统，至此Windows Vista操作系统的初始安装便完成了。

　　完成上述安装过程后，电脑将首次启动Windows Vista操作系统。启动后，需要根据向导对话框的引导，完成系统的相关设置，设置完毕后，系统的安装和设置工作才算完成。

　　接下来安装与Windows Vista操作系统相兼容的驱动程序，然后就可以开始使用Windows Vista操作系统了。

1.2　Windows Vista的启动与退出

　　Windows Vista操作系统的启动与退出同Windows XP操作系统的方法一样，在每次启动电脑时，都启动Windows Vista系统。从"开始"菜单退出Windows Vista系统，从而关闭电脑。

1.2.1　Windows Vista的启动

　知识点讲解

　　如果电脑中只安装了Windows Vista一个操作系统，对于这种单操作系统的启动很简单，只需要开机即可。如果安装的是多操作系统，会增加一个选择操作系统的步骤。

　　在Windows Vista系统的运行过程中，如果需要重启电脑，可重启Windows Vista操作系统。

　　在重新启动电脑前，先要关闭所有打开的文件和程序。然后单击桌面左下角的"开始"按钮，在弹出的"开始"菜

单中单击 ▶ 按钮，再在弹出的菜单中单击"重新启动"命令即可重启电脑，如图1-15所示。

★ 图1-15

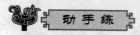

下面跟随讲解练习常规启动Windows Vista操作系统的具体方法。

1 做好开机准备，然后按下主机上的电源按钮（该按钮通常为 ⏻ 标志），启动电脑，显示开机自检画面。

2 如果安装了多操作系统，接下来会显示选择操作系统的页面，按上下光标移动键，选中要进入的Windows操作系统，然后按"Enter"键确认。

3 进入系统登录界面，单击自己的用户账户图标，如果设有账户密码还需在文本框中输入密码，然后单击旁边的水晶箭头按钮或按"Enter"键确认，即可启动系统，如图1-16所示。

★ 图1-16

提 示

如果没有设置用户账户密码，可以不用输入密码直接登录系统。

1.2.2 Windows Vista的退出

知识点讲解

在需要退出Windows Vista系统时，按照正确的关机步骤关闭电脑即可。如果想要实现Windows Vista操作系统的快速开关机，还可选择让电脑进入睡眠或休眠状态，以便迅速唤醒电脑。

1. 常规退出方法

按照常规方式，退出Windows Vista操作系统，就能彻底关闭电脑。退出Windows Vista的常规操作步骤如下。

先关闭所有打开的文件和程序，然后单击桌面左下角的"开始"按钮，在弹出的"开始"菜单中单击 ▶ 按钮，再在弹出的菜单中单击"关机"命令即可，如图1-17所示。

★ 图1-17

2. 进入睡眠状态

睡眠状态是电脑电源管理的一种节能模式，进入睡眠模式时不必关闭程序和文件，Windows系统会自动保存所有正在编辑的文件，然后关闭显示器显示信号和主机风扇，只需要很低的耗电量即可维持内存中的工作。

在下次开机时，只需唤醒电脑即可，并且开机后的屏幕显示将与关闭电脑前一

模一样。

让电脑进入睡眠状态的方法如下：单击桌面左下角的"开始"按钮，然后在弹出的"开始"菜单的右下角单击 按钮，再在弹出的菜单中单击"睡眠"命令即可，或者直接单击"电源"按钮（默认为"睡眠"功能）让电脑进入睡眠模式，如图1-18所示。

★ 图1-18

在下次开机时，按下主机机箱上的电源按钮即可唤醒电脑。因为唤醒电脑省去了Windows Vista的启动过程，所以可以在数秒钟内完成开机操作并恢复工作。

注 意

对于台式机，在电脑处于睡眠模式下时，主机机箱外侧的一个指示灯会闪烁或变黄。此时不能切断主机的电源，否则内存中的数据会全部丢失。

3. 进入休眠状态

休眠状态是电脑电源管理的另一种节能模式，进入休眠模式时也不必关闭程序和文件，Windows系统会自动保存所有正在编辑的文件，将内存中的所有内容保存到硬盘中，然后关闭电脑。

在下次使用电脑时，只需要唤醒电脑即可在几秒钟内完成开机，并且开机后的屏幕显示将与关闭电脑前一模一样。

让电脑进入休眠状态的方法如下：单击桌面左下角的"开始"按钮，然后在弹出的"开始"菜单的右下角单击 按钮，再在弹出的菜单中单击"休眠"命令即可，如图1-19所示。

★ 图1-19

在需要再次使用电脑时，按下主机机箱上的电源按钮即可唤醒电脑。并且是在数秒钟内完成开机，恢复关机前的所有屏幕显示内容。

注 意

与"睡眠"模式不同，电脑处于"休眠"模式时将所有内存中的数据都保存在硬盘中，不需要电源支持，所以可以切断主机电源。

1.2.3 迎接用户的第一个窗口——欢迎中心

知识点讲解

在安装完操作系统后，初次启动Windows Vista操作系统时，会弹出"欢迎中心"窗口，帮助用户熟悉Windows Vista的新功能和新特性。

在"欢迎中心"窗口中，有"1.Windows入门（14）"和"2.微软产品（6）"两大类别选项，单击其中的任意一个选项，即可在上方的绿色背景窗格中查看详细说明和功能链接。

例如单击"查看计算机详细信息"选项，窗口上方的窗格中便显示当前电脑的基本配置信息，并提供"显示更多详细信息"链接。单击窗格中提供的链接，便可打开对应的启动项目，查看更多内容，或者进行相关设置，如图1-20所示。

★ 图1-20

在"欢迎中心"窗口的左下角，取消"启动时运行（在控制面板的系统和维护中可以找到欢迎中心）"复选项的勾选，则以后启动系统时，就不会再自动打开"欢迎中心"窗口了。

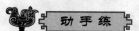

下面练习通过"欢迎中心"窗口来预

览Windows Vista的新功能和新特性。

在桌面左下角单击"开始"按钮，然后在弹出的"开始"菜单中单击"所有程序"→"附件"→"欢迎中心"命令，打开"欢迎中心"窗口，如图1-21所示。

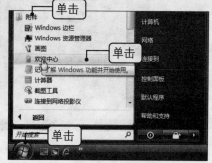

★ 图1-21

接下来就可以通过"欢迎中心"窗口预览Windows Vista的新功能和新特性了。

1.3 Windows Vista系统的操作界面

桌面、窗口、对话框、菜单等，仍然是Windows Vista操作系统实现人机对话的主要界面元素。Windows Vista操作系统的界面采用了更加华丽的玻璃质感效果，增强视觉冲击的同时，还增加了一些新的小功能。

1.3.1 Windows Vista的桌面

知识点讲解

启动Windows Vista系统后，首先映入眼帘的整个屏幕画面就是Windows Vista系统的桌面。桌面是所有操作的背景平台，它由桌面背景、桌面图标、"开始"按钮、任务栏和Windows边栏组成，如图1-22所示。

1. 桌面背景

桌面背景是衬于桌面图标、边栏和任务栏等之下的布满整个屏幕的背景图片，Windows Vista默认的桌面背景为由黄、绿、蓝等颜色组成的北极光，也可以将桌面背景更换为其他图片。

2. 桌面图标

桌面图标默认排列在桌面左侧，是启动程序、打开窗口、打开文件的便捷途径，桌面图标通常包括系统程序图标、应用程序的快捷启动方式图标、普通文件图标等，如图1-23所示。

桌面图标

桌面背景

"开始"按钮

Windows边栏

任务栏

★ 图1-22

★ 图1-23

用鼠标双击桌面图标，可以直接启动对应的程序，或者打开对应的文件。

其中在快捷方式图标的左下角带有一个指向右上方的小箭头，是程序或者文件的链接。

3. "开始"按钮与"开始"菜单

在Windows Vista桌面的左下角有一个圆形水晶按钮，该按钮便是"开始"按钮。该按钮嵌入在任务栏的最左端，按钮上的图形为Windows的徽标。单击"开始"按钮所打开的菜单便是"开始"菜单。

所谓"开始"菜单，顾名思义，就是所有操作的起点。从"开始"菜单中可以进行启动所有程序、打开文件夹窗口、关机、切换账户等操作。Windows Vista的"开始"菜单主要由用户账户图标、网络工具栏、常用程序列表、"所有程序"菜单、"开始搜索"框、文件夹和系统设置快速访问区、关机选项等几大部分组成，如图1-24所示。

在弹出的"开始"菜单中单击"所有程序"命令，才会打开"所有程序"菜单，再在该菜单中依次单击各级菜单命令，又可展开下一级菜单找到要启动的程序。

4. 任务栏

任务栏是桌面最底部一条狭长的按钮栏，底色为黑色。与桌面背景和桌面图标不同的是，任务栏不会被打开的窗口或对话框所覆盖，始终可见。任务栏主要由快速启动工具栏、窗口按钮栏、语言栏和系统通知区域组成，如图1-25所示。

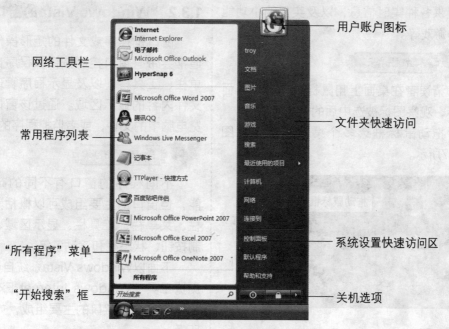

网络工具栏

常用程序列表

"所有程序"菜单

"开始搜索"框

用户账户图标

文件夹快速访问

系统设置快速访问区

关机选项

★ 图1-24

快速启动工具栏　　　　窗口按钮栏　　　　　　　　　　　语言栏　　系统通知区域

★ 图1-25

任务栏中占据最大空间的部分是中间的窗口按钮栏，用于显示已打开的程序或文件。每打开一个窗口，都会在窗口按钮栏中显示与之对应的矩形窗口按钮，单击其中的某个矩形按钮，即可切换到对应的窗口，还可以最大化或最小化对应的窗口。

5. Windows边栏

在Windows Vista操作系统桌面的右侧开辟了一块狭长的区域作为Windows边栏，在边栏中提供各种小工具程序，比如时钟、幻灯片、源标题等，如图1-26所示。

闹钟小工具

★ 图1-26

Windows边栏中的小工具是安装在系统中的一些实用的小程序，这些小工具可

以提供各种实时信息，以及实用的小功能和小游戏等。

动手练

请读者在桌面上用鼠标单击各个桌面图标，观察图标被选中后的效果。

拖动鼠标框选多个桌面图标，如图1-27所示。

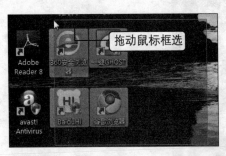

★ 图1-27

1.3.2 Windows Vista的窗口

窗口是程序或文件的矩形操作界面，通常会带有窗口控制按钮和程序自身的菜单栏、工具栏，以及显示程序管理内容或文件内容的显示区域。通过该窗口可以浏览电脑中的文件，或者监控程序的运行。

知识点讲解

不同程序的窗口有不同的布局和功能，但窗口的主要组成可以概括为：标题栏、菜单栏、工具栏、显示区域、窗口控制按钮、状态栏和滚动条等。

下面以Windows Vista系统自带的网页浏览工具"Windows Internet Explorer"窗口为例介绍窗口的主要组成，如图1-28所示。

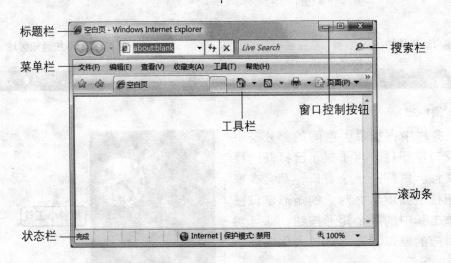

★ 图1-28

窗口的各组成部分的功能如下。

▶ 标题栏：位于窗口的顶部，其左端或中间部分显示窗口的名称（由该窗口所属的程序的名称和所显示的文件夹或文件的名称组成）；标题栏右端为窗口控制按钮，从左到右依次为"最小化"、"最大化/还原"和"关闭"按钮，用于控制窗口的显示和关闭。

▶ 搜索栏：搜索栏通常位于标题栏下方或右下方，并不是所有的窗口都有搜索栏，但该项设置可以说是几乎遍布Windows Vista的所有系统程序操作界面，比如"计算机"窗口、"Windows帮助和支持"窗口等。搜索栏是用于搜索电脑和网络中的信息的工具。

▶ 菜单栏：菜单栏位于标题栏和搜索栏

的下方，在默认设置下，Windows Vista系统程序操作界面中的菜单栏是被隐藏了的，通过按"Alt"键可以使菜单栏显示出来。菜单栏中包含程序的所有操作命令，并按用途归类到几个主菜单中，比如"文件"、"编辑"、"查看"、"收藏夹"、"工具"和"帮助"菜单。用鼠标单击菜单栏中的某个菜单名，即可弹出对应的下拉菜单，然后可以从中选择需要的操作。

- ▶ 工具栏：工具栏中集中了常用的工具按钮，每个工具按钮都有专用的功能。单击某个工具按钮，可以执行相应的操作，或者在弹出的下拉列表中选择具体操作。

- ▶ 状态栏：状态栏位于窗口的底部，显示程序的运行状态、窗口中被选中的对象的描述等信息。在Internet Explorer的状态栏中会显示当前打开的网页信息、保护模式等信息。

- ▶ 滚动条：当窗口显示区域中的内容不能完全显示时，就会在窗口的两侧或底部显示出滚动条，滚动条的两端各有一个滚动按钮。用鼠标拖动滚动条可以让显示页面随之滚动，若单击滚动条两端的滚动按钮可让页面根据网格移动。

除了以上基本的窗口组成外，许多应用程序的窗口界面中会增加或减少一些组成部分，比如Office 2007办公软件程序的窗口中没有菜单栏，只有选项卡功能区，还有许多应用程序窗口完全与传统的窗口外形大相径庭。

动手练

下面跟随讲解练习打开和关闭IE浏览器窗口的具体操作。

1 单击桌面左下角的"开始"按钮 ，

在弹出的菜单中依次单击"所有程序"→"Internet Explorer"命令，启动IE浏览器，如图1-29所示。

★ 图1-29

2 在打开的IE浏览器窗口中，按下键盘上的"Alt"键，显示出窗口菜单栏，如图1-30所示。

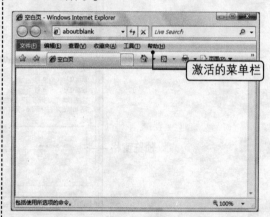

★ 图1-30

3 单击菜单栏中的"文件"命令，打开"文件"下拉菜单，如图1-31所示。

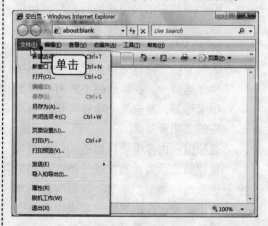

★ 图1-31

4 在弹出的下拉菜单中单击"退出"命令，退出IE浏览器程序，关闭程序窗口。

1.3.3　Windows Vista的对话框

对话框是特殊的窗口，专门提供各种选项和提示各种信息来要求用户做出选择和答复。在进行程序操作、系统参数设置、应用程序属性设置和文件属性设置等

时，就会用到各种各样的对话框。

Windows Vista系统中的对话框在外观上有了很大的改进。对话框主要由标题栏、"关闭"按钮和对话框页面组成，对话框页面中的内容多种多样，下面以Word 2007的"段落"对话框为例介绍对话框的基本组成，如图1-32所示。

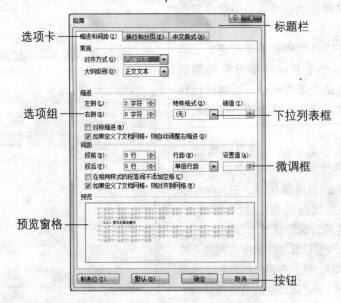

★ 图1-32

▶ 标题栏：位于对话框的顶端，Windows Vista系统中的对话框的标题栏与边框融为一体，采用同样的底色和底纹，显示对话框名称和"关闭"按钮。

▶ 选项卡：对话框中包含的多个页面被称做选项卡，在标题栏下方有一排选项卡标签，单击某个标签可切换到对应的选项卡页面。

▶ 选项组：由多个项目组成的一组选项被称做选项组，通常可分单选项和复选项两种类型。单选项前面有圆形单选框，表示只能选择选项组中的一个选项；复选项前面有方形复选框，表示可以多选或者不选。

▶ 文本框：可以输入文字的方框被称做文本框。

▶ 微调框：用于调整数值的方框，右侧有一对上下微调按钮（分别指向上下方向的小三角形），用鼠标单击微调按钮可以将微调框中的数值增加或者减少。

▶ 下拉列表框：需要在下拉列表中选择选项的方框，单击其方框右侧的下拉按钮，在弹出的下拉列表中单击要选择的选项，方框中便显示被选择的项目。

▶ 列表框：直接列出所有选项供用户选择的方框，部分列表框中的选项还设

有多个选项组。

▶ 按钮：是页面中带有文字提示或详细说明的矩形方块，单击按钮表示执行对应的操作。

▶ 窗格：显示预览图的矩形区域，在设置图形方案、排版效果的对话框中最为常见。

▶ 链接：用一行文字表示，当鼠标指针指向该行文字时指针变为手指状，对其单击显示新的页面或者打开其他对话框、窗口等。

▶ 滑块：标有数值、刻度的可拖动的方块，用鼠标拖动滑块可调节该项参数的大小、等级、数值等，比如音量滑块。

注　意

注意到一些按钮上除了必要的文字说明和提示外还有带括号的字母了吗？比如"默认"按钮上的"默认（D）"。这些按钮上的字母是该按钮的快捷键提示，按下提示的字母键就等同用鼠标单击该按钮。

除了这些常规的对话框外，还有其他一些特殊对话框，比如提示对话框、打开或保存对话框、向导对话框等。

提示对话框是结构最为简单的对话框，只包含提示信息和简单的按钮。提示信息通常为要求用户确认某项操作，或者警告用户将要进行的操作有什么样的风险。

当要在一个程序中打开一个文件或保存一个文件时，会弹出"打开"对话框或"保存"对话框，此类对话框是对话框中少有的可以调大小的对话框，并且具有工具栏、地址栏、面板窗格等特殊的组成部分，如图1-33所示。

在进行系统选项设置、安装应用程序时，会使用到各种各样的向导对话框，如图1-34所示为"添加硬件"的向导对话框。

★ 图1-33

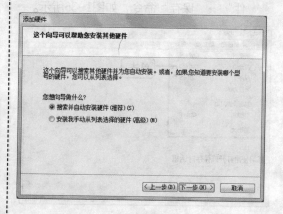

★ 图1-34

向导对话框主要通过各个步骤的提示、选项设置等来引导用户完成操作任务。这种对话框的最大特点就是在右下角有"下一步"、"上一步"和"完成"按钮。

动 手 练

请读者根据下面的操作提示，打开"记事本"程序并输入一段文字，然后保存文本到"C:\用户\Troy\文档"路径下。

1 单击桌面左下角的"开始"按钮⚫，在弹出的菜单中依次单击"所有程序"→"附件"→"记事本"命令，打开"记事本"程序，如图1-35所示。

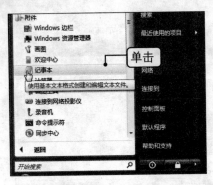

★ 图1-35

2 在"记事本"中输入一行文字"练习使用打开或保存对话框"，然后单击"文件"→"保存"命令，如图1-36所示。

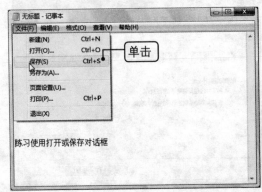

★ 图1-36

3 在弹出的"另存为"对话框中，在左侧的"文件夹"列表中单击"Troy"文件夹选项，切换到该路径下，如图1-37所示。

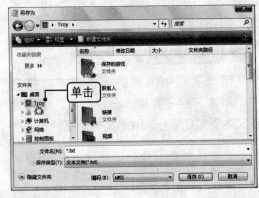

★ 图1-37

4 在对话框右侧拖动滚动条，以找到"文档"文件夹，然后双击"文档"文件夹

进入"C:\用户\Troy\文档"路径下，如图1-38所示。

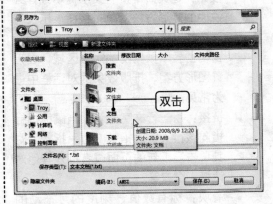

★ 图1-38

5 进入"文档"文件夹后，在"文件名"文本框中输入"练习文档"作为文件名，然后单击"保存"按钮保存，如图1-39所示。

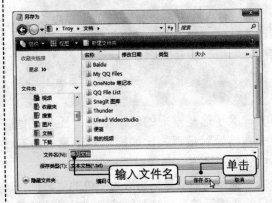

★ 图1-39

6 返回"记事本"程序窗口，单击窗口右上角的"关闭"按钮退出程序，如图1-40所示。

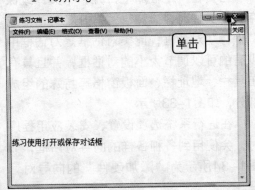

★ 图1-40

1.3.4 Windows Vista的菜单

菜单是组织和执行程序命令的控件，就像餐馆里的菜单一样以列表的形式将程序命令罗列出来。系统和程序中会有不同的菜单，每个菜单中都有各自不同的菜单名。

知识点讲解

为了保持窗口界面的整洁，菜单总是被隐藏于菜单名之下，只有在单击某个菜单名或按钮后才会弹出对应的下拉菜单。

1. 菜单的分类

Windows Vista中有三种菜单："开始"菜单、主菜单和快捷菜单。其中"开始"菜单是系统菜单，也是最特殊的菜单。

主菜单是嵌入在窗口菜单栏中的菜单，不同主菜单分别存放不同用途的程序命令。单击菜单栏中的主菜单名，便会以下拉菜单的形式弹出对应的主菜单。例如在"计算机"窗口中单击"查看"命令，弹出"查看"菜单，如图1-41所示。

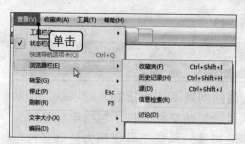

★ 图1-41

快捷菜单是在某一对象上单击鼠标右键弹出的菜单，它是快速访问程序命令的控件。在快捷菜单中存放着常用的程序命令，比如"打开"、"查看"、"复制"、"粘贴"等，如图1-42所示。

因为快捷菜单中的命令是与被操作对象相关的常用命令，所以对不同的对象单击鼠标右键，弹出的快捷菜单不同。

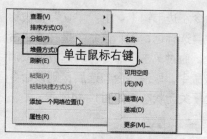

★ 图1-42

2. 菜单命令的约定

菜单中部分命令的左边或右边带有三角形、圆点、钩、省略号等符号，或是带有字母和组合键提示。这些符号和字母等都有其约定的含义，这些符号及其含义如下所述。

- 命令右边带小三角形（▶）：表示该命令项并不是最终的命令而是子菜单名，将鼠标指针指向该命令或用鼠标单击该命令，可弹出下一级子菜单。
- 命令右边带省略号（…）：执行该类命令会弹出设置对话框。
- 命令左边带圆点（●）：通常在单选项命令中可见，在一组供选择的命令项中只能选择其中一个，被选中的命令项用圆点标记，表示已经选中该命令并正在按照该命令执行。
- 命令右边带字母：命令右边括号中的字母是快捷键提示，在打开菜单后按提示的快捷键将执行对应的程序命令。在部分菜单命令的最右边还有未用括号括起来的快捷键提示，该提示的快捷键是可自由使用的快捷键，如图1-43所示。

★ 图1-43

Windows Vista操作系统（第2版）

▶ 命令左边带钩（✓）："✓"也被称做复选标记，表示该命令是开关式命令，通过单击该命令可勾选或者取消该命令，取消命令勾选后，则该命令处于关闭状态，如图1-44所示。

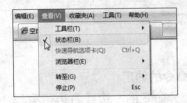

★ 图1-44

菜单命令分激活和非激活状态，只有处于激活状态的命令才能使用。

动手练

下面练习如何激活菜单栏。

先在任务栏左端单击"开始"按钮，打开"开始"菜单，然后在弹出的菜单中单击"计算机"命令，打开"计算机"窗口，如图1-45所示。

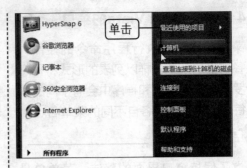

★ 图1-45

接着在"计算机"窗口中按"Alt"键，即可激活菜单栏，如图1-46所示。

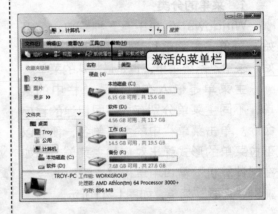

★ 图1-46

1.4　Windows Vista的帮助和支持

在使用Windows Vista操作系统的过程中，遇到问题不知所措时，可以从"帮助和支持"中心获取帮助。Windows Vista配备的系统帮助文件提供了包括电脑基础知识、系统控件概念、系统设置操作步骤、故障排除步骤、系统工具使用方法等多种帮助信息。

1.4.1　"帮助和支持"窗口

知识点讲解

在"开始"菜单中单击"帮助和支持"命令，可打开"帮助和支持"窗口。该窗口主要由导航工具栏、帮助信息页面等组成，如图1-47所示。

导航工具栏中各按钮的功能介绍如下。

▶ "前进"、"后退"按钮：窗口左上角的一对左右箭头按钮分别为"后退"按钮和"前进"按钮，单击"后退"按钮返回上一个页面，单击"前进"按钮，前进到返回前的一个页面。

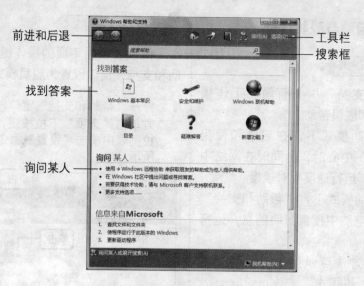

前进和后退

工具栏

搜索框

找到答案

询问某人

★ 图1-47

▶ "帮助和支持"主页按钮：单击该按钮立即返回"帮助和支持"主页。

▶ "打印"按钮：打印当前页面。

▶ "询问某人或展开搜索"按钮 ：单击该按钮将获取远程协助，或者链接到Windows社区、微软技术支持中心。

▶ "选项"按钮：打开"选项"菜单，选择其他相关设置项目。

▶ 搜索框：在搜索框中可以快速搜索到要查询的内容。

动手练

下面练习如何在"Windows帮助和支持"窗口中搜索有关网络连接的相关知识，具体步骤如下。

1 打开"Windows帮助和支持"窗口，在搜索框中输入关键字"网络连接"，然后单击旁边的"搜索帮助"按钮，如图1-48所示。

2 在搜索到的结果中，单击想要查看的内容，阅读其详细内容，如图1-49所示。

单击这里

输入关键词

找到答案

★ 图1-48

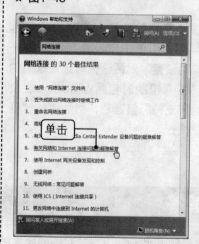

★ 图1-49

1.4.2 联机帮助与脱机帮助

知识点讲解

"帮助和支持"中心有两种工作模式：联机帮助和脱机帮助。

在联机帮助模式下，在启动和使用"帮助和支持"中心时，会同时在网络中搜索帮助信息，运行速度相对较慢。

在脱机帮助模式下，"帮助和支持"中心只在本地电脑中搜索帮助信息，运行速度相对较快。

通过以下方法可以更改"帮助和支持"的联机或脱机模式。

➤ 在"联机和帮助"窗口的右下角单击帮助状态按钮，在弹出的下拉列表中选择"获取联机帮助"或者"获取脱机帮助"模式，如图1-50所示。

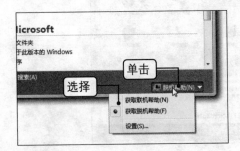

★ 图1-50

➤ 单击"选项"按钮，在弹出的"选项"菜单中单击"设置"命令打开"帮助设置"对话框，勾选或取消勾选"搜索帮助时包括Windows联机帮助和支持"复选项，然后单击"确定"按钮。

动手练

请读者根据下面的操作提示，将"帮助和支持"窗口设置为脱机模式。

1 打开"帮助和支持"窗口，在窗口右上方单击"选项"下拉按钮，在弹出的下拉列表中单击"设置"命令，如图1-51所示。

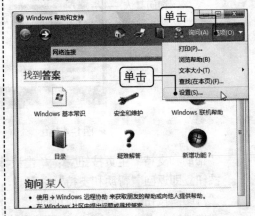

★ 图1-51

2 在弹出的"帮助设置"对话框中，取消"搜索帮助时包括Windows联机帮助和支持"复选项的勾选，然后单击"确定"按钮，如图1-52所示。

★ 图1-52

疑难解答

问 第一次接触Windows Vista，对不同版本的系统介绍感到很陌生，如何知道Windows Vista操作系统的详细情况呢？

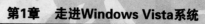

答 可以登录微软的Windows操作系统官方网站查询详细信息，网址如下：http://www.microsoft.com/china/windows/default.mspx。还可以到出售Windows Vista操作系统安装光盘的地方，向商家咨询。

问 在启动Windows Vista操作系统时，没有进行任何系统选择，也没有在用户登录界面进行用户账户的选择，就直接登录了系统，这是怎么回事？

答 如果电脑中只安装了Windows Vista一个操作系统，那么会直接启动该操作系统，而不需选择。若在安装系统后的首次启动设置中，跳过了设置系统账户的步骤，并没有设置任何用户账户，则就会直接以默认的管理员账户登录系统，跳过登录界面。

问 "开始"菜单中的"电源"按钮的功能究竟是什么？

答 "开始"菜单中的"电源"按钮的功能不一定是关机，默认设置下，"电源"按钮的功能为"睡眠"，将鼠标指针指向该按钮时为黄色。但"电源"按钮的功能可以由用户设定，其外观也会随之改变。

问 "开始"菜单中的"锁定该计算机"按钮是用来做什么的？

答 在"开始"菜单中单击"锁定该计算机"按钮，会锁定整个计算机，将屏幕画面切换到锁定登录界面。如果设置了用户账户及其账户密码，就需要输入正确的密码，才能解开锁定。

Chapter 2

第2章　Windows Vista的桌面和窗口操作

本章要点

- ↳ 使用与设置桌面图标
- ↳ 使用与设置任务栏
- ↳ 使用Windows边栏

- ↳ 使用"开始"菜单
- ↳ Windows Vista的窗口操作

Windows Vista的桌面增加了Windows边栏和小工具，更换了部分常用的系统桌面图标，但桌面的基本使用方法没有改变。在任务栏中新增窗口预览功能，可不用最大化窗口便可预览窗口内容。在窗口的切换操作方面，Windows Vista为多窗口操作增加了新的切换方式和功能。

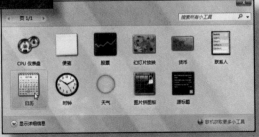

2.1　使用与设置桌面图标

桌面图标是启动与打开程序、文件的捷径，用鼠标双击桌面图标可打开对应的程序窗口。在Windows Vista操作系统中可以按照大小、类型等排列方式显示桌面图标。

2.1.1　移动桌面图标

知识点讲解

默认设置下，用鼠标拖动桌面图标，只能在桌面左侧范围内移动，而无法将桌面图标拖动到中间或右侧。这是因为启用了"自动排列"功能，取消该功能才可以自由摆放桌面图标。

动手练

请读者根据下面的提示，练习移动桌面图标的操作。

先用鼠标右键单击桌面的空白位置，在弹出的快捷菜单中依次单击"查看"→"自动排列"命令，取消"自动排列"的勾选状态，如图2-1所示。

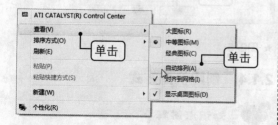

★ 图2-1

接下来就可以自由地移动和摆放桌面图标了。如果想要让图标再次整齐地排列在桌面一侧，那么按照同样的方法，重新勾选"自动排列"命令即可。

2.1.2　桌面图标的查看和排序

知识点讲解

在桌面空白处单击鼠标右键，然后在弹出的菜单中将鼠标指针指向"查看"命令，打开"查看"子菜单，选择相应的命令项，即可调节桌面图标的大小和对齐方式。

其中"大图标"会以最大的图标效果显示桌面图标，"经典图标"则是以最小的图标效果显示桌面图标。而"自动排列"和"对齐到网格"命令，则是调节图标之间的对齐方式。勾选"对齐到网格"命令，图标会根据"网格"保持一定的图标间距。

在桌面空白处单击鼠标右键，然后单击"排序方式"命令，在弹出的列表中可选择图标的排序方式，共有"名称"、"大小"、"类型"和"修改日期"4种方式。

动手练

请读者根据下面的提示，练习对桌面图标进行排序和查看的方法。

先在桌面空白处单击鼠标右键，在弹出的菜单中单击"排序方式"→"名称"命令，按"名称"排列桌面图标，如图2-2所示。

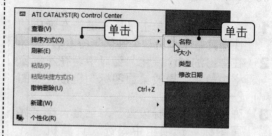

★ 图2-2

再次单击鼠标右键，在弹出的快捷菜单中依次单击"查看"→"经典图标"命

令，将按Windows XP的桌面图标大小显示图标，如图2-3所示。

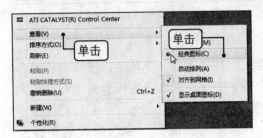

★ 图2-3

说 明

如果在弹出的"查看"子菜单中取消选中"显示桌面图标"命令，则会将所有桌面图标隐藏。再次按该操作重新勾选"显示桌面图标"命令，将恢复显示桌面图标。

2.1.3 显示常用桌面图标

知识点讲解

Windows Vista操作系统安装完成后，首次启动时桌面上只有一个"回收站"图标，没有"计算机"、"网络"等系统程序的常用桌面图标。需要在桌面图标设置中显示这些系统程序的桌面图标。

动 手 练

下面介绍如何在桌面上显示"计算机"、"网络"和个人文件夹桌面图标。

1 在桌面空白处单击鼠标右键，在弹出的快捷菜单中单击"个性化"命令。
2 在弹出的"个性化"窗口中，在左侧窗格中单击"更改桌面图标"链接，如图2-4所示。
3 弹出"桌面图标设置"对话框，在"桌面图标"选项组中勾选"计算机"、"用户的文件"和"网络"选项，设置完毕后单击"确定"按钮即可，如图2-5所示。

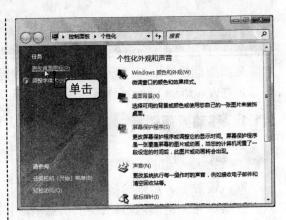

★ 图2-4

★ 图2-5

2.1.4 创建快捷方式

知识点讲解

在桌面上创建快捷方式有多种方法，比如发送快捷方式、直接创建快捷方式等，下面首先介绍直接创建快捷方式的方法。

1 在桌面空白处单击鼠标右键，在弹出的快捷菜单中依次单击"新建"→"快捷方式"命令，如图2-6所示。

24

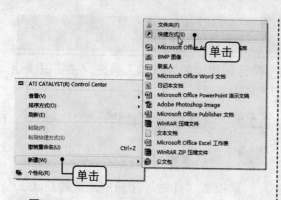

★ 图2-6

2 在弹出的"创建快捷方式"窗口中，单击"浏览"按钮，如图2-7所示。

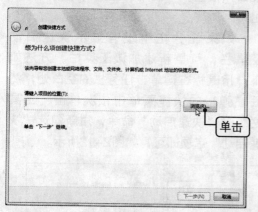

★ 图2-7

3 在弹出的"浏览文件或文件夹"对话框中，选择要创建快捷方式的文件、文件夹或是程序，单击"确定"按钮，如图2-8所示。

★ 图2-8

4 返回"创建快捷方式"对话框，单击"下一步"按钮。接着在对话框中输入此快捷方式的名称，然后单击"完成"按钮即可，如图2-9所示。

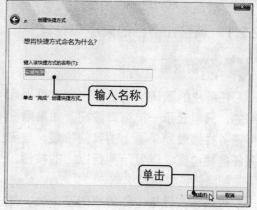

★ 图2-9

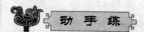 动 手 练

下面练习从"所有程序"菜单中将常用程序的快捷方式发送到桌面上的方法。

1 单击"开始"按钮，在弹出的"开始"菜单中单击"所有程序"命令，打开"所有程序"菜单。

2 在"所有程序"菜单中找到要创建桌面快捷方式的程序，用鼠标右键单击该程序名称，然后在弹出的快捷菜单中依次单击"发送到"→"桌面快捷方式"命令即可，如图2-10所示。

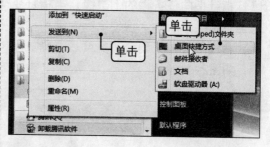

★ 图2-10

2.2 使用与设置任务栏

任务栏默认显示在桌面底部，是一个由多个区域组成的狭长的工具栏，主要由快速启动工具栏、窗口按钮栏、语言栏和系统通知区域组成。

2.2.1 调整任务栏的大小和位置

知识点讲解

任务栏的默认状态是被锁定在桌面底部的，只能显示一排窗口按钮。如果需要将任务栏摆放到桌面上的其他位置，或者将任务栏拉宽，以显示两行以上的按钮，需先解除任务栏锁定状态。

用鼠标右键单击任务栏的空白处，然后在弹出的菜单中取消"锁定任务栏"选项的勾选，即可解除任务栏的锁定状态。接下来用鼠标拖动任务栏，即可移动任务栏。用鼠标拖动任务栏的边线，可调整任务栏的大小。

调整完任务栏后，按照解除锁定的方法将任务栏重新锁定。

动手练

下面请读者根据下列提示，练习如何调整任务栏的大小和位置。

先解除任务栏的锁定状态，然后将鼠标指针指向任务栏的上边缘，当指针变为上下箭头形状时，按住鼠标左键拖动鼠标，将任务栏拉宽到合适宽度后，释放鼠标，如图2-11所示。

★ 图2-11

将鼠标指针指向任务栏中间的空白位置，按住鼠标左键同时拖动鼠标，将任务栏拖动到桌面的左右两侧或者上侧，然后释放鼠标。

2.2.2 快速启动工具栏

知识点讲解

紧挨着"开始"按钮的是快速启动工具栏，其中包含多个程序启动图标。单击快速启动工具栏中的程序图标或者"显示桌面"按钮，可启动对应的程序或者显示出桌面。

如果任务栏中没有显示快速启动工具栏，可重新添加该工具栏。方法如下：用鼠标右键单击任务栏的空白处，然后在弹出的快捷菜单中依次单击"工具栏"→"快速启动"命令，重新勾选"快速启动"选项即可，如图2-12所示。

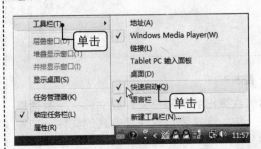

★ 图2-12

快速启动工具栏中的程序项目可以自由添加或删除，可以将桌面、"开始"菜单中的程序项目添加到快速启动工具栏中，方法如下。

▶ 在桌面上对桌面图标按住鼠标左键并拖动，将其拖动到快速启动工具栏中，此时可见图标右下角有一加号"+"，然后释放鼠标，即可将桌面快捷方式添加到快速启动工具栏中，如图2-13所示。

★ 图2-13

▶ 打开"开始"菜单,在常用程序列表或者"所有程序"菜单中找到要添加到快速启动工具栏中的程序,用鼠标右键单击该程序名称,然后在弹出的菜单中单击"添加到'快速启动'"命令即可,如图2-14所示。

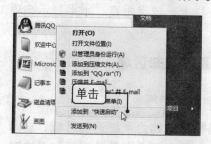

★ 图2-14

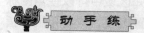

下面练习如何在快速启动工具栏中删除"暴风影音"快捷方式图标。

1 在快速启动工具栏中,在"暴风影音"图标上单击鼠标右键,然后在弹出的快捷菜单中单击"删除"命令,如图2-15所示。

★ 图2-15

2 接着在弹出的"删除文件"提示对话框中

单击"是"按钮即可,如图2-16所示。

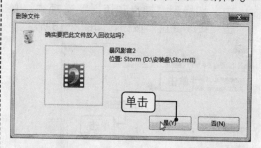

★ 图2-16

2.2.3　设置语言栏

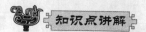

语言栏位于窗口按钮栏的右边,是显示和切换输入法的工具栏。主要由输入法图标、输入法状态栏和"还原/最小化"按钮组成。如果语言栏丢失,可以通过语言栏设置找回语言栏。

1 单击"开始"按钮,在弹出的"开始"菜单中单击"控制面板"命令,在弹出的"控制面板"窗口中,在经典视图模式下双击"区域和语言选项"图标,如图2-17所示。

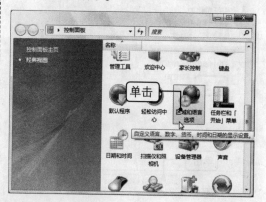

★ 图2-17

提 示

在语言栏中用鼠标右键单击输入法图标,打开其控制菜单,然后单击"设置"命令,可以直接打开"文本服务和输入语言"对话框。

2 在弹出的"区域和语言选项"对话框中，切换到"键盘和语言"选项卡，单击"更改键盘"按钮，如图2-18所示。

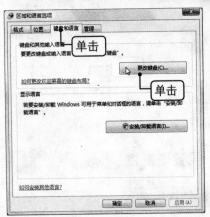

★ 图2-18

3 在弹出的"文本服务和输入语言"对话框中，切换到"语言栏"选项卡。在"语言栏"选项组中选择"悬浮于桌面上"或"停靠于任务栏"单选项，并勾选"在任务栏中显示其他语言栏图标"复选项，然后单击"确定"按钮即可，如图2-19所示。

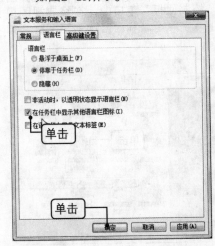

★ 图2-19

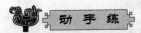

下面练习如何使用添加工具栏的方法在任务栏中添加语言栏。用鼠标右键单击任务栏的空白位置，在弹出的菜单中单击"工具栏"命令，然后在弹出的列表中单击"语言栏"命令，将其选中，如图2-20所示。

★ 图2-20

一旦显示语言栏，就可以右键单击它来打开控制菜单，菜单中包括将语言栏停放在任务栏上，或者垂直、水平显示选项等。

2.2.4 系统通知区域

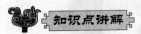

任务栏最右端为系统通知区域，显示一些电脑的配置状态、程序图标和系统时间信息。在系统通知区域中可以使用图标项目打开对应的设置选项，或者用鼠标指针指向时间区域或网络图标，查看电脑的系统状态，如图2-21和图2-22所示。

★ 图2-21   ★ 图2-22

1. 设置系统时间

在系统通知区域中，用鼠标单击最右端的时间区域，在弹出的时间对话框中可以查看日期、时间、星期几等详细信息，如图2-23所示。

★ 图2-23

在时间对话框中以日历和时钟的形式显示当前的日期和时间，在顶部的年份和月份信息（比如"2008年4月"）的左右各有一个箭头按钮，用鼠标单击该箭头可查看其他月份的日期。

在该对话框中用鼠标单击"更改日期和时间设置"链接，可以打开相关界面，更改系统时间。

2. 调节音量

Windows Vista系统在音量调节上有所改进，在系统通知区域中用鼠标单击音量图标 ◁, 然后拖动弹出的音量滑块可调节系统音量，如图2-24所示。

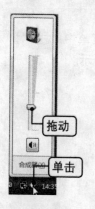

★ 图2-24

3. 打开程序界面

许多应用程序在打开时，会将程序图标显示在系统通知区域中。此时可以用鼠标左键或者右键单击这些程序图标，打开其程序控制菜单。

提 示

系统通知区域中的图标超过一定数量时，会自动隐藏部分程序图标。在其左侧浮现一个"显示隐藏的图标"小箭头按钮，单击该按钮显示隐藏的图标。

动 手 练

下面举例说明如何调整音量。在任务栏中用鼠标单击"音量"图标，打开音量调节滑块，单击底部的"合成器"链接，打开"音量合成器"对话框，如图2-25所示。

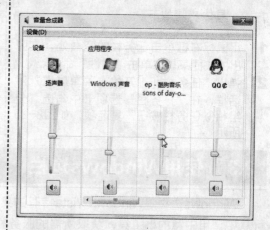

★ 图2-25

用鼠标拖动"Windows声音"的音量滑块，可调整系统声音音量。

拖动"酷狗音乐"音量滑块，可调整音乐播放器酷狗音乐的音量。

调节完毕后，单击右上角红色的"关闭"按钮关闭对话框。

2.2.5 分组显示任务栏窗口按钮

知识点讲解

任务栏中间的窗口按钮栏有两种显示窗口按钮的方式，一种是将相似窗口分组显示，一种是不分组显示。

分组显示窗口，会在窗口按钮达到一定数目时，将同一类型的多个窗口的按钮

合并为一个窗口组按钮，单击该窗口组按钮会弹出一组窗口按钮列表。而不分组显示，则不管打开多少个窗口都不会将窗口分组合并，在任务栏中始终显示所有的窗口按钮。

在任务栏的空白区域单击鼠标右键，在弹出的菜单中执行"属性"命令，可以打开"任务栏和「开始」菜单属性"对话框，可对任务栏和开始菜单进行相关设置。

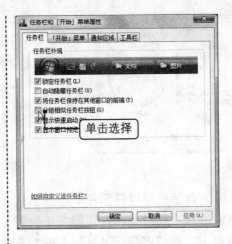

★ 图2-26

动手练

下面练习设置任务栏显示窗口按钮的方式，具体步骤如下。

1 用鼠标右键单击任务栏的空白处，在弹出的快捷菜单中单击"属性"命令。

2 弹出"任务栏和「开始」菜单属性"对话框，在"任务栏"选项卡中勾选"分组相似任务栏按钮"复选项，如图2-26所示。

3 设置完毕单击"确定"按钮即可。

提示

如果勾选"自动隐藏任务栏"复选项，可将任务栏隐藏。在需要使用任务栏时，只需将鼠标指针指向任务栏所在的位置，即可重新弹出任务栏。

2.3 使用Windows边栏

Windows边栏是Windows Vista特有的桌面设计，该边栏位于桌面右侧的狭长区域，可从中调用中意的小工具，获取所需的服务和功能。

2.3.1 打开与关闭Windows边栏

知识点讲解

默认设置下，Windows边栏总是随开机启动，在桌面右侧自动展开。在打开其他窗口和对话框时会被遮盖住，通过单击任务栏系统通知区域中的"Windows边栏"图标，可显示或隐藏边栏。

如果不需要Windows边栏，可以暂时关闭边栏，在边栏的空白处单击鼠标右键，然后在弹出的菜单中执行"关闭边栏"命令即可，如图2-27所示。

需要打开Windows边栏时，用鼠标右键单击系统通知区域中的"Windows边栏"按钮，然后在弹出的菜单中单击"打开"命令即可，如图2-28所示。

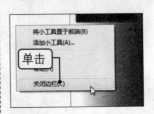

★ 图2-27

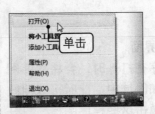

★ 图2-28

但要注意，暂时关闭Windows边栏并不是彻底退出边栏程序，退出Windows边栏的方法如下，在任务栏的系统通知区域中用鼠标右键单击"Windows边栏"程序图标，在弹出的菜单中执行"退出"命令即可。

退出Windows边栏后，或者开机并没有启动Windows边栏，需要从"开始"菜单中重新启动边栏。

动 手 练

下面练习打开与关闭Windows边栏的操作。先在任务栏的系统通知区域中用鼠标右键单击"Windows边栏"程序图标，在弹出的菜单中执行"退出"命令，退出边栏。

然后单击"开始"按钮打开"开始"菜单，再依次单击"所有程序"→"附件"→"Windows边栏"命令，启动Windows边栏，如图2-29所示。

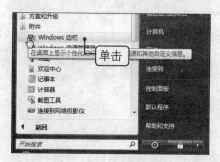

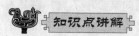

★ 图2-29

2.3.2 添加或删除小工具

知识点讲解

Windows边栏中的小工具是安装在系统中的小程序，默认情况下边栏上只显示3个小工具：时钟、幻灯片和源标题。还可以根据小工具的使用情况添加其他小工具，或者删除小工具。

1 将鼠标指针指向边栏顶部，在浮现出的"小工具"工具栏中单击加号按钮(+)打开小工具库。

2 在弹出的小工具库窗口中，双击要添加的工具，即可在边栏中添加该工具，如图2-30所示。

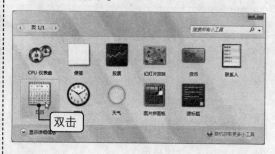

★ 图2-30

要删除小工具时，在Windows边栏中用鼠标右键单击小工具，在弹出的菜单中单击"关闭小工具"命令即可。

提 示

在添加小工具的窗口中，单击选中某个小工具，然后单击窗口下方的"显示详细信息"链接，可以查看该小工具的名称及作用等项新信息。

动 手 练

下面以添加"便签"小工具为例进行练习。在Windows边栏中添加"便笺"小工具，然后用鼠标将该小工具拖动到边栏中，如图2-31所示。

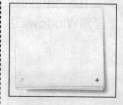

★ 图2-31

用鼠标单击便笺的空白区域，然后输入一条便笺记录："明天下午要开会"，如图2-32所示。

★ 图2-32

输入完毕后单击右下角的"添加"按钮，可添加下一张便笺，如图2-33所示。

★ 图2-33

最后，用鼠标将"便笺"小工具拖动回Windows边栏中。

2.3.3 设置Windows边栏属性

知识点讲解

通过Windows边栏的属性设置，可以改变边栏的启动方式、显示方式等。

用鼠标右键单击Windows边栏的空白区域，在弹出的菜单中单击"属性"命令，打开"Windows边栏属性"对话框，在这里可以设置Windows边栏的属性。

在该对话框中，可以取消Windows边栏的开机启动，以及设置显示Windows边栏的监视器等。

提 示

在系统通知区域中，用鼠标右键单击"Windows边栏"图标，在弹出的菜单中单击"属性"命令，也可打开边栏的属性对话框。

动 手 练

跟随讲解练习通过Windows边栏属性

设置来取消开机启动Windows边栏，具体步骤如下。

1 用鼠标右键单击Windows边栏的空白区域，在弹出的菜单中单击"属性"命令。

2 在弹出的"Windows边栏属性"对话框中，取消"在Windows启动时启动边栏"复选项的勾选，然后单击"确定"按钮保存设置即可，如图2-34所示。

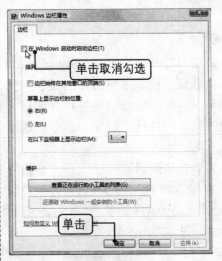

★ 图2-34

2.3.4 设置小工具属性

知识点讲解

不同的小工具，有不同的属性设置。要想设置某个小工具的属性，需先打开其属性设置对话框。进行小工具属性设置的方法有如下几种。

▶ 将鼠标指针指向某个小工具，在其右上角会浮现出工具栏，单击浮现出的设置按钮 （小扳手状），打开其属性设置对话框，进行属性设置。

▶ 用鼠标右键单击要设置的小工具，在弹出的菜单中执行"选项"命令，打开其属性对话框，进行属性设置。

动手练

下面练习在Windows边栏中添加"幻灯片"小工具，然后设置"幻灯片"小工具的属性，每隔15秒切换图片。

1 将鼠标指针指向"幻灯片"小工具右上角，单击浮现出的设置按钮（小扳手状按钮），如图2-35所示。

单击此按钮

★ 图2-35

2 在弹出的"幻灯片放映"属性对话框中，单击"显示每一张图片"下拉列表框的下拉按钮，在弹出的下拉列表中选择"15秒"选项，设置完毕单击"确定"按钮，如图2-36所示。

★ 图2-36

2.4　使用"开始"菜单

Windows Vista系统并没有对"开始"菜单进行结构上的大变动，而是在菜单的显示、打开方式上进行了革新。不再是逐级地弹出级联子菜单，而是以在菜单中展开列表的形式显示下一级菜单。

2.4.1　启动与搜索程序

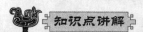

知识点讲解

单击"开始"按钮，在弹出的菜单中单击"所有程序"命令，打开"所有程序"菜单，从中单击要启动的程序项目，即可启动对应的程序。例如依次单击"所有程序"→"附件"→"记事本"命令，启动"记事本"程序。

在"开始"菜单的左侧为常用程序列表，其中会实时列出经常被使用到的程序，在该列表中也可单击启动程序。

此外，在"开始"菜单底部的"开始搜索"框中，可以输入要启动的程序名称，搜索该程序，然后在搜索结果中单击并启动该程序。

动手练

下面练习使用"开始搜索"框搜索"运行"工具，然后在搜索结果中打开"运行"对话框，具体步骤如下。

1 单击"开始"按钮打开"开始"菜单，在底部的"开始搜索"框中输入"运行"命令进行搜索，如图2-37所示。

2 在搜索结果中，在"程序"列表中单击"运行"命令，即可打开"运行"对话框，如图2-38所示。

★ 图2-37

★ 图2-38

在搜索过程中，系统会将满足以下条件的程序或者文件作为搜索结果显示：文件名与输入的字符匹配或者以输入的字符开头；文件实际内容中包含输入的字符（例如文字处理文档中的文本）；文件属性中的任何文字（例如作者）包含输入的字符。

2.4.2 切换"开始"菜单的视图模式

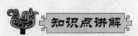

Windows操作系统通常保留"传

统"与"默认"两种形式的"开始"菜单，"传统"模式的菜单采用的是旧版本Windows操作系统打开程序列表的方式。

如果不习惯Windows Vista操作系统"默认"模式下的"开始"菜单，可切换回"传统"模式的"开始"菜单。

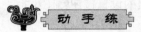

下面练习将"开始"菜单的视图模式切换为"传统"模式，具体步骤如下。

1 用鼠标右键单击任务栏的空白处，在弹出的菜单中选择"属性"命令，如图2-39所示，打开"任务栏和「开始」菜单属性"对话框。

★ 图2-39

2 切换到"「开始」菜单"选项卡，选中"传统「开始」菜单"单选项，单击"确定"按钮即可，如图2-40所示。

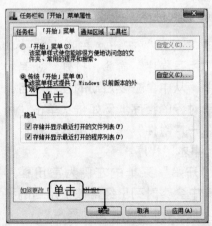

★ 图2-40

2.4.3 自定义"开始"菜单

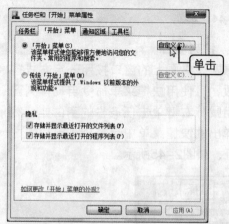

知识点讲解

"开始"菜单中显示程序、文件夹、系统设置选项的方式可由用户自定义，还可在"开始"菜单中添加其他需要使用的项目。自定义"开始"菜单的方法如下。

1 打开"任务栏和「开始」菜单属性"对话框，切换到"「开始」菜单"选项卡，在所选单选项的旁边单击"自定义"按钮，如图2-41所示。

★ 图2-41

2 在弹出的"自定义「开始」菜单"对话框中，在列表框中为不同项目选择显示方式，或者勾选要添加的项目，然后单击"确定"按钮，如图2-42所示。

★ 图2-42

Windows Vista系统默认的"开始"菜单是没有"运行"命令的，只能在"附件"菜单中使用"运行"命令启动"运行"对话框。通过自定义"开始"菜单，可将"运行"命令添加到菜单右侧。

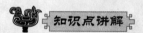

动 手 练

下面介绍添加"运行"命令的具体步骤。

1 用鼠标右键单击任务栏的空白处，在弹出的菜单中单击"属性"命令，打开"任务栏和「开始」菜单属性"对话框。

2 切换到"「开始」菜单"选项卡，在所选单选项的旁边单击"自定义"按钮。

3 在弹出的"自定义「开始」菜单"对话框中，在列表框底部勾选"运行命令"复选项，然后单击"确定"按钮即可。

2.5 Windows Vista的窗口操作

Windows Vista的窗口在界面上更华丽，其基本操作方法没有改变，但增加了窗口预览功能，以及Windows Flip、Windows Flip 3D切换窗口的功能。

2.5.1 窗口的基本操作

知识点讲解

窗口的基本操作包括使用窗口控制按钮、移动窗口、调整窗口大小和切换窗口等。

1. 最小化、最大化/还原、关闭窗口

每个窗口的右上角都有窗口控制按钮，其基本功能如下。

▶ 最小化窗口：单击"最小化"按钮，将整个窗口缩小到任务栏。

▶ 最大化/还原窗口：单击"最大化"
按钮 回 可将窗口布满整个屏幕显
示，同时"最大化"按钮 回 变为"还
原"按钮 回 ；此时再单击"还原"按
钮 回 ，则将窗口还原到原大小。

▶ 关闭窗口：单击"关闭"按钮 X
关闭窗口。

2．移动窗口

窗口处于非最大化状态的时候，可以
移动窗口和调节窗口大小。在窗口标题栏
的空白处按住鼠标左键的同时拖动鼠标，
拖动窗口标题栏即可移动窗口。

还可以使用控制菜单移动窗口，在任
务栏的窗口按钮上单击鼠标右键，在弹出
的菜单中单击"移动"命令，鼠标指针便
立即指向该窗口标题栏并变为 状，此时
只需按住鼠标左键拖动鼠标，将窗口拖动
到其他位置释放鼠标即可。

3．调整窗口大小

只有窗口处于非最大化状态时，才能
调整窗口的大小，具体调整方法如下。

▶ 鼠标指针在窗口的上下边框上时，鼠标
指针呈上下双箭头形状，此时拖动鼠标
可调整窗口的高度，如图2-43所示。

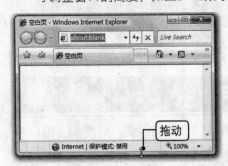

★ 图2-43

▶ 鼠标指针在窗口左右边框上时，鼠标
指针呈左右双箭头形状，此时拖动鼠
标可调整窗口的宽度。

▶ 鼠标指针在窗口对角上时，鼠标指

针呈斜双箭头形状，此时拖动鼠标
可将窗口的长和宽等比例缩放，如图
2-44所示。

★ 图2-44

4．排列窗口

想要让桌面上的窗口按照一定方式排
列摆放，可使用快捷菜单命令自动排列窗
口。用鼠标右键单击任务栏的空白处，然
后在弹出的快捷菜单中选择排列窗口的方
式即可，如图2-45所示。

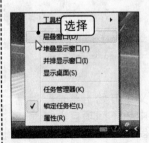

★ 图2-45

如果对排列方式不满意，可以再次用
鼠标右键单击任务栏的空白处，然后在弹
出的菜单中单击"撤销……"命令，撤销
排列方式。

不过，自动排列窗口操作对已经被最
小化的窗口无效。

5．切换窗口

切换窗口的基本方式有以下两种。

▶ 在桌面上用鼠标单击某个窗口任意部
位，即可切换到该窗口。

▶ 在任务栏中单击该窗口按钮，切换到
该窗口。如果窗口分组显示，单击窗
口组按钮再在弹出的列表中单击要切
换的窗口。

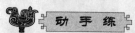

除了窗口控制按钮外，还有对应窗口
控制按钮功能的窗口控制菜单。下面练习
窗口控制菜单的使用方法。

打开一个IE浏览器窗口，用鼠标单击
标题栏最左端，打开窗口控制菜单，单击
"最小化"命令将窗口最小化，如图2-46
所示。

★ 图2-46

在任务栏中用鼠标右键单击IE窗口的
按钮，打开窗口控制菜单，单击"关闭"
命令关闭窗口，如图2-47所示。

★ 图2-47

提 示

窗口操作还有一些便捷的小技巧：
双击窗口标题栏，可最大化/还原窗口；
双击标题栏最左端的程序标志按钮，直
接关闭窗口；按"Alt+F4"组合键关闭
当前窗口。

2.5.2 窗口预览功能

知识点讲解

窗口预览功能是Windows Vista操作系
统新增的功能，只要将鼠标指针指向任务
栏的窗口按钮，便能实时显示对应窗口的
预览缩略图，以便更快地找到目标窗口，
如图2-48所示。

★ 图2-48

如果发现没有该功能，要检查是否启
用的是Windows Aero系统方案，以及是否
启用了显示窗口预览功能。

要启用或者禁用窗口预览功能，可参
照2.2.5小节设置"分组显示任务栏窗口按
钮"的方法，打开"任务栏和「开始」菜
单属性"对话框，在"任务栏"选项卡中
勾选或者取消勾选"显示窗口预览"复选

项即可。

下面讲解启用窗口预览的具体步骤。

1 用鼠标右键单击任务栏的空白处，在弹
出的快捷菜单中单击"属性"命令。

2 弹出"任务栏和「开始」菜单属性"对
话框，在"任务栏"选项卡中勾选"显
示窗口预览"复选项，然后单击"确

定"按钮即可。

2.5.3 Windows Flip与Flip 3D功能

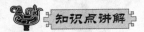

Windows Vista操作系统默认启用的是Windows Aero系统方案。该方案新增了新的窗口切换方式Windows Flip和Windows Flip 3D功能。

1. Windows Flip

Windows Flip功能是对老版本Windows系统中的"Alt+Tab"组合键功能的升级，使用窗口的缩略图切换窗口，适用于在打开了众多窗口后快速切换窗口。

在缩略图中有一个窗口缩略图为桌面，选择桌面缩略图，会最小化所有窗口显示出桌面。

除了按"Tab"键外，还可以用鼠标选择要切换的窗口。先按"Alt+Tab"组合键打开窗口缩略图，并按住"Alt"键不放，然后用鼠标单击需要显示的窗口即可。

如果按"Ctrl+Alt+Tab"组合键启动Windows Flip，可保持窗口缩略图的持续打开状态，然后按"Tab"键或者用鼠标选择需要的窗口即可。

2. Windows Flip 3D

Windows Flip 3D功能则是以三维翻页效果来显示窗口缩略图。单击任务栏快速启动工具栏中的"在窗口之间切换"按钮 即可启动Windows Flip 3D。

启动Windows Flip 3D后，可以用以下方式切换窗口。

- ▶ 按"Tab"键切换窗口缩略图，将需要的窗口的缩略图切换到最前端后按"Enter"键。
- ▶ 滚动鼠标滑轮切换窗口缩略图，将需

要的窗口的缩略图切换到最前端后按"Enter"键。
- ▶ 直接用鼠标单击需要使用的窗口。
- ▶ 在所显示的窗口缩略图中，其中最后一个窗口缩略图为桌面，选择桌面会最小化所有窗口显示出桌面，如图2-49所示。

★图2-49

下面练习使用Windows Flip功能，具体使用方法如下。

1 在键盘上按"Alt+Tab"组合键，启动Windows Flip功能，打开所有窗口的活动缩略图（旧版本Windows中显示的为程序通用图标）。

2 持续按住"Alt"键保持Windows Flip的打开状态，继续按"Tab"键可在各窗口缩略图间切换，切换到需要的窗口缩略图后松手，即可切换到该窗口，如图2-50所示。

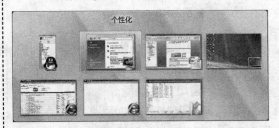

★图2-50

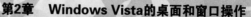
疑难解答

问 桌面上的"我的电脑"、"网上邻居"、"我的文档"等图标到哪里去了？没有了这些桌面图标，如何打开这些窗口呢？

答 在Windows Vista操作系统中，用新的图标取代了部分常用桌面图标。用"计算机"图标取代了"我的电脑"图标，用"网络"图标取代了"网上邻居"图标，用户账户的个人文件夹取代了"我的文档"图标。同时，对应的窗口界面和功能也得到了升级。

问 在Windows XP操作系统中有IE浏览器桌面图标，而在Windows Vista系统中如何添加该桌面图标？

答 在Windows Vista操作系统中，虽然不能通过添加常用桌面图标的方法添加IE浏览器图标，但是可以通过发送快捷方式，为"所有程序"列表中的IE 7.0程序发送快捷方式到桌面上。

问 如何让Windows小工具不被其他程序窗口遮盖住？

答 首先将想要始终显示在最前端的小工具从Windows边栏中拖动出来，然后用鼠标右键单击该工具，在弹出的快捷菜单中勾选"前端显示"命令即可。

Chapter 03

第3章　Windows Vista的文件管理

本章要点

↳ 文件管理基础知识

↳ 浏览和查看文件

↳ 文件夹与文件的基本操作

↳ 设置文件夹与文件的属性

↳ 使用回收站

↳ 文件加密与解密

文件在电脑中是一个完整的信息存储单位和数据集合，在Windows Vista操作系统中，"计算机"窗口和资源管理器窗口是浏览和操作文件的工具。Windows Vista操作系统已经统一了这两种窗口的界面和功能，并在窗口中增加了搜索栏及多种面板结构，切换文件路径的方式也更便捷和多样。

3.1 文件管理基础知识

文件与文件夹的关系，就好比是现实生活中的"书"与"书柜"的关系。电脑中的文件则更加多样，程序、电子文档、音乐、电影等都可以是文件。

3.1.1 文件夹和文件的定义

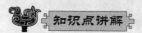

文件是以单个单位存储在电脑硬盘中的一系列相关数据的集合，以实现某种功能或存储一套完整的数据资料，每个文件都有一个文件名。

Windows Vista操作系统通过文件名和文件图标来显示和表示文件，如图3-1所示为一首歌曲的音频文件。

stanley.mp3

★ 图3-1

文件的文件名由文件名称和文件扩展名组成，中间用点"."隔开。文件名称可以由用户自己定义，而文件扩展名（也叫文件后缀名）是由系统自动生成的，用来表示文件类型的标志，不能随意更改。

用于存储文件的"柜子"是文件夹。文件夹也叫目录，是一种用来组织磁盘文件的数据结构，用于存放单个或多个文件，以便于集中管理多个文件。

在一个文件夹之下又可以创建多个子文件夹，电脑中的文件夹和子文件夹的关系构成一种树形的数据结构关系。如图3-2所示为一个普通的文件夹。

新建文件夹

★ 图3-2

默认设置下，文件夹都采用黄色的文件夹图标，通过双击文件夹图标可打开文件夹查看其中的内容。与文件不同，文件夹的名称没有后缀名，文件夹的名称可以由用户定义。

注　意

默认设置下，为了避免文件的后缀名被误改，操作系统会将文件的后缀名隐藏。

3.1.2 文件类型和打开文件

知识点讲解

文件类型即文件格式，操作系统根据不同文件类型生成不同的文件扩展名，指明用来创建、编辑和打开该文件的程序和方式。

例如扩展名为"txt"的文件，表示这是一个文本文件，可以使用"记事本"程序打开。扩展名为"jpg"的文件，表示这是一个图像文件，可以用Windows图片和传真查看器或其他看图工具打开。

常见的扩展名及其代表的文件类型如表3-1所示。

表3-1　文件扩展名与文件类型对照表

扩展名	文件类型	扩展名	文件类型
EXE	应用程序文件	DLL	动态链接库文件
INI	系统配置文件	DRV	设备驱动程序文件
TMP	临时文件	BAT	DOS批处理文件
DAT	数据文件	HLP	帮助文件
COM	MS-DOS应用程序	DBF	数据库文件
ICO	图标文件	ZIP	ZIP压缩文件
PDF	Adobe Acrobat文档	TXT	文本文件
DOCX	Word 2007文档	XLSX	Excel 2007表格文件
PPTX	PowerPoint 2007演示文稿文件	ACCDB	Access数据库文件
BMP	位图文件	GIF	图像文件
TIF	图像文件	JPG	JPGE压缩图像文件
AVI	视频文件	WAV	声音文件
MID	MIDI音乐文件	HTM	Web网页文件

　　系统在默认设置下是将文件的后缀名隐藏了的，用户在管理文件时主要通过文件的图标来识别文件的类型。例如用"记事本"编辑的文本文件图标为▯，JPEG（jpg）图像文件的图标为▣。表3-2中列出了在Windows Vista中常见的文件图标和对应的文件类型。

表3-2　文件图标与文件类型对照表

文件图标	文件类型	文件图标	文件类型
	Word 2007文档		文本文件
	PowerPoint 2007演示文稿文件		wmv音频/视频文件
	Excel 2007表格文件		DOS批处理文件
	位图文件		帮助文件
	JPGE压缩图像文件		Web网页文件
	MP3音乐文件		ZIP压缩文件

　　要打开一个文件或者文件夹，用鼠标双击文件或文件夹图标，然后系统会根据文件类型自动选择默认的打开程序将其打开。

　　还可以用鼠标右键单击文件图标，然后在弹出的快捷菜单中执行"打开"命令，打开文件。对于部分文件能被多个程序打开，还可以在弹出的快捷菜单中单击"打开方式"命令，选择多种打开方式。

动手练

　　下面练习使用暴风影音来播放视频文件。先用鼠标右键单击文件，在弹出的快捷菜单中单击"打开方式"命令，然后在弹出的子菜单中选择"暴风影音播放器"命令，如图3-3所示。

★ 图3-3

　　如果"打开方式"子菜单中没有要选择的程序，则单击"选择默认程序（C）"命令，在弹出的"打开方式"对话框中单击"其他程序"下拉按钮，在下方的"其他程序"列表中选择"暴风影音播放器"程序，如图3-4所示。

★ 图3-4

提　示

　　如果选用的程序不能打开该文件，则说明该文件不能被选定的程序识别，需另外选择打开程序。部分文件若不能正常打开，也许是因为电脑中根本没安装相应的程序。

3.1.3　认识"计算机"窗口

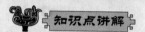 知识点讲解

　　在Windows Vista操作系统中用"计算机"窗口取代了Windows XP系统中的"我的电脑"窗口，作为浏览和管理文件的工具。双击桌面上的"计算机"图标，或者在"开始"菜单中单击"计算机"命令，即可打开"计算机"窗口。

　　"计算机"窗口主要由标题栏、地址栏、工具栏、"导航"窗格、文件夹列表、显示区域和详细信息面板等组成，如图3-5所示。

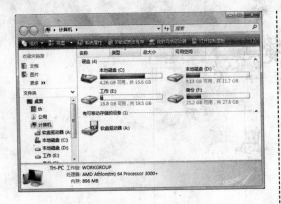

★ 图3-5

1. 地址栏和搜索栏

地址栏和搜索栏位于"计算机"窗口的标题栏之下，在地址栏的左端保留了"前进"、"后退"按钮，地址栏的右端有一个"刷新"按钮，用于刷新当前页面，如图3-6所示。

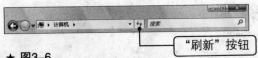

"刷新"按钮

★ 图3-6

地址栏是显示和切换路径的工具，使用地址栏能将窗口页面导航到不同的文件夹中。地址栏以箭头分隔的一系列链接显示当前位置的路径。

例如路径"E:\Windows vista电脑入门"显示为 ▶ 计算机 ▶ 工作 (E:) ▶ Windows vista电脑入门 ▶ 。当用鼠标单击地址栏文本框中的空白区域时，地址栏中会显示为当前文件夹路径的文本形式"E:\Windows vista电脑入门"。

"后退"和"前进"按钮 ◀ ▶ 通常与地址栏配合使用，在地址栏中更改路径后，单击"后退"按钮 ◀ 返回到上一个路径。单击"前进"按钮 ▶ 则会前进到前一个路径。

在"前进"按钮的右侧还有一个小三角的下拉按钮，单击该下拉按钮可在弹出的下拉列表中选择浏览过的其他路径。

右边的搜索栏用来搜索文件或文件夹，在搜索框中输入关键词，便立即开始搜索符合关键词的文件。

2. 菜单栏

在"计算机"窗口中，按"Alt"键可激活菜单栏，其中包括"文件"、"编辑"、"查看"、"工具"和"帮助"5个主菜单。

3. 工具栏

工具栏位于"计算机"窗口的地址栏、搜索栏和菜单栏之下，包含了管理文件常用的工具按钮，单击工具按钮可实现对应的功能。

在不同的窗口状态下，因为可用的功能不同，工具栏中的按钮也会不一样。

例如在"计算机"根目录中，工具栏中有"组织"、"视图"、"系统属性"、"卸载或更改程序"、"映射网络驱动器"等按钮，如图3-7所示。

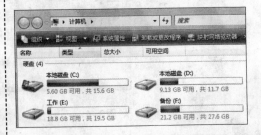

★ 图3-7

而在进入到某个硬盘分区或文件夹中后，工具栏中的按钮则为"组织"和"视图"等，如图3-8所示。

★ 图3-8

4. "导航"窗格

窗口左侧的窗格为"导航"窗格,主要由"收藏夹链接"和"文件夹"列表组成,用于快速访问其他文件夹和其他功能窗口,如图3-9所示。

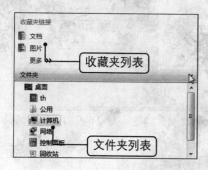

★ 图3-9

"收藏夹链接"列表中包含"文档"、"图片"、"音乐"等个人文件夹链接和"搜索"文件夹等链接。

"文件夹"列表在"计算机"窗口中默认被收起,单击"文件夹"按钮 文件夹 ︿ 展开或折叠"文件夹"列表。在"文件夹"列表中,以树形目录的结构组织显示所有文件夹,用鼠标单击文件夹列表选项,可逐级展开各级文件夹目录。

用鼠标单击"导航"窗格中的链接,可切换到对应的文件夹页面,或者打开对应的功能界面。

5. 工作区和详细信息面板

工作区是位于工具栏下方、"导航"窗格右侧的一片区域,专门用来显示文件夹和文件,白色区域的顶端为列标题,显示"名称"、"修改日期"、"类型"等列标题,如图3-10所示。

在工作区中用鼠标选中某个文件夹或者文件时,在下方的详细信息面板中会显示该对象的放大图标和详细信息描述。对于部分文件,还可以在详细信息面板中修改"作者"或"标题"等备注信息。

★ 图3-10

6. "计算机"窗口的其他布局

除了上述窗口结构外,还可以在"计算机"窗口中打开或隐藏其他窗格。单击"组织"按钮,在弹出的列表中单击"布局"命令,再在弹出的子列表中选中要显示的窗格,即可在窗口中添加该窗格。

这些窗格的功能简单介绍如下。

搜索窗格:只有在"计算机"根目录窗口中的"布局"子列表中可见该选项,搜索窗格中显示更多的选项按钮,用于设置搜索的限制条件。

预览窗格:被添加的预览窗格位于工作区右侧,通过预览窗格可以不用打开文件即可预览被选中文件的内容,对于图形文件显示图片的缩略图,对于文档文件显示第一页的文字内容,对于视频文件显示第一帧图像。

动手练

下面练习打开"计算机"窗口,然后打开窗口的"预览窗格"的具体操作步骤。

先在工具栏中单击"组织"按钮,在弹出的列表中单击"布局"命令,再在弹出的子列表中选择"预览窗格"命令,如图3-11所示。

★ 图3-11

　　每个窗格在窗口中所占区域的比例也可用鼠标调整，将鼠标指针指向信息面板窗格的边沿，然后按住鼠标左键同时拖动鼠标，拖动边线拉宽该窗格，如图3-12所示。

★ 图3-12

3.1.4　认识资源管理器窗口

知识点讲解

　　在Windows Vista操作系统中，统一了资源管理器窗口和"计算机"窗口的结构布局，同样作为管理计算机文件的工具，同"计算机"窗口的使用方法一模一样，如图3-13所示。

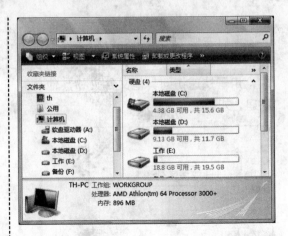

★ 图3-13

动手练

　　可以采用不同的方法打开资源管理器窗口，其操作方法分别如下。

- ▶ 在桌面上用鼠标右键单击"计算机"图标，在弹出的快捷菜单中单击"资源管理器"命令。
- ▶ 在任务栏中用鼠标右键单击"开始"按钮，在弹出的快捷菜单中单击"资源管理器"命令。
- ▶ 在"计算机"窗口中对盘符、文件夹单击鼠标右键，在弹出的快捷菜单中单击"资源管理器"命令，以资源管理器形式打开该文件夹窗口，如图3-14所示。

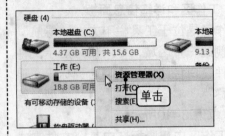

★ 图3-14

- ▶ 在"开始"菜单中，用鼠标右键单击"计算机"命令，在弹出的快捷菜单中单击"资源管理器"命令，如图3-15所示。

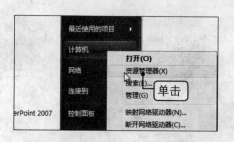

★ 图3-15

3.1.5　用户的个人文件夹

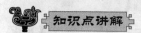

Windows Vista操作系统根据用户账户设立了个人文件夹，以用户账户名称命名，也就是以前Windows XP系统中的"我的文档"文件夹，并划分了用于存储不同类型文件的子文件夹。

用鼠标双击桌面上的个人文件夹图标，打开该文件夹可见如下文件夹。

▶ 文档：用于存储字处理文件、电子表格、演示文稿及其他面向业务的文件。

▶ 图片：存储所有数字图片，图片可从照相机、扫描仪或者从其他人的电子邮件中获取。

▶ 音乐：用于存储所有数字音乐，如从

音频CD复制或从网络下载的歌曲。

▶ 视频：存储视频，例如取自数字照相机、摄像机的剪辑，或者从网络下载的视频文件。

▶ 下载：存储从Web下载的文件和程序。

用户的个人文件夹如图3-16所示。

★ 图3-16

提 示

个人文件夹存储于系统盘中，为了保险起见，一般重要文件都不存储在个人文件夹中，而存储在其他分区中。另外，作为系统盘其磁盘空间也是有限的，所以尽量少使用个人文件夹存储文件。

3.2　浏览和查看电脑中的文件

"计算机"窗口和资源管理器窗口在界面和使用方法上基本相同，在地址栏、"导航"窗格中切换存储路径，可遍历电脑中的目录，浏览所有的文件和文件夹。

3.2.1　浏览电脑中的文件

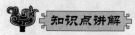

打开"计算机"窗口，在工作区中可看见硬盘盘符和其他可移动存储设备。每一个硬盘盘符都表示一个硬盘分区，文件和文件夹就存储在这些硬盘分区中，双击盘符进入文件夹，浏览要查看的文件。

通常使用地址栏切换路径，以查找到想要查看的文件，主要有以下几种浏览文件的方法。

▶ 用鼠标单击地址栏中的文本框，将光标定位到地址栏中，然后在地址栏中输入完整的路径，再按"Enter"键即可切换到该路径，如图3-17所示。

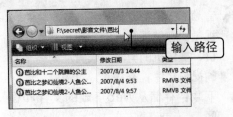

★ 图3-17

▶ 单击地址栏右端的下拉按钮▼，在弹出的下拉列表中会显示该窗口曾浏览过的路径列表，从中单击要浏览的路径即可进行切换，如图3-18所示。

★ 图3-18

▶ 将鼠标指针指向地址栏中的路径、盘符或文件夹名会显示为链接按钮状，此时直接单击某个盘符或文件夹按钮，则立即切换到该文件夹路径，如图3-19所示。

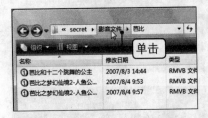

★ 图3-19

▶ 将鼠标指针指向地址栏中的路径，单击某个盘符或文件夹右边的下拉按钮，在弹出的子文件夹列表中，选择某个子文件夹即可切换到该文件夹路径，如图3-20所示。

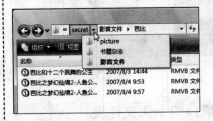

★ 图3-20

此外，就是使用"导航"窗格中的文件夹列表，切换到要浏览的文件夹路径。在工作区中可以用鼠标双击各个盘符或文件夹图标，进入下一级目录。

 **技 巧**

"计算机"窗口还可以切换为浏览网页的Internet Explorer窗口，在地址栏中输入网址后按"Enter"键，可连接到网络进行网上冲浪。

动手练

请读者根据下面的操作提示，通过"导航"窗格定位到"F:\secret\书籍杂志"路径下。

1 打开"计算机"窗口，如果"文件夹"列表为折叠状态，单击"导航"窗格中的"文件夹"按钮展开"文件夹"列表。

2 逐级展开下一级子目录列表，依次单击"计算机"→"备份（F：）"→"secret"→"书籍杂志"文件夹，如图3-21所示。

★ 图3-21

3.2.2　搜索文件和文件夹

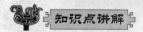

文件搜索功能是Windows Vista系统的一大特色，在"计算机"窗口、IE窗口、"开始"菜单等不同界面中都能找到搜索框设置。使用搜索功能，可以快速从众多文件中查找到目标文件和文件夹。

1. 使用"开始"菜单搜索框

"开始"菜单底部的搜索框有着涵盖全局的搜索面，搜索范围包括个人文件夹（文档、图片、音乐、游戏和其他常见位置）中的程序和所有文件夹，以及电子邮件、已保存的即时消息、约会和联系人等，甚至可以搜索Internet Explorer浏览器收藏夹和访问的网站的历史记录等。

单击桌面左下角的"开始"按钮，打开"开始"菜单，在"开始搜索"框中输入搜索关键字，便立即开始搜索与输入的字符匹配的项目。在搜索结果中，单击要打开或者启动的项目，就可以打开文件，如图3-22所示。

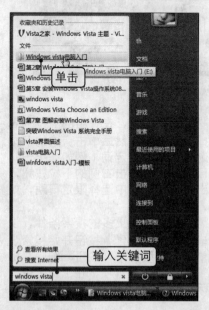

★ 图3-22

在搜索完成后，如果没有查找到需要的结果，还有以下几种处理方式：

- ▶ 单击"搜索"框右侧的"清除"按钮 ×，清除搜索结果并返回到主程序列表。重新输入范围更大的关键词进行搜索。
- ▶ 单击搜索结果下方的"查看所有结果"链接，打开文件夹窗口查看搜索结果，还可以使用窗口中的更多高级选项。
- ▶ 单击"搜索 Internet"链接，打开 Internet Explorer浏览器在网络中进行搜索。不过，此项操作不适用搜索电脑中的文件，只适合搜索网络中的网页内容。
- ▶ 如果搜索未产生任何结果，可以单击"搜索所有位置"对整台电脑进行搜索。
- ▶ 在搜索过程中，系统会将满足以下条件的程序或者文件作为搜索结果显示：文件名与输入的字符匹配或者以输入的字符开头；文件实际内容中包含输入的字符（例如文字处理文档中的文本）；文件属性中的任何文字（例如作者）包含输入的字符。

2. 启动"搜索结果"搜索

在"开始"菜单中，单击"搜索"命令，启动"搜索结果"窗口，在该窗口右上角的搜索框中输入搜索关键字（文件夹或文件的名称），搜索目标文件。

在搜索结果中找到并双击目标文件或者文件夹链接，即可打开该文件或文件夹。

3. 使用"计算机"窗口搜索框

"计算机"窗口中的搜索框只在当前目录中搜索，只有在根目录"计算机"下，才会以整台电脑为搜索范围。例如进入E盘目录下，使用搜索栏进行搜索，则只

会在E盘中搜索目标文件。

1 如果只想在当前文件夹中搜索某个文件，先打开"计算机"窗口，并进入某个文件夹目录中。

2 在搜索框中输入关键词即可开始搜索，然后在搜索结果中查找和打开文件，如图3-23所示。

★ 图3-23

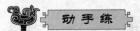

下面练习如何通过"搜索结果"窗口来搜索关于关键字"Vista"的所有文件，具体操作步骤如下。

1 单击"开始"按钮，在弹出的"开始"菜单中单击"搜索"命令，打开"搜索结果"窗口。

2 在窗口右上方的搜索框中输入搜索关键词，开始搜索，然后在窗口工作区中的搜索结果中可以查找和打开目标文件，如图3-24所示。

★ 图3-24

3 如果搜索不出满意的结果，单击"高级搜索"按钮，启动"高级搜索"选项，如图3-25所示。

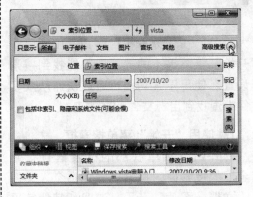

★ 图3-25

4 在"只显示"工具栏中单击任意选项按钮，可限定搜索文件的类型。在高级搜索选项中可设置更精确的搜索条件，单击"位置"按钮，在弹出的下拉列表中可选择搜索范围，如图3-26所示。

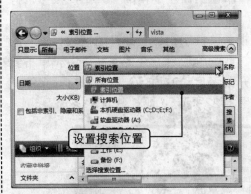

★ 图3-26

5 单击"日期"按钮，在弹出的下拉列表中选择日期类型，然后单击旁边的下拉按钮选择日期的限定词（例如"早于"某个日期），再单击右侧的下拉按钮，在弹出的日历列表中选择限定日期，如图3-27所示。

6 根据需要还可设置更多的搜索条件，设置完毕后单击"搜索"按钮开始搜索。然后单击"高级搜索"按钮高级搜索，折叠起"高级搜索"选项，在工作区中查找目标文件，如图3-28所示。

…

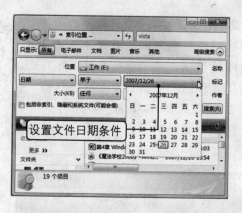

★ 图3-27

★ 图3-28

技　巧

还可以限制要搜索的文件的大小，在"大小"一行中单击"任何"按钮，在弹出的列表中选择文件的一个限定词，然后在旁边的文本框中输入限制的文件大小。

3.2.3　改变文件的视图方式

知识点讲解

文件的视图方式是指"计算机"和资源管理器窗口中显示文件夹或文件的文件图标形式。

在Windows Vista操作系统中可用"缩略图"、"平铺"等视图方式来显示文件图标，还支持在不同大小的缩略图间平滑缩放图标。

在"计算机"或资源管理器窗口中，单击工具栏中的"视图"下拉按钮，在弹出的视图列表中选择视图选项。

若在工具栏中单击"视图"按钮，而不是"视图"旁边的下拉按钮，则窗口会在各文件视图方式间轮流切换。

提　示

若要平滑地缩放文件图标的缩略图，只能在"特大图标"、"大图标"、"中等图标"和"小图标"选项之间拖动滑块。

动手练

下面练习在"计算机"窗口中以中等图标显示文件的操作，具体操作步骤如下。

1 打开"计算机"窗口，单击工具栏中的"视图"下拉按钮打开视图列表。
2 用鼠标拖动滑块，对准"中等图标"选项，或者直接单击"中等图标"选项即可，如图3-29所示。

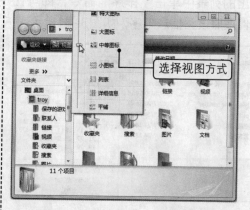

★ 图3-29

3.2.4　文件的排序

知识点讲解

文件的排序方式是指在窗口中排列文件图标的顺序，可根据文件名、文件类型等信息来排列文件。

1. 用列标题对文件排序

在"计算机"和资源管理器窗口的工作区上方，有一排列标题，分别指代文件或文件夹的几种信息列。如果将文件的视图模式设置为"详细信息"模式，就可以看到文件的每一列信息都会对应在相应的列标题下，如图3-30所示。

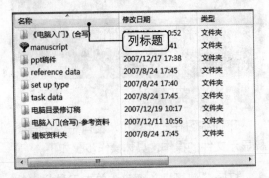

★ 图3-30

将鼠标指针指向列标题中的某个列标题按钮，然后单击其右边的下拉按钮，在弹出的列表中单击"排序"命令，即可让文件按照该类信息排序，如图3-31所示。

★ 图3-31

通常第一次排序时，是按照升序。重复执行排序操作，可在升序和降序间来回切换。

提　示

直接单击列标题按钮，也可按该列信息排序。重复单击列标题，切换升序和降序。

2. 用快捷菜单对文件排序

在"计算机"和资源管理器窗口中，还可以使用快捷菜单选择文件排序方式。在窗口工作区的空白处单击鼠标右键，在弹出的快捷菜单中单击"排序方式"命令，然后在弹出的子菜单中选择排序方式即可，如图3-32所示。

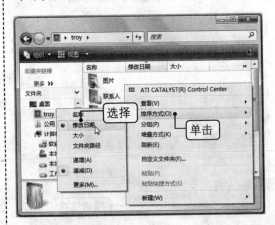

★ 图3-32

如果还需要切换升序或降序，再次单击鼠标右键打开快捷菜单，依次单击"排序方式"→"递增"（或者"递减"）命令即可，如图3-33所示。

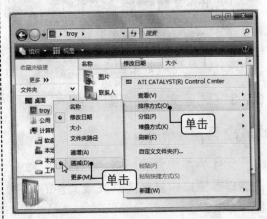

★ 图3-33

3. 添加排序方式

如果"计算机"和资源管理器窗口中的排序列标题不全，或者需要更多的排序

方式，可以通过添加排序方式，添加列标题。

　　在窗口空白区域单击鼠标右键，在弹出的快捷菜单中依次单击"排序方式""更多"命令，然后在弹出的对话框中勾选排序的信息项目即可，如图3-34所示。

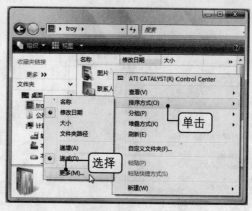

★ 图3-35

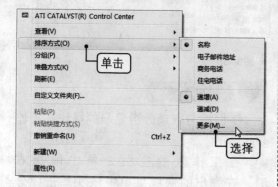

★ 图3-34

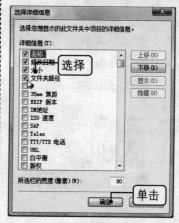

★ 图3-36

技　巧

　　用鼠标右键单击列标题栏，在弹出的菜单中可以选择要添加的项目，如果单击"更多"命令，可在弹出的对话框中选择更多项目。

动 手 练

　　请读者根据下面的操作提示，在"C:\用户\troy"路径下的文件夹窗口中添加"文件夹路径"列标题，以添加该排序方式。

1 打开"计算机"窗口，进入"C:\用户\troy"路径下。用鼠标右键单击工作区的空白处，在弹出的快捷菜单中依次单击"排序方式"→"更多"命令，如图3-35所示。

2 弹出"选择详细信息"对话框，在"详细信息"列表框中，勾选要添加的"文件夹路径"信息项，然后单击"确定"按钮，保存设置即可，如图3-36所示。

3.2.5　文件的分组

知识点讲解

　　在Windows Vista操作系统中，还可在排序的基础上根据信息分类分组显示文件。

1. 选择分组方式

　　将文件按照分组方式显示，就会将窗口中的文件、文件夹归类到不同分组中，每个分组都可分别折叠或展开。

　　首先将鼠标对准某个列标题，单击其旁边的下拉按钮，然后在弹出的下拉列表中单击"分组"命令，即可将文件按照该类信息分组显示，如图3-37所示。

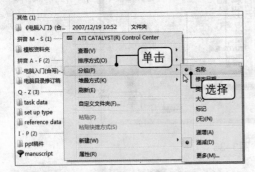

★ 图3-37

另外，还可使用快捷菜单中的命令选择分组方式。在工作区的空白处单击鼠标右键，在弹出的快捷菜单中单击"分组"命令，然后在弹出的"分组"子列表中选择分组方式即可，如图3-38所示。

★ 图3-38

2. 折叠组与扩展组

将文件分组显示后，每一个分组都有一条分组线，在分组线上标有该组的分组名和文件数目。可以将各个分组折叠或者展开，用鼠标右键单击分组线，在弹出的快捷菜单中执行"折叠组"命令，即可将该组文件全部折叠起来，如图3-39所示。

折叠后的分组只保留分组线及组名部分。要重新展开组，可用鼠标右键单击该分组线，在弹出的快捷菜单中执行"扩展组"命令即可。

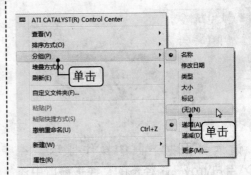

★ 图3-39

动手练

下面练习取消分组显示的操作，操作步骤如下。

在工作区的空白处单击鼠标右键，在弹出的快捷菜单中依次单击"分组"→"无"命令即可，如图3-40所示。

★ 图3-40

3.2.6 文件的筛选

知识点讲解

Windows Vista在文件浏览上增加了文件筛选功能，可以在当前文件夹中筛选出某一个或者多个分组中的文件。

将鼠标指针指向某个列标题，单击旁边的下拉按钮，在弹出的下拉列表中勾选要查看的分组，即可筛选出该分组的文件，如图3-41所示。

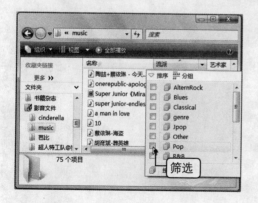

★ 图3-41

若要取消筛选状态，再次单击列标题下拉按钮，在弹出的下拉列表中取消对分组的勾选即可。

提 示

文件筛选是依据文件的分组进行的，而文件的分组是系统根据文件的属性信息、备注信息等自动划分的。

动 手 练

请读者根据下面的操作提示，在"D:\安装盘\KuGoo-music"路径下使用文件筛选功能从中筛选出属于"Pop"流派的音乐（前提是所存储的这些音乐文件都在备注信息中填写了流派）。

1 打开"计算机"窗口进入"D:\安装盘\KuGoo-music"路径下，在列标题中单击"流派"下拉按钮，在弹出的下拉列表中，勾选"Pop"选项，如图3-42所示。

★ 图3-42

2 窗口中只显示所筛选的该流派的音乐文件，如图3-43所示。

★ 图3-43

技 巧

列标题的排列顺序可调整，在列标题上按住鼠标左键，同时左右拖动鼠标，可以调整列标题项目的顺序。

3.2.7 文件的堆叠方式

知识点讲解

堆叠方式是一种根据某类信息将所有文件（包括子文件夹中的文件）分组的方式，并用统一的堆叠图标显示。

将文件堆叠显示，相当于把文件夹中所有的文件（包括子文件夹中文件）堆叠到一个目录下。

将文件堆叠显示后，窗口中显示所有文件分类的堆叠图标，并且在地址栏中显示该文件夹中的搜索结果。

在窗口中双击某个分组图标，即可查看该组中的所有文件，包括子文件夹中的文件来。

动 手 练

下面练习按照修改日期堆叠显示文件，操作方法如下。

打开"计算机"窗口，在列标题中，单击"修改日期"下拉按钮，在弹出的列表中单击"按修改日期堆叠"命令即可，

如图3-44所示。

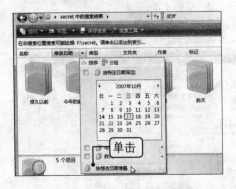

★ 图3-44

浏览完文件后，要恢复堆叠前的状态，只需关闭当前窗口再重新打开即可。

3.3 文件夹与文件的基本操作

管理文件夹与文件，主要通过创建、选定、复制、移动、删除等几项操作来完成。通过这些操作，可将电脑中的所有文件整理得井井有条。

3.3.1 创建文件夹或文件

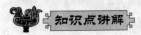
知识点讲解

需要一个新的文件夹来存储文件时，可创建一个新文件夹。还可通过"创建"命令创建支持的文件。

1. 创建文件夹

在"计算机"或资源管理器窗口中，切换到要创建文件夹的路径下。

在工具栏中单击"组织"按钮，在弹出的下拉列表中选择"新建文件夹"命令即可，如图3-45所示。

★ 图3-45

新创建的文件夹的默认名称为"新建文件夹"，之后再新建的文件夹会依次命名为"新建文件夹 (2)"、"新建文件夹 (3)"等，如图3-46所示。

★ 图3-46

不只是在窗口中，在桌面上还可以通过快捷菜单命令创建文件夹。

2. 创建文件

创建文件是指在电脑上中创建一个新的文件，用来编辑某类数据。通常使用相应的应用程序来创建和编辑文件，还可在桌面或者"计算机"窗口中使用菜单命令创建常用文件。

在桌面或者"计算机"窗口中，在工作区的空白处单击鼠标右键，在弹出的菜单中单击"新建"命令，然后在弹出的文件类型列表中选择要创建的文件即可，如图3-47所示。

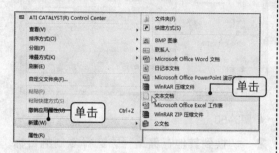

★ 图3-47

创建文件完毕后，可直接输入新的文件名。然后双击新建的文件，打开该文件开始录入和编辑文件内容。

动手练

下面练习通过快捷菜单命令创建文件夹和文件的具体操作方法。

在桌面空白处单击鼠标右键，在弹出的快捷菜单中依次单击"新建"→"文件夹"命令，新建一个文件夹，如图3-48所示。

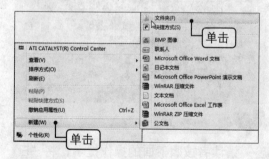

★ 图3-48

然后在新创建的文件夹中创建一个"文本文档"文件。

提 示

可创建的文件类型由系统中安装了哪些用于编辑文档、表格、图像或音频文件的应用程序决定。

3.3.2　选中文件夹或文件

知识点讲解

选中文件夹或文件的方式有：选中单个文件夹或文件、选中多个连续的文件夹或文件和选中多个非连续的文件夹或文件。

1. 选中单个文件夹或文件

用鼠标左键单击文件夹或文件，即可选中单击的对象，被选中的对象的背景色会变深。另外，使用键盘上的方向键也可以选定操作对象。选中操作对象后，按"Enter"键打开。

若需要选择的文件夹或文件的名称为英文字母，直接按名称的首写字母，即可快速找到并选中该文件或文件夹。

2. 选中多个连续的文件夹或文件

要选择的文件夹和文件为多个，并且相邻的情况下，可以采用以下两种方法：

▶ 先用鼠标单击要选中的第一个操作对象，然后按住"Shift"键的同时用鼠标单击要选中的最后一个操作对象，即可选中从第一个到最后一个所有的对象。

▶ 将鼠标指针指向操作对象的边缘，按住鼠标左键拖动鼠标划出矩形区域，使矩形区域框住所有要选中的对象，然后释放鼠标，矩形区域内的文件夹或文件便被选中。

3. 选中多个非连续的文件夹与文件

如果要选择的多个文件夹和文件是不相邻的，为选择非连续的文件和文件夹。可以按住"Ctrl"键不放，同时用鼠标逐个单击要选中的文件夹或文件来进行选择，选择完后释放"Ctrl"键即可。

如果要选中当前窗口中的所有文件夹和文件，在工具栏中单击"组织"→"全选"命令即可。或者按"全选"的快捷键"Ctrl+A"组合键，也可选中所有文件夹和文件。

动 手 练

请读者在"C:\用户\Troy"路径下，按住"Ctrl"键用鼠标选择"图片"、"文档"和"音乐"文件夹，如图3-49所示。

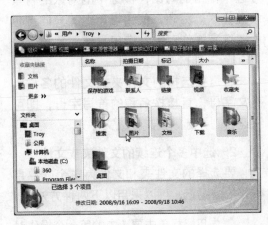

★ 图3-49

3.3.3 复制文件夹或文件

知识点讲解

复制文件夹或文件的操作结果是创建一个与原文件夹或文件相同的文件夹或文件，以作为备份，或者复制（copy）给他人使用。复制文件夹或者文件的方法有以下几种。

1. 使用"组织"下拉列表中的命令

在"组织"下拉列表中使用"复制"、"粘贴"命令，复制被选中的对象。

1 在"计算机"窗口中选中要复制的文件夹或文件，然后在工具栏中单击"组织"→"复制"命令，将被选对象复制到剪贴板中，如图3-50所示。

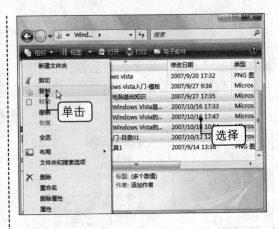

★ 图3-50

2 切换到其他存储路径，选择复制的目标位置，然后单击"组织"→"粘贴"命令，便可将被选对象复制到该文件夹中。

2. 使用快捷菜单中的命令

在快捷菜单中使用"复制"、"粘贴"命令复制被选中的对象。

对选中文件或者文件夹单击鼠标右键，在弹出的菜单中执行"复制"命令，然后进入复制的目标路径，执行快捷菜单中的"粘贴"命令，即可完成文件复制。

技 巧

使用快捷键可以轻松复制文件夹或者文件，选中要复制的对象后，按下"Ctrl+C"组合键执行"复制"命令，然后在复制的目标位置按"Ctrl+V"组合键执行"粘贴"命令，即可完成复制操作。

动 手 练

请读者按照下面的操作提示，将"E:\windows vista系统"路径下的多个文档文件，复制到F盘路径下。

1 打开"计算机"窗口，进入"E:\windows vista系统"路径下，选中要复制的文档，然后单击鼠标右键，在弹出的快捷菜单中执行"复制"命令，如图3-51所示。

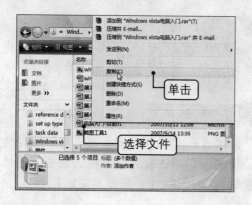

★ 图3-51

2 切换到F盘路径下，在工作区的空白处单击鼠标右键，在弹出的菜单中执行"粘贴"命令即可，如图3-52所示。

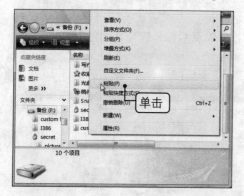

★ 图3-52

3.3.4　移动文件夹或文件

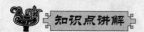

知识点讲解

移动文件夹或文件是将被选对象移动到另外一个文件夹中存放，移动文件夹或文件的方法有如下几种。

1．使用"组织"列表和快捷菜单移动

在"计算机"或资源管理器窗口中，使用"组织"下拉列表中的命令可移动文件夹或者文件。

1 首先在窗口中找到并选中要移动的文件夹或文件，然后在工具栏中单击"组织"→"剪切"命令，将选中的对象剪

切到系统剪贴板中。

2 切换到移动的目标位置，在窗口中依次单击"组织"→"粘贴"命令，即可将选中的文件夹或文件移动到该文件夹中。

移动文件夹或文件同样也可通过快捷菜单命令完成，执行菜单中的"剪切"和"粘贴"命令，移动选中的对象。

技巧

移动文件夹或者文件可以使用快捷键来完成，先选中要移动的对象，按"Ctrl+X"组合键剪切，然后在目标位置按下"Ctrl+V"组合键粘贴即可。

2．拖动到"文件夹"列表中

如果要移动的文件夹或文件比较少（最好为单个），采用鼠标拖动方式移动是比较直观和简单的方法。在同一个文件夹窗口中，可利用"导航"窗格中的文件夹列表，移动文件或文件夹。

1 打开"计算机"或资源管理器窗口，切换到文件所在路径。

2 在"导航"窗格中展开"文件夹"列表，在"文件夹"列表中展开移动的目标文件夹，使其显示在明显位置。

3 在工作区中选中要移动的文件或文件夹，对其按住鼠标左键同时拖动鼠标，将被选对象往"文件夹"列表方向拖动，一直拖动到目标文件夹上，然后释放鼠标，即可将被选对象移动到该文件夹中，如图3-53所示。

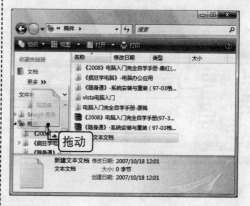

★ 图3-53

在拖动过程中，被拖动对象会显示为增大的缩略图状，被拖动到目标文件夹上时，还会显示"移动到……"的提示。

3. 同窗口下拖动到文件夹中

在同一个窗口中，若想将文件移动到相邻的文件夹中，可以就只在工作区中拖动文件。首先切换到文件夹所在路径，对要移动的文件按住鼠标左键拖动，将其拖动到目标文件夹上释放鼠标即可。

在拖动过程中，整个动作要准确地一气呵成。如果拖动位置不到位，可能会拖动失败，仅是移动了文件图标顺序，或者移动进错误的文件夹中。

4. 不同窗口间拖动文件

如果文件移动的路径跨度比较大，还可以同时打开两个文件夹窗口，在不同窗口间移动文件或文件夹。

1 分别打开两个"计算机"窗口，一个窗口切换到被移动文件所在路径，另一个窗口切换到移动的目标路径。

2 先将两个窗口都"还原"并调整到恰当大小，最好将两个窗口并排摆放，便于拖动操作。

3 在第一个窗口中，按住"Shift"键，将要移动的文件或文件夹拖动到目标窗口中，然后释放鼠标，即可将被选对象移动到目标位置，如图3-54所示。

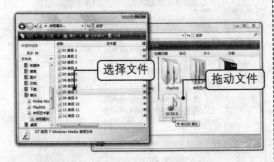

★ 图3-54

技巧

在拖动过程中，如果不按住"Shift"键，则可能会变成复制操作（显示"复制到……"提示）。

动手练

请读者在"F:\secret\影音文件"路径下，将同窗口中的视频文件拖动到相邻的"视频集"文件夹中，操作方法如下。

1 先打开"计算机"窗口，进入"F:\secret\影音文件"路径下，选中要拖动的视频文件。

2 对要选中的文件按住鼠标左键拖动，将该文件拖动到同工作区的"视频集"文件夹图标上，当显示"移动到视频集"提示时释放鼠标即可，如图3-55所示。

★ 图3-55

3.3.5 重命名文件夹或文件

知识点讲解

如果对文件夹或文件的名称不满意，可以将文件夹或文件重新命名。将文件夹或文件重命名的方法如下。

1 在"计算机"或资源管理器窗口中，选中要重命名的文件夹或文件，然后在工具栏中单击"组织"下拉按钮，在弹出的下拉列表中执行"重命名"命令，如图3-56所示。

★ 图3-56

2 所选对象的名称变为可编辑状态，此时输入新的名称，然后按"Enter"键或用鼠标单击其他位置，表示确认即可。

此外，重命名文件夹或文件，还有一些简便的操作方法。

在没有工具栏的桌面上，可使用快捷菜单中的命令来重命名文件或文件夹。用鼠标右键单击要重命名的文件或文件夹，在弹出的菜单中执行"重命名"命令，然后可重命名该对象。

或者，单击两次要重命名的文件或文件夹，然后可进行重命名操作。

在对文件夹或文件进行重命名时，要遵循命名规则，还应注意不要更改文件的扩展名，否则将不能打开这个文件。文件夹和文件的命名原则如下。

文件名称不能超过255个字符（1个汉字为2个字符，1个英文字母为1个字符）。

▶ 文件名称中不能出现如下半角字符："\"、"/"、":"、"*"、"?"、""""、"<"、">"和"|"。

▶ 同一文件夹下同类型的文件不能重名。

▶ 文件的命名不区分字母大小写。

动手练

请读者新建一个文件夹，然后将其重命名为"重命名文件夹"，方法如下。

先用鼠标单击一次新建的文件夹将其选中，然后再用鼠标单击一次文件夹的名称，让其名称变为可编辑状态。此时输入新名称"重命名文件夹"，按"Enter"键确认即可，如图3-57所示。

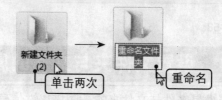

★ 图3-57

3.3.6 删除文件夹或文件

知识点讲解

对于不再需要保留的文件夹或文件，可以使用"删除"命令或者"Delete"键删除。

首先选中要删除的对象，然后按"Delete"键删除，并在弹出的对话框中确认删除操作即可。

默认设置下，被删除的对象并不直接从硬盘的物理空间上删除，而是转存到回收站中。

动手练

下面练习删除"写作案例"文件夹中的"删除文件"文件，具体操作步骤如下。

1 打开"计算机"窗口，进入"写作案例"文件夹，选定"删除文件"文件，然后在工具栏中依次单击"组织"→"删除"命令，如图3-58所示。

★ 图3-58

2 在弹出的确认操作的提示信息对话框中，单击"是"按钮，即可删除被选中对象，如图3-59所示。

★ 图3-59

3.4 设置文件夹与文件的属性

属性是文件与文件夹的一些描述性信息，这些信息并未包含文件的实际内容，而是提供了有关文件的大小、类型、创建时间等文件属性，可用来帮助查找和整理文件。

3.4.1 查看文件夹与文件的属性

知识点讲解

在"计算机"或资源管理器窗口中，选中任意文件夹或文件，然后单击"组织"→"属性"命令，即可打开该对象的属性对话框。

如果是在桌面上，没有工具栏可用，则对文件夹或文件单击鼠标右键，在弹出的快捷菜单中单击"属性"命令，打开该对象的属性对话框。

在文件夹的属性对话框中，分"常规"、"共享"和"自定义"三个选项卡，分别用于设置常规属性、共享文件夹属性和自定义文件夹外观，如图3-60所示为"常规"选项卡。

普通文件的属性对话框通常包含"常规"和"详细信息"等选项卡。在"常规"选项卡中是文件类型、打开方式、存储位置、文件大小、创建时间和存储属性等信息，如图3-61所示。

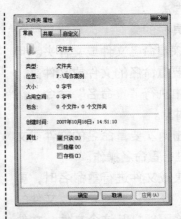

图3-60

★ 图3-61

在"详细信息"选项卡中则是文件的各种详细的备注信息属性值，比如说明、来源和文件信息等属性值，如图3-62所示。

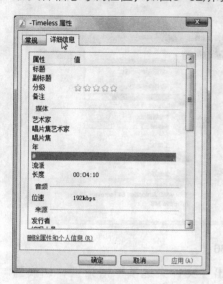

★ 图3-62

不同文件类型拥有不同的属性信息。音乐、图片等文件的"详细信息"和其他文件不一样，音乐文件的"媒体"信息中有音乐的艺术家、唱片集和流派等特色信息，图片文件的"图像"信息还包括尺寸、高度、宽度和位深度等信息。

动手练

请读者根据下面的操作提示，新建一个文件夹，然后打开其文件夹属性对话框，通过属性设置更改文件夹的图标。

1 打开文件夹的属性对话框，然后切换到"自定义"选项卡，单击"文件夹图标"栏中的"更改图标"按钮，如图3-63所示。

2 弹出更改图标的对话框，在"从以下列表选择一个图标"列表框中选择一个喜欢的图标，然后单击"确定"按钮，如图3-64所示。

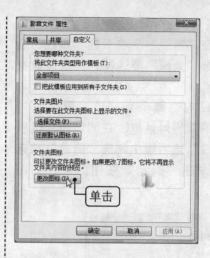

★ 图3-63

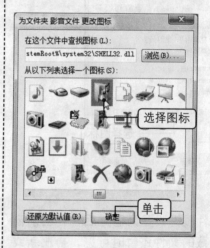

★ 图3-64

3 返回文件夹属性对话框，单击"确定"按钮即可。

3.4.2　隐藏或显示文件或文件夹

知识点讲解

将机密文件夹和文件设置为"隐藏"，则其他人将不能在系统中看到被隐藏的文件，只有通过显示隐藏文件后才可看到该文件。

1. 隐藏文件夹或文件

隐藏文件夹可以将整个文件夹隐藏，包括文件夹中的所有文件，隐藏文件夹的

方法如下：首先打开文件夹的属性对话框，然后在"常规"选项卡的"属性"选项组中勾选"隐藏"复选项，完成设置操作就可以了。

如果只想隐藏个别文件，那么只打开该文件的属性对话框，在"常规"选项卡的"属性"选项组中勾选"隐藏"复选项，然后单击"确定"按钮即可，如图3-65所示。

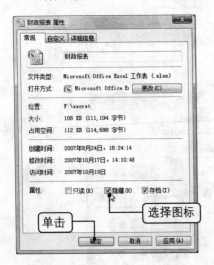

★ 图3-65

将文件属性设置为隐藏后，在当前窗口中被隐藏的文件还暂时可见，再刷新或者重新进入该窗口页面后，就看不到该文件了。

2. 显示隐藏的文件夹和文件

要重新显示被隐藏的文件夹和文件，需更改文件显示设置，显示隐藏文件夹和文件的方法如下。

1 打开"计算机"或资源管理器窗口，按

"Alt"键显示菜单栏，然后依次单击"工具" → "文件夹选项"命令，如图3-66所示。

★ 图3-66

2 弹出"文件夹选项"对话框，切换到"查看"选项卡，在"高级设置"列表框中拖动滚动条，找到"隐藏文件和文件夹"选项组，选中"显示隐藏的文件和文件夹"单选项，然后单击"确定"按钮即可，如图3-67所示。

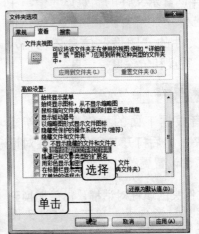

★ 图3-67

3 单击"确定"按钮保存设置，关闭对话框，就可以在文件夹中查看隐藏的文件或文件夹了。

动手练

请读者根据下面的操作提示，将F盘下

的"secret"文件夹设置为隐藏，但并不隐藏其子文件夹。

1 用鼠标右键单击要隐藏的"secret"文件夹，在弹出的菜单中单击"属性"命令，打开其属性对话框。

2 在"常规"选项卡中，勾选"属性"选项组中的"隐藏"复选项，然后单击"确定"按钮，如图3-68所示。

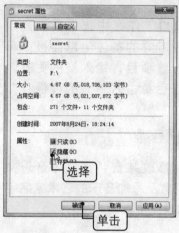

★ 图3-68

3 在弹出的"确认属性更改"对话框中，选择"仅将更改应用于此文件夹"单选项，然后单击"确定"按钮，如图3-69所示。

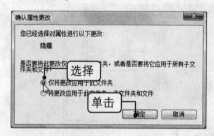

★ 图3-69

　注　意

为了避免用户误删重要的系统文件而导致系统瘫痪，操作系统默认隐藏了部分重要的系统文件，并采用不显示隐藏文件夹和文件的设置。为保险起见，在完成操作后，最好重新勾选"不显示隐藏的文件和文件夹"单选项，恢复原有设置。

3.4.3　设置只读属性

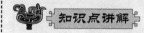　知识点讲解

将文件或文件夹设置为只读属性，可以保护文件内容不被修改。对于只读文件或者文件夹，不能更改文件夹或文件中的内容。

打开文件或者文件夹的属性对话框，然后在"常规"选项卡的"属性"选项组中勾选"只读"复选项，然后单击"确定"按钮，确认设置即可，如图3-70所示。

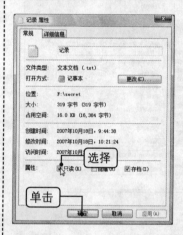

★ 图3-70

要注意的是，对于文件夹的只读属性设置，还需在弹出的"确认属性更改"对话框中选择是否将"只读"设置应用于子文件夹，然后单击"确定"按钮即可。

动　手　练

请读者根据下面的操作提示，在E盘中新建一个Word文档，然后将该文档设置为只读属性。

1 打开"计算机"窗口，进入E盘文件夹，在空白处单击鼠标右键，在弹出的菜单中单击"新建"→"Microsoft Office Word 文档"命令，如图3-71所示。

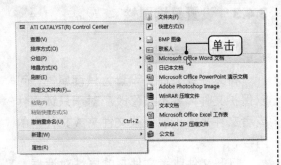

★ 图3-71

2 用鼠标右键单击新建的文档，在弹出的菜单中单击"属性"命令，如图3-72所示。

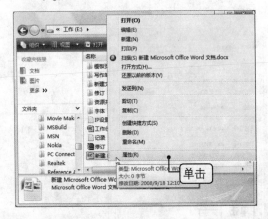

★ 图3-72

3 在弹出的属性对话框中，在"常规"选项卡中勾选"只读"复选项，然后单击"确定"按钮即可，如图3-73所示。

★ 图3-73

3.4.4 自定义文件备注信息

知识点讲解

"计算机"和资源管理器窗口中的详细信息面板是显示和更改文件作者、标题等备注信息的界面。这些备注信息也是属性的一部分，不同类型文件的备注信息不同。

首先在窗口工作区中选中要设置的文件，然后在下方的备注信息面板中单击要更改的设置项目，输入新的更改内容，更改完毕后单击右下方的"保存"按钮即可。

动手练

下面练习修改某音频文件（音乐文件）的备注信息及添加音乐的艺术家名字的操作，具体操作步骤如下。

1 在窗口中选中要修改备注信息的音乐文件，然后在信息面板中单击"艺术家"信息项，激活"艺术家"文本框，输入音乐的演唱者或者作者，如图3-74所示。

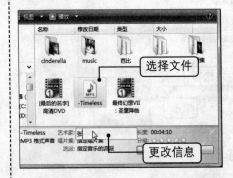

★ 图3-74

2 单击其他要更改的信息项，进行更改。比如用鼠标单击点亮"分级"小五角星，可为歌曲评等级，如图3-75所示。

★ 图3-75

3　更改完毕后，一定要单击右下角的"保存"按钮，保存所做更改。

3.5　使用回收站

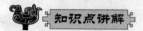

回收站就是一个垃圾桶，存储被删除的文件或文件夹。只要在清空这个垃圾桶之前，被删除的文件还可以从回收站还原到原位置。

3.5.1　查看与还原被删除的文件

🔖 知识点讲解

桌面上的"回收站"桌面图标，是访问回收站的捷径，从该图标的"空"或"满"的状态可得知回收站中是否存储有被删除的文件夹或文件，如图3-76所示。

回收站　　　回收站
（空）　　　（满）

★ 图3-76

双击"回收站"图标打开"回收站"窗口，从中可以查看到所有被"删除"的文件夹和文件。

对其中的对象单击鼠标右键，在弹出的快捷菜单中执行"属性"命令，可打开该对象的属性对话框，如图3-77所示。在其中可查看该文件或文件夹的删除时间、文件类型等信息。

★ 图3-77

在属性对话框中，单击"属性"一栏右下角的"还原"按钮，可将该文件还原到原存储目录下，如图3-78所示。

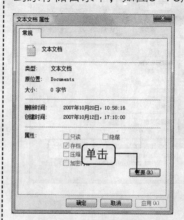

★ 图3-78

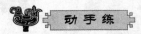

请读者新建4个空白文本文档，然后将这些文件删除到回收站。

接下来打开"回收站"窗口，分别采用如下方法将文件还原。

- 还原单个项目：在"回收站"窗口中用鼠标选中单个文件，然后在工具栏中单击"还原此项目"按钮，如图3-79所示。

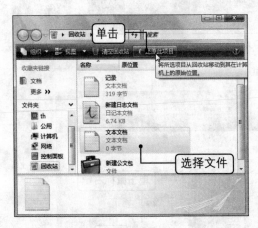

★ 图3-79

- 还原多个项目：在"回收站"窗口中用鼠标选中多个文件，然后在工具栏中单击"还原选定的项目"按钮，如图3-80所示。

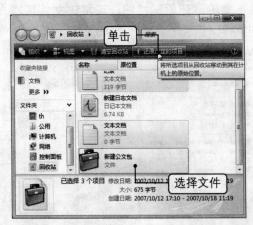

★ 图3-80

- 还原所有项目：在"回收站"窗口中，单击工具栏中的"还原所有项目"按钮。
- 快捷菜单还原：用鼠标右键单击"回收站"窗口中的单个文件，在弹出的快捷菜单中单击"还原"命令。

3.5.2　永久删除文件和清空回收站

知识点讲解

只有将回收站中的文件删除掉，文件才能真正从硬盘上被永久删除。被永久删除的文件将不能恢复，因此操作时要谨慎。

打开"回收站"窗口，选中要永久删除的文件夹或文件，然后再执行一次删除操作，在弹出的提示对话框中单击"是"按钮确认，即可永久删除文件，如图3-81所示。

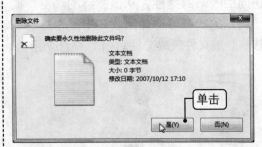

★ 图3-81

动手练

请读者按照下面的操作提示清空回收站。

先对桌面上的"回收站"图标单击鼠标右键，在弹出的快捷菜单中选择"清空回收站"命令。再在弹出的"删除多个项目"对话框中单击"是"按钮即可，如图3-82所示。

确实要永久删除这 5 项吗?

是(Y)　否(N)

单击

★ 图3-82

3.6 文件的加密

在采用NTFS文件格式的硬盘分区中，可以对文件加密来保护机密文件。将文件加密后，只有拥有文件密钥的用户才能打开加密文件。

3.6.1 加密文件

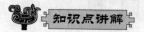

文件加密和解密都是在系统后台完成的，对于施加加密的用户账户，自动拥有加密文件的密钥，对加密文件的访问是透明的。可以如往常般随意打开和修改文件，但其他用户账户登录系统时，由于没有密钥，加密文件将会拒绝这些用户的访问。

因此，要真正达到保护机密文件的目的，除了加密文件外，还要为自己的用户账户设置密码，防止他人以自己的用户账户身份登录系统。

加密文件或文件夹的操作方法如下。

1 用鼠标右键单击需要加密的文件或文件夹，在弹出的菜单中单击"属性"命令，打开其属性对话框。

2 在"常规"选项卡中单击"高级"按钮，然后在弹出的"高级属性"对话框中，勾选"压缩或加密属性"选项组中的"加密内容以便保护数据"复选项，然后单击"确定"按钮，如图3-83所示。

3 返回属性对话框单击"确定"按钮，此时会再次弹出"加密警告"对话框，在"您希望做什么"选项组中选择加密文件的范围，然后单击"确定"按钮即可，如图3-84所示。

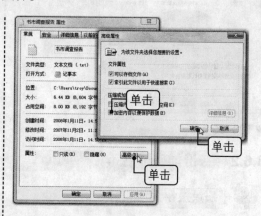

★ 图3-83

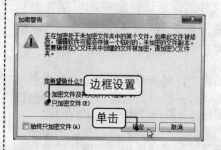

★ 图3-84

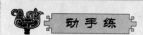

动 手 练

跟随讲解练习如何查看硬盘分区的文件格式是否为NTFS格式，方法如下。

在"计算机"窗口中对C盘分区的盘符单击鼠标右键，然后在弹出的菜单中单击"属性"命令，打开属性对话框查看文件系统格式，如图3-85所示。

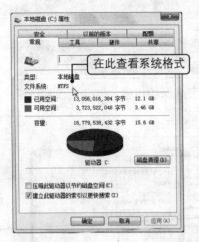

★ 图3-85

3.6.2 备份加密证书

知识点讲解

加密证书和密钥，相当于是用户访问加密文件的通行证，是在加密文件时自动产生并颁发给当前用户账户的。为以防万一，可按照下述方法备份加密证书。

1. 以加密文件时使用的用户账户身份登录系统，打开控制面板窗口，然后在经典视图模式下双击"用户账户"图标。

2. 进入用户账户窗口页面，在左侧窗格的"任务"列表中单击"管理您的文件加密证书"选项链接，如图3-86所示。

★ 图3-86

3. 弹出"加密文件系统"对话框，单击"下一步"按钮，选中"使用此证书"单选项，再单击"下一步"按钮，如图3-87所示。

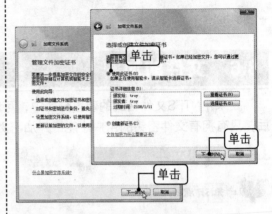

★ 图3-87

4. 进入下一步对话框页面，选中"现在备份证书和密钥"单选项，然后单击"浏览"按钮选择备份位置并设置文件名，接着设置密码和确认密码，如图3-88所示。

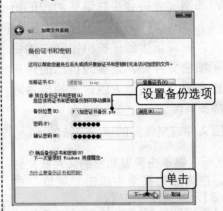

★ 图3-88

5. 单击"下一步"按钮，系统完成密钥和加密证书的备份，完成加密证书备份后，单击"关闭"按钮即可，如图3-89所示。

在所选择的保存备份加密密钥的位置，就可以看到备份的加密密钥了，如图3-90所示。

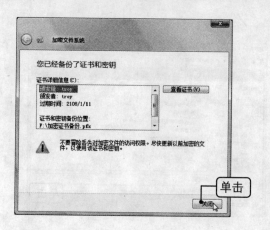

★ 图3-89

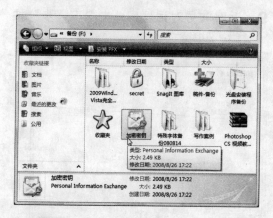

★ 图3-90

动手练

在首次加密文件之后，在系统通知区域会弹出"备份文件加密密钥"气球消息。请读者用鼠标单击该气球消息备份秘钥，并将秘钥备份到F盘，具体操作方法如下。

1 在任务栏中单击弹出的"备份文件加密密钥"气球消息，如图3-91所示。

★ 图3-91

2 打开"加密文件系统"对话框，单击"现在备份"选项，如图3-92所示。

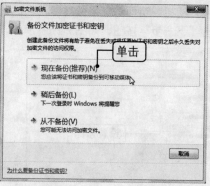

★ 图3-92

3 弹出"证书导出向导"对话框，单击"下一步"按钮，如图3-93所示。

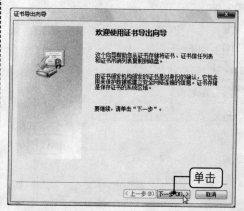

★ 图3-93

4 进入下一页面，在"导出文件格式"选项组中选择"个人信息交换"单选项，然后单击"下一步"按钮，如图3-94所示。

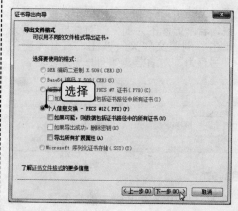

★ 图3-94

5 进入"密码"页面为证书设置保护密码，
单击"下一步"按钮，如图3-95所示。

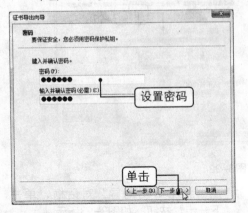

★ 图3-95

6 进入下一页面，单击"浏览"按钮，如
图3-96所示。

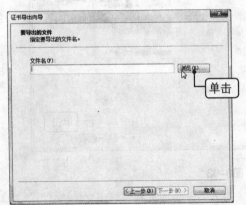

★ 图3-96

7 在弹出的"另存为"对话框中选择保存位
置，若所显示的为简化的对话框，则首先
单击"浏览文件夹"按钮，展开完整的
"另存为"对话框，如图3-97所示。

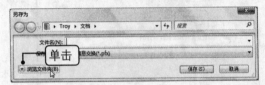

★ 图3-97

8 在对话框中浏览电脑中的文件夹，定位
到F盘路径下，然后在"文件名"文本框
中输入证书的文件名，单击"保存"按

钮返回，如图3-98所示。

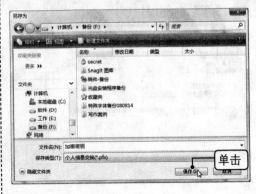

★ 图3-98

9 返回向导对话框，单击"下一步"按
钮，如图3-99所示。

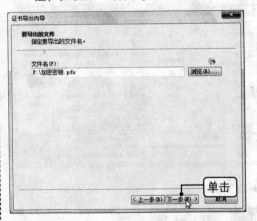

★ 图3-99

10 进入向导的完成页面，可查阅备份信息
是否正确，单击"完成"按钮，如图
3-100所示。

★ 图3-100

11 弹出提示对话框，导出成功，单击"确定"按钮即可，如图3-101所示。

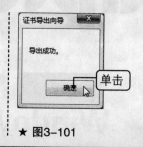

★ 图3-101

疑难解答

问 为什么同一个文件的文件图标会不一样？

答 文件图标并不是一成不变的，这取决于打开文件的应用程序。不少文件类型可以被不同的程序打开，系统只根据默认的打开程序显示文件图标。例如扩展名为wam的文件，其默认的打开程序可能为Windows Media Player或者Real Player程序，这时显示的文件图标就会不同。

问 在"计算机"窗口中打开了预览窗格，但是对于部分文件，为什么在预览窗格中并不显示其中的预览内容呢？

答 预览窗格的功能有一定的局限性，只能显示Windows Vista自带的文件类型的内容预览，例如记事本、WAM文件、JPG图像文件等，而不能显示诸如文件夹及用户自行另外安装的程序或文件内容的预览。

问 在复制或移动文件时，系统提示："此位置已包含同名文件"，该怎么办？

答 因为在同一文件夹下，不能包含两个相同类型相同文件名的文件，以及相同名称的文件夹，所以当复制或移动文件时，一旦同类型文件的文件名相同，就会弹出提示对话框询问用户的处理意见。此时可选择覆盖原来的文件继续操作，或者取消操作，将文件名更改为不同名称后再进行操作。

问 在重命名文件或者文件夹时，系统提示当前文件正被某程序占用不能进行重命名，该怎么办？

答 如果当前的操作对象尤其是文件正处于被打开状态或者被其他操作占用的状态，系统不允许此时对其进行重命名操作。应终止操作，将文件关闭，或者关闭占用该文件的程序，然后再进行重命名操作。

Chapter 04

第4章 Windows Vista的汉字录入

本章要点

↳ 输入法简介

↳ 输入法切换与设置

↳ 微软拼音输入法

要在Windows Vista操作系统中录入汉字，需要使用中文输入法程序。任务栏中的语言工具栏是切换与设置输入法的工具栏，还可通过该工具栏打开语言设置界面，添加新的输入法。若需要使用其他输入法，还可另行安装。Windows Vista默认微软拼音输入法为中文输入法。

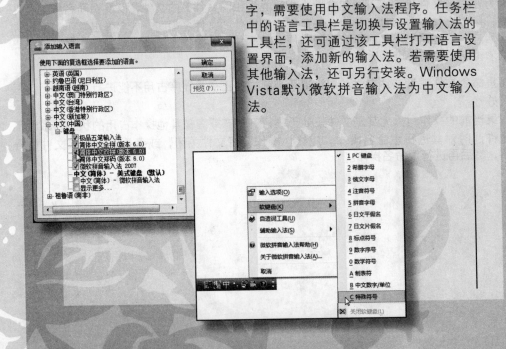

4.1　输入法简介

Windows Vista操作系统对于语言输入的管理没有太大的变动，只要安装了相应的输入法，就可以录入中文。输入法就是专门为了能够输入汉字而编制的程序。

知识点讲解

输入法主要依据汉字的"音"、"形"和"义"为每一个汉字进行编码，形成录入汉字的原理和规则，通过输入汉字的编码来录入汉字。根据常见的汉字编码方式，输入法分为音码、形码和音形码三类，这三种类型输入法的特点如下。

- 音码：音码输入法是根据汉字拼音进行编码，直接输入拼音，再在列出的同音汉字中选择所需的汉字。此类输入法简单易学，只是重码率高，不利于提高打字速度。常见的有智能ABC输入法和微软拼音输入法等。
- 形码：这种输入法根据汉字的字形即偏旁部首来编码，就算发音不准或者

不认识部分汉字也不受影响。此类输入法重码率低，打字速度非常快。目前常见的有五笔字型输入法。

- 音形码：此类输入法将汉字的拼音和字形相结合进行编码。例如二笔输入法、郑码、丁码等。学习音形码输入法不需要专门培训，打字速度较快，适合对打字速度有要求的非专业人士使用。

现在输入法种类已经多达几十种，并且仍在涌现出许多新的输入法，但其编码的基本原理都是相似的。学习输入法主要就是学习输入法的编码规则，用键盘上的字母键和数字键组合成汉字的编码。

4.2　输入法的切换与设置

在文字编辑软件中录入汉字，首先要在语言栏中切换输入法，同时语言栏也是设置输入法的工具栏。

4.2.1　切换输入法

知识点讲解

默认状态下，语言栏的状态图标显示英文输入法图标，表示系统处于英文输入状态。切换输入法的方法有如下两种。

- 单击输入法图标，在弹出的输入法菜单中选择要切换到的输入法即可，如图4-1所示。

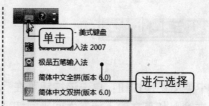

★ 图4-1

- 同时按下"Ctrl+Shift"组合键，在输入法之间轮流切换，直到切换到自己想要切换到的输入法为止。

语言栏中显示的输入法状态并不总是一致的，会根据用户在当前窗口中使用

的输入法而转变。比如在"记事本"窗口中使用微软拼音输入法，而在其他窗口中使用英文输入法，那么只在切换到"记事本"窗口时显示微软拼音输入法图标，而在切换到其他窗口时，语言栏显示英文输入法图标。

技巧

按"Ctrl+空格"组合键，可快速在英文输入法和中文输入法之间切换。

动手练

请读者按"Ctrl+Shift"组合键，在不同输入法间轮流切换，最终切换到微软拼音输入法。

4.2.2 输入法状态条

知识点讲解

不同中文输入法有不同的输入法状态条，或浮动于桌面上或显示在语言栏中。状态条用于调节输入风格、字符半角/全角、中英文切换等。

状态条中的功能按钮的基本布局和功能大致相同，下面就以极品五笔输入法的状态条为例介绍输入法状态条中各按钮的功能，如图4-2所示。

★ 图4-2

▶ ■中英文切换按钮：单击该按钮可在中文输入和英文输入状态之间来回切换，这里表示处于中文输入状态。

▶ ■全角/半角切换按钮：单击该按钮可在全角和半角符号输入状态之间来回切换，全角和半角状态下输入的符号占位字符不同。全角状态每个字符会占用更多位置，这里表示处于半角状态。

▶ ■中/英文标点切换按钮：单击该按钮可在中文和英文标点符号输入状态之间进行切换。

▶ ■软键盘开/关切换按钮：单击该按钮可打开或关闭软键盘。

▶ 极品五笔输入法状态按钮：表示当前的输入法及状态。

4.2.3 添加或删除输入法

知识点讲解

Windows Vista自带有几种输入法，此外还可下载和安装其他输入法。在语言栏中可添加或删除输入法，还可调整语言栏中的输入法项目。

1. 添加输入法

添加输入法分添加系统自带的输入法和非系统自带的输入法两种情况。添加系统自带的输入法的方法如下。

1 用鼠标右键单击语言栏，在弹出的菜单中选择"设置"命令，打开"文字服务和输入语言"对话框，在"常规"选项卡中单击"添加"按钮，如图4-3所示。

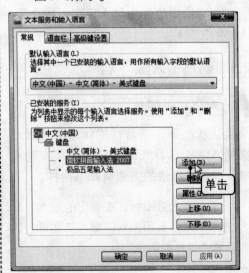

★ 图4-3

2 弹出"添加输入语言"对话框，在列表框中拖动滚动条到最底部，然后依次展开"中文"→"键盘"列表，从展开的"键盘"列表中勾选需要添加的中文输入法，最后单击"确定"按钮，如图4-4所示。

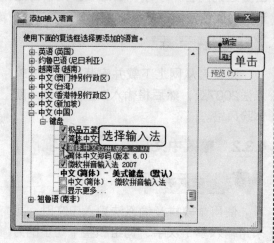

★ 图4-4

3 返回"文字服务和输入语言"对话框，单击"确定"按钮保存设置即可。

要添加非系统自带的输入法，只需要安装该输入法即可。首先要准备该输入法的安装程序，可以从网上下载或者从该输入法的程序光盘上复制，然后按正常安装程序的步骤安装该输入法程序，语言栏菜单中便自动添加了该输入法。

2. 删除输入法

如果要删除不用的输入法，根据添加输入法的步骤打开"文字服务和输入语言"对话框，在"常规"选项卡中，在"已安装的服务"下的列表框中选中要删除的输入法，然后单击"删除"按钮删除。

> **技巧**
>
> 在"文字服务和输入语言"对话框中，"默认输入语言"一栏中的按钮上显示的输入法为开机后默认的输入法，单击该按钮可在弹出的列表中选择其他输入法作为默认输入法。

> **动手练**
>
> 请读者在语言栏中添加"简体中文双拼"输入法，如图4-5所示。

★ 图4-5

> **技巧**
>
> 将鼠标指针指向输入法状态条的四周边缘，当鼠标指针变为十字状时，按下鼠标左键拖动，可将输入法状态条拖动到其他位置。

4.3 微软拼音输入法

微软拼音输入法采用汉字的拼音作为编码规则，只要知道汉字读音，就可以快速学会该输入法。此外，微软拼音输入法还提供了通过汉字 GB18030 及 Unicode 编码进行输入的内码输入方式，并且支持整句输入汉字，可以不间断地输入完整的句子。

4.3.1 操作界面

知识点讲解

本书介绍微软拼音输入法2007版，该输入法的状态条仍嵌入在语言栏中，状态条中的功能按钮从左到右依次为输入法标志、输入风格按钮、中英文切换按钮、中英文标点等按钮，如图4-6所示。

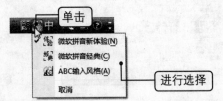

★ 图4-6

微软拼音输入法2007版有三种不同的输入风格：微软拼音新体验、微软拼音经典和ABC输入风格。单击输入风格按钮，在弹出的列表中可选择喜欢的输入风格，如图4-7所示。

★ 图4-7

微软拼音新体验风格是新推出的输入风格，也是默认输入风格；微软拼音经典风格是微软拼音输入法3.0及更早期版本的操作风格；ABC输入风格采用的则是另一种输入法——智能ABC输入法的输入风格。本小节内容均采用微软拼音新体验风格进行讲解，如图4-8所示为此风格的输入界面。

微软拼音shuru
1输入 2输 3书 4数 5树 6属 7熟 8术 9舒 ◀ ▶

★ 图4-8

与其他输入法相比，微软拼音输入法

的输入界面独具特色。输入的拼音和自动转换的汉字都显示在组字窗口中，并加以下划线表示输入内容处于可编辑状态。同时在输入的拼音下方弹出条形候选框，列出可选的同音单字或词组选项。其中首选选项为蓝色，按空格键即可输入。

动手练

请读者从网上下载并安装微软拼音输入法2007版，然后将输入法风格切换为新体验风格。

4.3.2 输入中文

知识点讲解

使用微软拼音输入法输入中文时，可采用输入单个汉字、词组和整个句子的方式，或者几种方式混合使用，还可以使用简拼、全拼和混拼的方式输入汉字编码，非常灵活。

1. 输入单个汉字

将光标定位到要输入汉字的位置，切换到微软拼音输入法。输入汉字的完整拼音，例如要输入"红"字，就输入"hong"，如图4-9所示。

hong
1红 2洪 3宏 4鸿 5虹

★ 图4-9

然后根据候选框中汉字的编号，输入要输入的汉字。例如按数字键"1"，输入"红"字，最后按空格键或者"Enter"键确认即可，如图4-10所示。

红

★ 图4-10

在候选框中选字时，如果候选框中没有显示要输入的汉字，按"+"或"-"键上下翻页继续查找，直到找到需要的汉字为止。除了"+"和"-"键外，翻页候选框也有其他快捷键："Page Up"和"Page Down"键，分别用于向上或向下翻页。

由于键盘上没有韵母"ü"，在拼音编码输入法中，都用字母"v"来代替"ü"。

> **技 巧**
>
> 在输入拼音时，如果输入了错误的字母，按"BackSpace"退格键删除光标左侧的字符，重新输入即可。

2. 输入词组

输入词组的步骤与输入单字的步骤相同，可概括为输入拼音、选字、确认三个步骤。所不同的是，在输入拼音时要输入词组的拼音。

例如输入"计算机"词组，就要输入"jisuanji"或者简拼编码"jsj"，然后在候选框中选字并确认即可，如图4-11所示。

```
jisuanji|
1计算机 2计算 3肌酸 4机 5击 6计
```

★ 图4-11

在输入词组拼音时，若两个相邻汉字的拼音可以相拼，为了避免歧义，应在中间插入隔音符号"'"。例如输入"西安"的拼音时应输入"xi'an"，而不是"xian"。若不使用隔音符号"'"则"西安"就会被误输为"先"了。

输入拼音的方式与技巧分三种：全拼、简拼和混拼。

- ▶ 全拼：在输入汉字时，输入完整的汉字拼音。

- ▶ 简拼：只输入汉字拼音的声母部分，或者说只输入汉字的第一个拼音字母，然后在同声母的汉字中选字。

- ▶ 混拼：全拼与简拼混合使用，在输入词组和句子时，部分汉字输入完整的拼音，部分汉字只输入拼音的声母。

熟练的用户会经常使用混拼，以减少输入的编码，提高打字速度。

3. 输入句子

微软拼音输入法采用基于语句的连续转换方式，支持不间断地录入整句话的拼音（全拼、简拼或混拼），不必关心分词和候选，这样既保证用户的思维流畅，又提高了输入效率。

输入句子时，只要不间断地输入句子的汉字拼音，微软拼音会根据上下文关系自动选字，当所有拼音转换为汉字后，按空格键或"Enter"键确认即可。

在输入整句拼音的过程中，常遇到的问题就是自动转换的汉字不是要输入的内容。对于那些转换错误的字，可以在输入过程中更正，或者在输入整句拼音后更正。

更正方法如下，按左右方向键将光标移到错字的前面选中该字，然后在候选框中查找并选择正确的汉字选项，替换掉错字。

> **动 手 练**

请读者打开一个文字编辑工具，比如"记事本"，然后使用微软拼音输入法输入句子"微软拼音输入法是一种具有语句输入特征的输入法"，具体操作步骤如下。

1 依次输入句子中汉字的拼音编码，每输入一个可识别的汉字或词组拼音，或者输入一个标点符号，前面输入的拼音就会自动转换为汉字或词组，如图4-12所示。

微软拼音输入法shiyizhong
1是一种　2适宜　3十一　4事宜

★ 图4-12

2 输入拼音编码的过程中若发现错字，按左右光标移动键选中该错字，在候选框中重新选字。

3 拼音输入完毕，确认输入的句子准确无误后按下空格键或"Enter"键进行确认即可，如图4-13所示。

微软拼音输入法是一种具有语句输入特征的输入法

★ 图4-13

4.3.3　中英文切换

　知识点讲解

在微软拼音输入法中可切换中英文输入状态，单击状态栏中的中英文切换按钮中，或者按键盘上的"Shift"键，即可在中英文输入状态间来回切换。

另外，还有一种在中文输入状态下输入英文的简便方法。只要在输入一串字母后，在其转换为汉字之前按"Enter"键（而不是空格键），则直接将字母作为英文输入，如图4-14所示。

destiny
1的四蹄农业　2的　　　→　destiny

★ 图4-14

微软拼音输入法本身也具备中英文混合输入模式，由输入法根据上下文来判断输入的到底是英文还是汉语拼音，然后进行相应的转换。对于不能拼出汉字的字母，自动作为英文输入。对于紧跟在大写字母之后输入的字母，也会被一同判断为英文。

动手练

请读者打开"记事本"，然后使用微软拼音输入法录入以下文字：

夏天的飞鸟，飞到我的窗前唱歌，又飞去了。

秋天的黄叶，它们没有什么可唱，只叹息一声，飞落在那里。

Stray birds of summer come to my window to sing and fly away.

And yellow leaves of autumn, which have no songs, flutter and fall there with a sign.

4.3.4　输入特殊字符

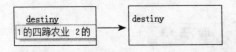　知识点讲解

微软拼音输入法提供了13种软键盘，分别用于输入希腊字母、俄文字母、注音符号、拼音字母、日文平假名、日文片假名、标点符号、数字序号、数学符号、制表符、中文数字/单位、特殊符号等多种字符。使用微软拼音的软键盘可输入多种特殊符号。

在语言栏中，单击微软拼音输入法的"功能菜单"按钮，在弹出的功能菜单中选择"软键盘"命令，再在弹出的列表中选择需要的软键盘，即可打开软键盘，如图4-15所示。

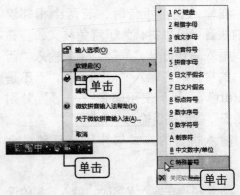

★ 图4-15

在弹出的软键盘中单击要输入的字符按钮，即可输入该字符，然后按空格键或"Enter"键确认，如图4-16所示。

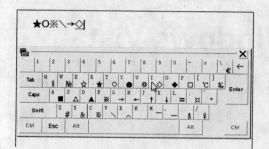

★ 图4-16

在打开软键盘的状态下，键盘的按键功能也转变为对应软键盘的字符录入。此时敲击键盘上的键位，会输入与软键盘键位对应的符号。要关闭软键盘只需单击软键盘右上角的"关闭"按钮✕即可。

动手练

请读者打开"记事本"程序，然后使用微软拼音输入法输入以下特殊符号：→、←、↑、↓。

疑难解答

问 在Windows Vista操作系统中能使用智能ABC输入法吗？

答 通过将微软拼音输入法切换为智能ABC输入风格，可以模拟使用智能ABC输入法。另外，还可通过将Windows XP中的智能ABC输入法文件复制到Windows Vista系统文件中，添加使用智能ABC输入法，不过需要更改注册表文件，具体操作方法可在网上查询。

问 在Windows Vista操作系统中安装了五笔字型输入法，为什么不能使用呢？

答 由于系统兼容性问题，部分版本的五笔字型输入法可能不能在Windows Vista系统中使用。可以选择安装其他版本的五笔字型输入法，比如极品五笔字型输入法，或者安装输入法的程序补丁，解决兼容性问题。

问 微软拼音输入法可以输入偏旁部首吗？

答 微软拼音输入法可根据偏旁部首的名称来输入偏旁部首。如果偏旁本身是独立的汉字，可输入汉字实际拼音，当做汉字输入。如果偏旁部首本身不单独成字，没有读音，如 冫（两点水儿）、纟（绞丝旁）等。可先输入偏旁部首名称的首个字的拼音，例如"冫"用"liang"输入，"纟"用"jiao"输入，然后在候选框中翻页查找该部首，完成输入。

Chapter 05

第5章　个性化Windows Vista系统设置

本章要点

↳ 个性化外观和声音

↳ 系统的其他基本设置

↳ 硬件基本设置

↳ 系统的电源管理

Windows Vista对于系统设置的管理离不开"个性化"窗口和"控制面板"窗口。通过应用Windows Aero系统方案，可以使用全部华丽的界面功能；通过软硬件设置以及电源管理，可以解决使用中的各种疑难问题。

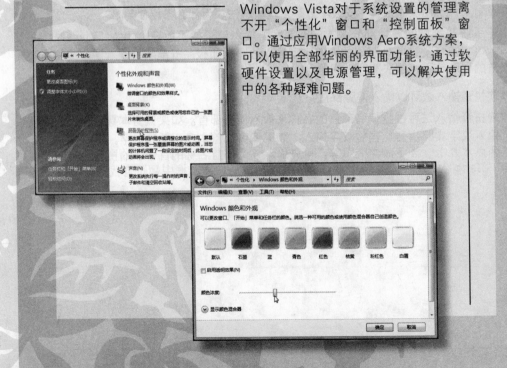

5.1 个性化外观和声音

在安装了操作系统后，通常都要进行一些有关系统的外观、系统程序参数和其他软硬件设置，来打造属于自己的操作系统环境。

5.1.1 设置Windows的颜色和外观

 知识点讲解

在Windows Vista操作系统中，可以让窗口、对话框等界面元素呈现不同的颜色和风格。

动 手 练

下面介绍如何在个性化设置界面中设置Windows的颜色和外观，具体操作方法如下。

1 在桌面的任意空白位置单击鼠标右键，在弹出的快捷菜单中选择"个性化"命令，如图5-1所示。

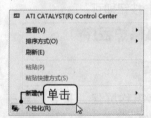

★ 图5-1

2 在打开的"个性化外观和声音"窗口中，单击"Windows颜色和外观"选项链接，如图5-2所示。

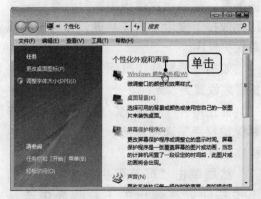

★ 图5-2

3 进入"Windows颜色和外观"设置窗口中，选择需要的窗口颜色，若对默认的颜色浓度不满意，可拖动"颜色浓度"滑块调整至合适的浓度，如图5-3所示。

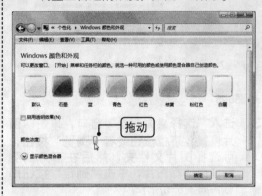

★ 图5-3

4 单击"显示颜色混合器"展开按钮，还可在展开的选项中调整窗口颜色的色调、饱和度和亮度，设置完成后单击"确定"按钮即可。

5.1.2 更换桌面背景

知识点讲解

桌面背景的图片可以通过"自定义"窗口进行更改，将自己喜欢的图片设置为桌面背景，具体设置如下。

1 在桌面的任意空白位置单击鼠标右键，在弹出的快捷菜单中选择"个性化"命令，如图5-4所示。

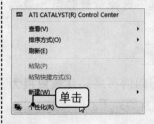

★ 图5-4

2 在弹出的"个性化外观和声音"窗口中，单击"桌面背景"选项链接，如图5-5所示。

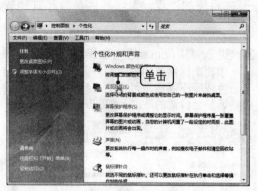

★ 图5-5

3 进入"选择桌面背景"窗口，单击"图片位置"下拉按钮或者"浏览"按钮，可选择图片文件夹，然后在下方的列表框中选择图片，单击"确定"按钮即可，如图5-6所示。

★ 图5-6

如果要将桌面背景设置为单纯的颜色而非图片，可单击"图片位置"下拉按钮，在弹出的下拉列表中选择"纯色"选项。然后在列表框中选择背景颜色，最后单击"确定"按钮。

动手练

下面具体练习如何将桌面背景更换为纯白色，具体操作步骤如下。

1 在桌面的任意空白位置单击鼠标右键，

在弹出的快捷菜单中选择"个性化"命令。

2 在弹出的"个性化外观和声音"窗口中，单击"桌面背景"选项链接。

3 进入"选择桌面背景"窗口，单击"图片位置"下拉按钮，在弹出的下拉列表中选择"纯色"命令，如图5-7所示。

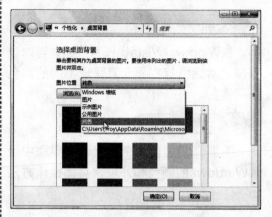

★ 图5-7

4 在下方的色块列表中选择白色色块，然后单击"确定"按钮即可。

5.1.3 设置屏幕保护程序

知识点讲解

屏幕保护程序简称屏保，是专门用于保护电脑屏幕的程序。

在用户停止电脑操作达到设置的等待时间后，屏幕保护程序会自动暂停显示画面，或切换为布满整个屏幕的动画，以保护屏幕。需要再次使用电脑时，晃动一下鼠标或按下键盘上的任意键，即可退出屏幕保护程序。

如果不需要使用屏保，可以将屏幕保护程序设置为"无"。

首先打开"个性化"窗口，单击"屏幕保护程序"选项链接，打开"屏幕保护程序设置"对话框。

然后单击"屏幕保护程序"栏中的下拉按钮，在弹出的下拉列表中选择

"无"选项，单击"确定"按钮保存设置即可。

动手练

请读者根据下面的操作提示，设置屏幕保护程序。

1 在桌面任意空白处单击鼠标右键，在弹出的菜单中单击"个性化"命令，打开"个性化"窗口，单击"屏幕保护程序"选项链接，如图5-8所示。

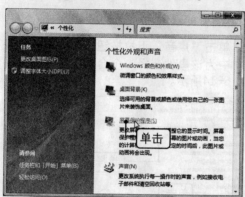

★ 图5-8

2 弹出"屏幕保护程序设置"对话框，单击"屏幕保护程序"栏中的下拉按钮，在弹出的下拉列表中选择屏保的画面方案，同时在对话框上方的预览窗格中可预览到屏保的画面效果，如图5-9所示。

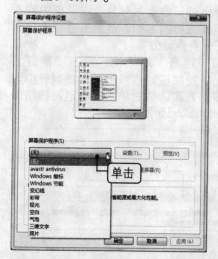

★ 图5-9

3 在"等待"微调框中设置启动屏幕保护程序的等待时间，设置完毕后单击"确定"按钮即可，如图5-10所示。

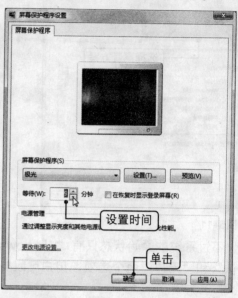

★ 图5-10

提 示

若勾选"在恢复时显示登录屏幕"复选项，则在退出屏保时会显示用户账户登录界面。假如还设置了用户账户密码，需正确输入用户账户密码才能重新使用电脑。

5.1.4 设置系统声音

知识点讲解

系统声音是指执行各种系统操作时，系统发出的提示声音，例如系统启动声音、弹出系统程序对话框的声音、关闭程序的声音、清空回收站的声音等。

通过"个性化"窗口进入"声音"设置界面，在"声音"选项卡中，单击"声音方案"下拉按钮，在弹出的下拉列表中可以选择现成的声音方案，如图5-11所示。

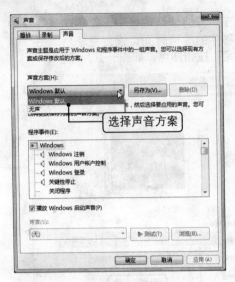

★ 图5-11

不过系统的原始状态只有"Windows
默认"和"无声"两个选项，用户可以自
定义声音方案。

动手练

请读者根据下面的操作提示，更改
"Windows注销"的系统提示音。

1 在桌面的任意空白位置单击鼠标右键，
在弹出的快捷菜单中选择"个性化"命
令。

2 在弹出的"个性化"窗口中单击"声
音"链接，如图5-12所示，打开"声
音"对话框。

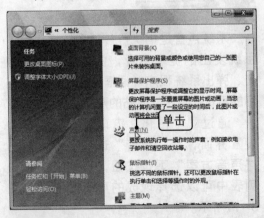

★ 图5-12

3 在"声音"选项卡中，首先在"程序事
件"列表框中选择"Windows注销"事件
项目，如图5-13所示。

★ 图5-13

4 单击"声音"下拉按钮，在弹出的列表
中为该事件选择一个合适的声音，如图
5-14所示。

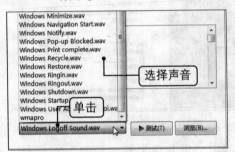

★ 图5-14

5 选择声音后，单击"测试"按钮可播放
所选声音，确定选择之后，单击"另存
为"按钮。

6 在弹出的"方案另存为"对话框中输入
新声音方案的名称，然后单击"确定"
按钮保存声音方案。

7 返回"声音"对话框，单击"声音方
案"下拉按钮，在弹出的下拉列表中选
择该新方案，然后单击"确定"按钮即
可，如图5-15所示。

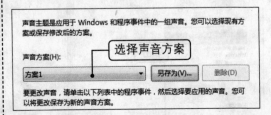

★ 图5-15

技巧

如果想用自己制作的声音文件来作为系统声音，可在选择"程序事件"后单击"浏览"按钮，然后在弹出的对话框中选择存放声音文件的路径，选中要采用的声音文件，最后单击"打开"按钮，即可应用该声音文件。

5.1.5 更改主题

知识点讲解

Windows Vista自带有多个系统主题，主题是已经设计好的一套完整的系统外观和系统声音的设置方案，由系统的一系列外观元素和声音元素组成。

直接采用某个主题即可全方位个性化自己的操作系统平台。

动手练

请读者根据下面的操作提示，将系统主题设置为"Windows Vista"主题。

1 在桌面空白处单击鼠标右键，在弹出的快捷菜单中单击"个性化"命令。

2 打开"个性化"窗口，单击"主题"选项链接，如图5-16所示。

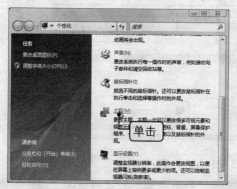

★ 图5-16

3 弹出"主题设置"对话框，单击"主题"下拉按钮，然后在弹出的下拉列表中选择主题，选择完毕后单击"确定"按钮即可，如图5-17所示。

★ 图5-17

5.1.6 设置分辨率和刷新率

计算机显示画面的质量与屏幕分辨率和刷新率息息相关。

知识点讲解

屏幕分辨率是指沿着屏幕的长和宽排列的像素点的个数，以"行点数×列点数"表示。分辨率越高，显示的画面就越清晰，显示的内容就越多，但是字体会相应变小。

屏幕刷新率指的是屏幕每秒钟刷新的次数，也叫场频或垂直扫描频率，单位为Hz。刷新率越低，屏幕画面闪动越厉害，容易造成视觉疲劳。刷新频率越高，画面就越稳定，画面效果就越清新自然。一般来讲，屏幕刷新率达到85Hz以上，人眼就感觉不到屏幕画面的闪动了。

对于CRT显示器，将分辨率调节到"1024×768像素"就可以了。而对于LCD显示器，需要调节更高的分辨率，比如调节到"1440×900像素"。

通常将CRT显示器的屏幕刷新率调节到85Hz，而对于LCD显示器，成像原理不同，刷新率不影响画面质量，只需要60Hz

就可以了，详细情况请参阅显示器的说明书。

🎵 **动手练**

下面练习设置屏幕分辨率和刷新率，具体操作步骤如下。

1 在桌面的空白处单击鼠标右键，然后在弹出的快捷菜单中单击"个性化"命令，打开"个性化"窗口，然后单击最下方的"显示设置"选项链接，如图5-18所示。

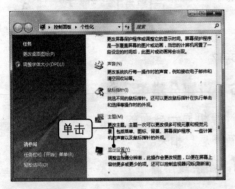

★ **图5-18**

2 在弹出的"显示设置"对话框中，拖动"分辨率"滑块调节屏幕分辨率，通常调节到"1024×768像素"就比较合适了，如图5-19所示。

★ **图5-19**

3 在对话框右下角单击"高级设置"按钮，打开监视器属性对话框，如图5-20所示。

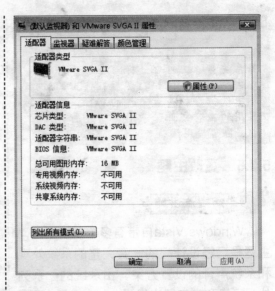

★ **图5-20**

4 选择"监视器"选项卡，单击"屏幕刷新频率"下拉按钮，再在弹出的下拉列表中选择合适的分辨率，选择完毕后单击"确定"按钮即可，如图5-21所示。

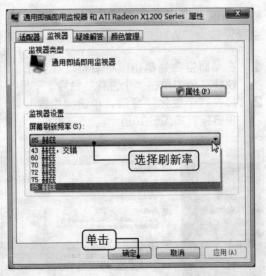

★ **图5-21**

5 返回"显示设置"对话框单击"确定"按钮，屏幕会暂时全黑，然后所进行的所有显示设置立即生效。

5.1.7 启用Windows Aero系统方案

系统方案是由对话框、窗口、字体

以及其他一系列外观元素构成的集合，更改系统方案就好比改变一个人的整体形象。Windows Vista的华丽界面全部集中在Windows Aero系统方案中，在该方案下才可使用窗口预览、窗口透明等功能和效果。

知识点讲解

通过了系统评分，Windows Vista系统将自动启用Windows Aero系统方案。如果未能启用，可能是由于Windows Vista系统未能很好识别当前显卡驱动造成的，可以手动开启Aero功能。

1 在桌面空白处单击鼠标右键，在弹出的快捷菜单中单击"个性化"命令，如图5-22所示。

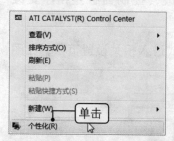

★ 图5-22

2 打开"个性化"窗口，单击"Windows颜色和外观"选项链接，如图5-23所示。

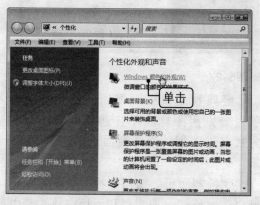

★ 图5-23

3 进入"Windows颜色和外观"窗口，单击窗口页面最下方的"打开传统风格的外"

观属性获得更多的颜色选项"链接，如图5-24所示。

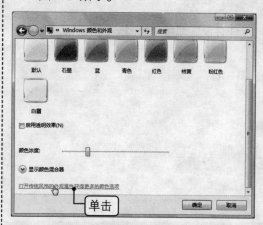

★ 图5-24

4 在弹出的"外观设置"对话框中，选中"Windows Aero"一项，然后单击"确定"按钮即可，如图5-25所示。

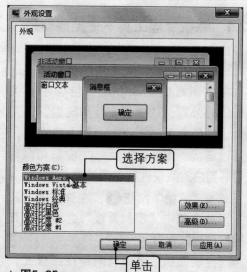

★ 图5-25

动手练

窗口透明效果能使窗口、对话框的边框上呈现出玻璃质感的半透明毛玻璃效果。下面介绍如何手动强制开启玻璃效果，具体开启方法如下。

1 打开"个性化"窗口，单击"Windows颜色和外观"选项链接。

2 进入"Windows颜色和外观"窗口页面中，在颜色方案色块下勾选"启用透明效果"复选框，然后单击"确定"按钮保存设置即可，如图5-26所示。

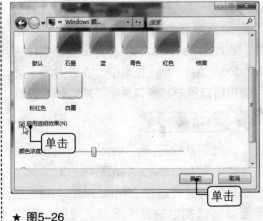

★ 图5-26

5.2 系统的其他基本设置

系统时间、计算机名等设置，都可在控制面板中完成，控制面板是用于更改Windows系统设置的工具。

5.2.1 系统管理工具——控制面板

知识点讲解

在控制面板窗口中几乎包含了有关Windows外观、软硬件安装和配置，以及安全性等所有系统工作方式的设置项目，并通过链接、图标、对话框、窗口和向导来引导用户对系统进行各项设置。

单击"开始"按钮，在弹出的"开始"菜单中单击"控制面板"命令，打开"控制面板"窗口。

"控制面板"窗口有两种视图模式，一种是默认的主页的视图模式，另一种为经典视图模式。在窗口左侧的任务窗格顶部单击"控制面板主页"或"经典视图"链接，可切换视图模式。

"控制面板主页"窗口主要以图标和文字链接相结合的方式，来显示系统设置项目，把可归为一类的设置项目用同一个图标表示并配以相关链接，通过单击图

标或链接的方式进入相关设置页面，如图5-27所示。

★ 图5-27

经典视图模式则将所有的系统设置项目分别用图标表示，通过双击图标的方式来进入相关设置页面，如图5-28所示。

"控制面板"窗口的构成主要包括标题栏、地址栏、搜索栏和面板窗格，其中面板窗格被分为了左右两部分，其主要组成部分的功能和使用方法如下。

★ 图5-28

> ▶ "前进"或"后退"按钮◐◑▾：分别用于返回到上一个窗口页面，或者前进到"后退"前的上一个页面。

> ▶ 地址栏：显示当前窗口内容的路径，单击地址栏右侧的下拉按钮可在弹出的下拉列表中选择浏览过的其他路径。

> ▶ 搜索框：用于搜索控制面板中的内容。

> ▶ 左侧的任务窗格：为控制面板左侧的深色背景的窗格，显示有窗口的视图模式链接和最新任务链接，以及与当前任务相关的一些任务链接等辅助选项。用于快速打开到其他任务设置页面。

> ▶ 右侧的显示区域：窗口右侧的白色区域，为完成各种系统设置的操作区域，显示各设置项目的图标和链接，以及具体设置内容。

动手练

请读者打开"控制面板"窗口，将其切换为经典视图模式，如图5-29所示。

★ 图5-29

5.2.2　设置系统时间

知识点讲解

系统时间是操作系统的日期和时间，显示在任务栏的系统通知区域。通过控制面板可以更改系统时间。

1 打开"控制面板"窗口，在经典视图模式下，双击"日期和时间"图标，如图5-30所示。

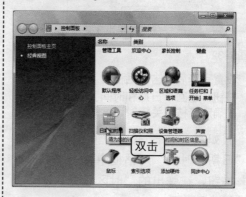

★ 图5-30

2 弹出"日期和时间"对话框，在"日期和时间"选项卡中单击"更改日期和时间"按钮，如图5-31所示。

★ 图5-31

3 弹出"日期和时间设置"对话框，在"日期（D）："列表框中设置"年"、"月"、"日"，在"时间（T）"下方的微调框中设置具体时间，如图5-32所示。

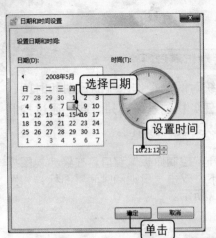

★ 图5-32

4 设置完毕后单击对话框右下角的"确定"按钮，返回"日期和时间"对话框，单击"确定"按钮关闭对话框即可。

假如需要更改系统时间的时区，则在"日期和时间"对话框中单击"更改时区"按钮，在弹出的"时区设置"对话框中重新选择时区。

此外，在"日期和时间"对话框的"附加时钟"选项卡中还可以添加其他时区的时钟，实现多时区的时间显示。在"Internet时间"选项卡中，可设置与Internet时间同步。

动手练

通过添加时钟，可显示当地和其他国家地区的同步时间。请读者按照下面的操作提示，添加"雅典，布加勒斯特，伊斯坦布尔"时区的时间。

1 从"控制面板"窗口中打开"日期和时间"对话框，切换到"附加时钟"选项卡。

2 勾选"显示此时钟"复选框，然后单击"选择时区"下拉按钮，在弹出的下拉列表中选择"（GMT+02:00）雅典，布加勒斯特，伊斯坦布尔"选项，如图5-33所示。

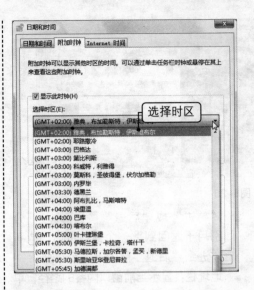

★ 图5-33

3 在"输入显示名称"文本框中输入时钟名称"时钟1"，然后单击"确定"按钮即可，如图5-34所示。

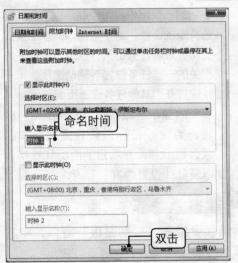

★ 图5-34

5.2.3 设置计算机名

知识点讲解

计算机名是在网络中标识一台计算机的名称，要求同一个本地网络中的计算机名不能重复。

可通过"系统"设置打开"系统属

性"对话框，单击"更改"按钮打开"计算机名更改"对话框。

在"计算机名"文本框中输入新的计算机名，然后单击"确定"按钮即可，如图5-35所示。

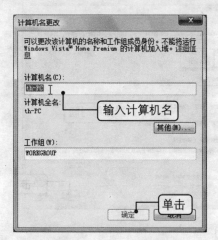

★ 图5-35

动 手 练

下面练习通过控制面板进入系统设置，查看当前计算机的计算机名是什么。

1 单击"开始"按钮，在弹出的"开始"菜单中单击"控制面板"命令，打开"控制面板"窗口。

2 在经典视图模式下双击"系统"图标，如图5-36所示，进入"系统"窗口页面。

3 在"计算机名称、域和工作组设置"信息中查看计算机名，单击右侧的"改变设置"链接更改计算机名，如图5-37所示。

4 在弹出的"系统属性"对话框中单击"更改"按钮，如图5-38所示。

★ 图5-36

★ 图5-37

★ 图5-38

5 弹出"计算机名更改"对话框，就可以查看或更改当前计算机名了。

5.2.4 启用或禁用自动更新

知识点讲解

操作系统和应用程序在使用一段时间

后，都需要不同程度地下载和安装更新。更新是可以预防或解决程序漏洞问题，以及增强系统安全性或提高程序性能的软件附件程序。Windows Vista操作系统专门管理系统更新的工具是Windows Update。

除了手动通过Windows Update进行系统更新外，还可以通过设置自动更新，让系统定时自动下载和安装系统更新。如果不需要更新，则禁用自动更新。

动手练

请读者按照下面的操作提示，启用自动更新，并设置每天3：00更新系统。

1 单击"开始"按钮 ，在弹出的"开始"菜单中单击"控制面板"命令，打开"控制面板"窗口。在经典视图模式下双击"Windows Update"图标，如图5-39所示。

★ 图5-39

2 进入"Windows Update"窗口页面，在左侧的窗格中单击"更改设置"链接，如图5-40所示。

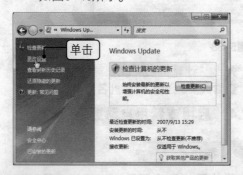

★ 图5-40

3 进入"更改设置"窗口页面，选中"自动安装更新（推荐）"单选项，然后单击下方的按钮设置更新时间，设置为"每天3：00"，设置完毕后单击"确定"按钮即可，如图5-41所示。

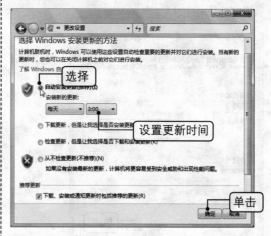

★ 图5-41

5.2.5 管理系统字体

字体是文字和各种字符的外观形状方案，可以说是一种图形设计，它描述了特定的字样和性质，例如宋体、楷体、隶书等。Windows Vista操作系统默认自带了190多种字体，能满足普通用户对文字形态的需求。

知识点讲解

对于字体大家可能还比较陌生，因为大多数用户并不涉及到要去管理字体。在系统文件中存储了大量字体文件，通过这些文件得以应用和呈现各种文字形态。

1. 查看字体

要查看字体文件，需要打开"字体"文件夹。首先，打开"控制面板"窗口，然后在经典视图模式下双击"字体"图标，即可打开"字体"文件夹窗口，如图5-42所示。

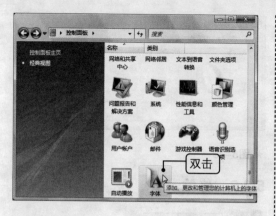

★ 图5-42

如图5-43所示为字体文件夹窗口。

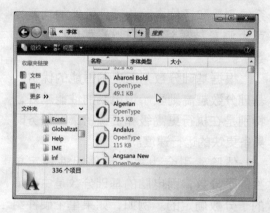

★ 图5-43

在"字体"文件夹窗口中双击某个字体文件，即可打开该文件查看该字体的详细信息和各个字号的字体示例，如图5-44所示。

★ 图5-44

2. 安装字体

假如从事美术、编辑排版等工作，会需要使用更多更丰富的字体，因此要另外安装新字体文件。在安装新字体前，准备好要安装的字体文件，然后按如下方法将字体文件复制到"字体"文件夹中。

1 打开"字体"文件夹窗口，在窗口显示区域中的空白处单击鼠标右键，然后在弹出的快捷菜单中单击"安装新字体"命令，如图5-45所示。

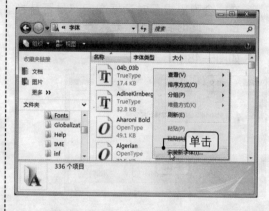

★ 图5-45

2 在弹出的"添加字体"对话框中，在"驱动器"下拉列表框中选择字体文件所在的磁盘分区，在"文件夹"列表框中双击字体文件所在的文件夹，如图5-46所示。

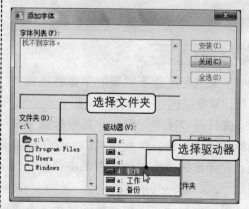

★ 图5-46

3 被搜索到的字体文件显示在"字体列表"列表框中，从中选择要添加的字

体，然后单击"安装"按钮开始安装字体，如图5-47所示。

★ 图5-47

4 系统弹出"Windows Fonts"对话框显示安装进度，如果要安装的字体已经存在，会弹出提示对话框询问"是否替换它"，此时若单击"是"按钮，则用现有字体文件替换系统中的该字体文件，如图5-48所示。

★ 图5-48

5 字体安装完毕后，关闭对话框和窗口即可。

技 巧

如果要安装文件夹中的全部字体文件，单击"全选"按钮可将全部字体文件选中，再单击"安装"按钮。

动 手 练

下面练习删除不需要的字体的操作，以腾出硬盘空间。

先打开"字体"窗口，用鼠标选中要删除的字体文件，然后按"Delete"键删除，在弹出的提示对话框中单击"是"按钮即可，如图5-49所示。

仅删除部分字体对系统的运行没有影响，仅是在显示文字时不能显示出被删除的字体效果，但不能删除所有的字体。

★ 图5-49

5.2.6 体验索引

知识点讲解

体验索引功能是Windows Vista操作系统测量和评估电脑软硬件性能的功能，可为测量结果评出基础分数（即基本分数）。

根据基础分数判断电脑性能的优劣。基础分数越高则表示该电脑的性能越好，特别是在执行更高级和资源密集型任务时具备更快的运行速度。

体验索引会为每个硬件组件评定单独的子分数，而电脑的基础分数是由最低的子分数确定的。例如，如果单个硬件组件的最低子分数是 2.9，则基础分数就是2.9。

动 手 练

请读者根据下面的操作提示，查看体验索引为电脑评定的电脑基础分数。

1 单击"开始"按钮，在弹出的"开始"菜单中单击"控制面板"命令，打开"控制面板"窗口。在经典视图模式下双击"性能信息和工具"图标，如图5-50所示。

2 进入"性能信息和工具"窗口页面，查看电脑的子分数和基础分数。如果还未使用体验索引为电脑评过分，则不会显示分数，此时需单击"为该计算机评分"链接进行评分，如图5-51所示。

★ 图5-50

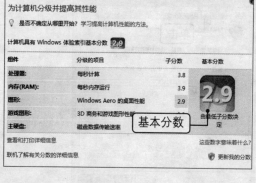

★ 图5-51

5.3 硬件基本设置

对自己使用的电脑应该相当地了解，才能熟练地使用和维护电脑。在系统中可查看电脑各个硬件组成的版本、型号等信息，以及管理这些硬件设备。比如调整鼠标、键盘等输入设备的配置参数。

5.3.1 查看电脑硬件信息

知识点讲解

查看电脑的硬件配置信息，了解各硬件性能和运行状态，有助于针对系统运行故障时检查和判断故障的出处和原因。查看电脑硬件信息的方法如下。

1 单击"开始"按钮，在弹出的"开始"菜单中单击"控制面板"命令，打开"控制面板"窗口。

2 在经典视图模式下双击"系统"图标，打开"系统"窗口，然后在窗口左侧的任务窗格中单击"设备管理器"链接，如图5-52所示。

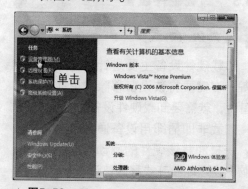

★ 图5-52

3 在弹出的"设备管理器"窗口中，以树形目录的形式显示了电脑的硬件列表，单击每一项前面的加号"+"，可展开该项目的子列表。然后双击其中的子项目即可打开该硬件配件的属性对话框，如图5-53所示。

★ 图5-53

4 在属性对话框中可查看该硬件的"常规"、"驱动程序"、"详细信息"等硬件信息，单击"取消"按钮关闭对话框，如图5-54所示。

★ 图5-54

动手练

请读者通过"设备管理器"窗口查看当前电脑的以下配置信息。

▶ CPU（处理器）的制造商和驱动程序信息。
▶ 显卡（显示适配器）的驱动程序信息。

5.3.2 禁用或启用硬件设备

知识点讲解

禁用或启用硬件设备主要是针对即插即用设备（如调制解调器）。

禁用设备时，会暂时停用该硬件设备，该设备仍与电脑保持物理连接，但Windows会更新系统注册表，以使启动电脑时不加载该设备的驱动程序。再次启用设备后，设备的硬件驱动程序方可再次可用。

动手练

请读者根据下面的操作提示，通过"设备管理器"窗口停用电脑中的"软盘驱动器控制器"，然后再启用。

1 打开"设备管理器"窗口，展开"软盘驱动器"设备子列表，用鼠标右键单击"软盘驱动器"选项，在弹出的快捷菜

单中单击"禁用"命令，如图5-55所示。

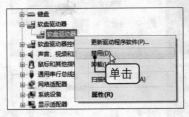

★ 图5-55

2 在弹出的提示对话框中，单击"是"按钮即可，如图5-56所示。

★ 图5-56

硬件设备被禁用后，其在硬件列表中的图标会增加一个向下的箭头标志。再用鼠标右键单击该硬件设备，弹出的快捷菜单中的"禁用"命令就变成了"启用"命令。此时再单击"启用"命令，即可启用该设备。

注 意

在发现某个硬件设备运转异常时，可有选择性地停用硬件设备，然后再重新启用。默认情况下，需要Administrators组中的成员身份或同等身份，才能更改硬件设备的设置。

5.3.3 卸载硬件设备

知识点讲解

卸载硬件设备主要是针对非即插即用设备，在需要将该设备移除或更换为其他设备时，就需要卸载硬件设备。

卸载非即插即用设备通常包括两个步骤：一是卸载该硬件的驱动程序，二是从电脑中物理地断开或移除该设备。

动手练

请读者根据下面的操作提示，通过"设备管理器"窗口卸载"键盘"。

1 打开"设备管理器"窗口，展开"键盘"子列表，对其子选项单击鼠标右键，在弹出的菜单中执行"卸载"命令，如图5-57所示。

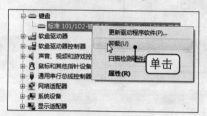

★ 图5-57

2 在弹出的"确认设备卸载"对话框中单击"确定"按钮，即可完成卸载过程，如图5-58所示。

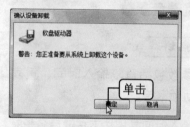

★ 图5-58

如果系统提示需要重新启动电脑，则表示需要重新启动电脑才能完成卸载过程，选择重启电脑即可。硬件驱动程序卸载完成后，就可以关闭电脑，并从电脑中拔出设备。

注 意

卸载硬件设备最好在专业人士或熟悉电脑硬件组装的朋友的帮助下进行，对于不了解相关知识的用户，不推荐进行该操作。

5.3.4 设置鼠标参数

知识点讲解

作为重要的输入设备，鼠标的硬件参

数关系着操作电脑的舒适程度，包括双击速度、指针移动速度和鼠标指针样式等参数设置，具体设置方法如下。

1 打开"控制面板"窗口，在经典视图模式下双击"鼠标"图标，如图5-59所示。

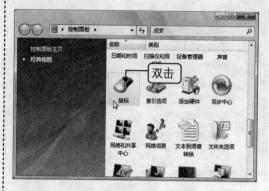

★ 图5-59

2 弹出"鼠标属性"对话框，默认显示"鼠标键"选项卡，在"双击速度"一栏中拖动"速度"滑块，调节鼠标的双击速度，如图5-60所示。

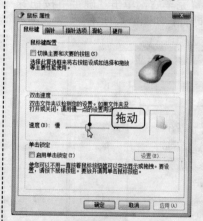

★ 图5-60

提 示

鼠标的双击速度是指在鼠标双击操作中两次单击鼠标左键的间隔时间。如果双击速度过快，双击间隔时间就会过短，在鼠标使用过程中很容易出现单击变双击的情况。对于电脑初学者，可以适当把双击速度调慢一些。

3 切换到"指针选项"选项卡，在"移动"一栏中拖动速度滑块，可调节鼠标指针的移动速度，如图5-61所示。

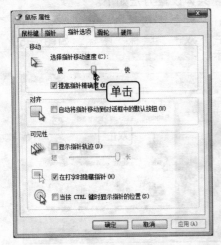

★ **图5-61**

4 切换到"指针"选项卡，单击"方案"下拉按钮，在弹出的下拉列表中选择鼠标指针的方案，选择后可在"自定义"列表框中查看该方案的鼠标指针图形效果。设置完毕后，单击"确定"按钮保存设置即可，如图5-62所示。

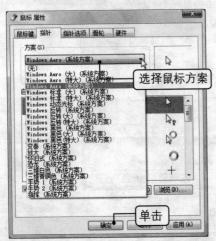

★ **图5-62**

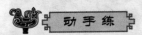
动手练

请读者将鼠标指针方案设置为"Windows Aero（大）（系统方案）"方

案，设置对话框如图5-63所示。

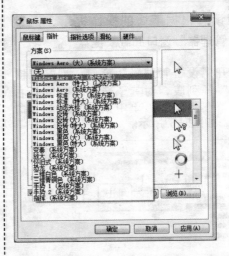

★ **图5-63**

采用该方案后，会看到鼠标指针外观的大小比默认方案更大。

5.3.5 设置键盘参数

知识点讲解

键盘的参数包括重复输入时间、重复率和光标闪动频率等。

▶ 重复输入时间是指按下按键后多长时间开始重复输入。

▶ 重复率是指按下按键后单位时间内重复输入多少字符，主要用于调整重复输入的速度。

▶ 光标闪动频率是指光标在单位时间内闪动的次数。

设置键盘参数的操作方法如下，首先打开"控制面板"窗口，在经典视图模式下双击"键盘"图标，打开"键盘属性"对话框。

然后在"速度"选项卡中拖动滑块进行相关的参数调节，单击"确定"按钮保存设置即可，如图5-64所示。

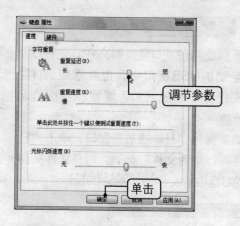

★ 图5-64

动 手 练

请读者根据下面的操作提示，调节键盘的字符重复输入时间和重复率，以及光标闪动频率。

1 单击"开始"按钮，在弹出的"开始"菜单中单击"控制面板"命令，打开"控制面板"窗口。在经典视图模式下双击"键盘"图标，如图5-65所示。

★ 图5-65

2 弹出"键盘属性"对话框，在"速度"选项卡中拖动"重复延迟"滑块可调节重复输入时间。

3 拖动"重复速度"滑块，可调节键盘输入字符的重复率。在调节过程中，可单击"字符重复"一栏下方的文本框，然后按住一个键位测试重复输入时间和重复率，如图5-66所示。

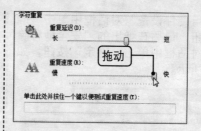

★ 图5-66

4 在"光标闪烁速度"一栏中，拖动滑块调节光标闪烁频率，同时可参照滑块左侧的示例光标，预览调节效果，如图5-67所示。

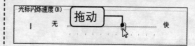

★ 图5-67

5 各项参数调节完毕后，单击"确定"按钮保存设置即可。

5.3.6 使用可移动存储设备

知识点讲解

可移动存储设备是能够便于携带的存储介质，比如移动硬盘、光盘和U盘等。本小节简单地介绍U盘的使用方法，在Windows Vista操作系统中使用U盘和在Windows XP操作系统中一样。

将U盘插入机箱上的USB接口，电脑感应到U盘后会在任务栏中显示可移动设备图标。然后可以通过"计算机"窗口，或者"自动播放"对话框打开U盘文件夹窗口，进行文件的复制。

使用完U盘后，要先停止电脑对U盘的数据读取，再拔出U盘，具体操作方法如下。

1 在任务栏的系统通知区域中用鼠标右键单击可移动设备的图标，然后单击弹出的"安全删除硬件"命令。

2 在弹出的"安全删除硬件"对话框中单击右下角的"停止"按钮，接着在弹出

的"停用硬件设备"对话框中单击"确定"按钮，最后在弹出的"安全地移除硬件"对话框中单击"确定"按钮，如图5-68所示。

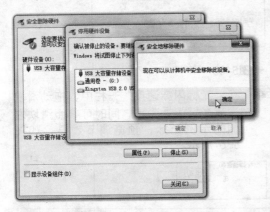

★ 图5-68

3 关闭对话框后即可拔出U盘。

自动播放功能是系统对于可移动存储设备的自动识别和播放功能，能够在放入光盘或者插入U盘时，自动弹出"自动播放"窗口，提供打开或者播放存储内容的选项。

动手练

下面练习使用U盘复制文件。先将U盘插入电脑的USB接口中，电脑感应到U盘后会在任务栏系统通知区域显示可移动设备图标。

如果弹出"自动播放"窗口，单击"打开文件夹以查看文件"选项，打开文件夹窗口浏览U盘中的文件，如图5-69所示。

★ 图5-69

接下来可以通过复制或移动文件，将电脑中的文件复制到U盘中。

或者对要复制的文件单击鼠标右键，在弹出的菜单中单击"发送到"→"可以移动磁盘"命令，将文件复制到U盘中。

5.4 系统的电源管理

操作系统为电脑提供电源管理功能，Windows Vista操作系统通过使用电源计划管理电脑的电源，帮助节省能源、使系统性能最大化，或者使二者达到平衡。

5.4.1 创建电源计划

知识点讲解

Windows Vista操作系统默认有3种电源计划：已平衡、节能程序和高性能，不同电源计划采用不同的电源使用方案，方案内容包括：待机多长时间后关闭显示器或进入睡眠状态等。

设置电源计划尤其适用于笔记本电脑，选择合理的电源计划能节省电池电量，使电池性能最大化。

用户还可以依据这些电源计划创建新电源计划，具体操作步骤如下。

1 打开"控制面板"窗口，在经典视图模式下双击"电源选项"图标，如图5-70所示。

2 进入"电源选项"窗口，在左侧窗格中单击"创建电源规划"链接，如图5-71所示。

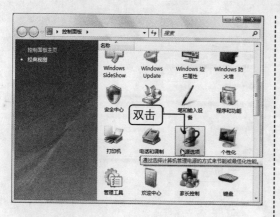

★ 图5-70

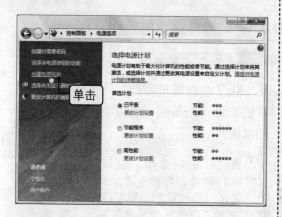

★ 图5-71

3 进入"创建电源计划"窗口，选择一个比较接近所要创建的电源计划的默认计划选项，然后在"计划名称"文本框中命名新建的电源方案，单击"下一步"按钮，如图5-72所示。

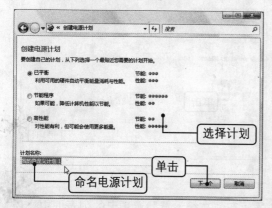

★ 图5-72

4 进入下一页面，单击"关闭显示器"右侧的下拉按钮，在弹出的下拉列表中选择关闭显示器的待机时间，然后设置"使计算机进入睡眠状态"的待机时间，最后单击"创建"按钮即可，如图5-73所示。

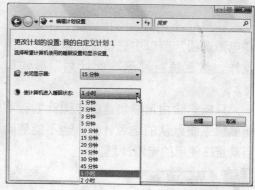

★ 图5-73

动手练

请读者根据本节讲述的方法创建新电源计划，设置"关闭显示器"的待机时间为15分钟，设置"使计算机进入睡眠状态"的待机时间为1小时。

创建电源计划后，新建电源计划的选项会占用创建时所依据的默认电源计划的选项位置，将该默认计划选项显示为"隐藏附加计划"选项中的项目，如图5-74所示。

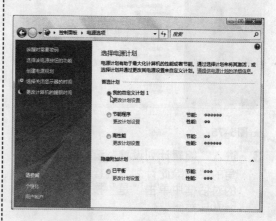

★ 图5-74

要使用某个电源计划，只需打开"电源选项"窗口，选择该单选项即可。

5.4.2 删除电源计划

知识点讲解

要删除不再使用的电源计划，可在"电源选项"窗口中进行更改电源计划的操作，然后执行"删除此计划"操作即可。

只能删除由用户创建的电源计划，不能删除系统默认的电源计划，也不能删除当前正在使用的电源计划。

动手练

请读者根据下面的操作提示，删除不用的电源计划。

1 打开"电源选项"窗口，首先要确认所要删除的电源计划是否为选中状态，如果是，则选择其他电源计划单选项加以切换。

2 在要删除的电源计划选项下单击"更改计划设置"链接，如图5-75所示。

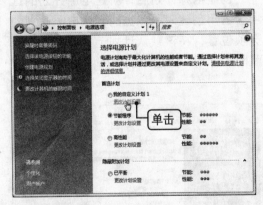

★ 图5-75

3 进入"编辑计划设置"窗口，单击左下角的"删除此计划"链接，然后在弹出的对话框中单击"是"按钮即可，如图5-76所示。

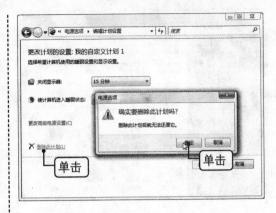

★ 图5-76

5.4.3 更改现有电源计划

知识点讲解

除了创建新电源计划外，还可以在现有的电源计划基础上修改电源计划，然后加以使用。

1 通过"控制面板"窗口打开"电源选项"窗口，在要更改的电源计划选项下单击"更改计划设置"链接。

2 进入"编辑计划设置"窗口，设置"关闭显示器"、"使计算机进入睡眠状态"的时间，若单击"更改高级电源设置"链接，如图5-77所示，可打开"电源选项"对话框进行高级设置。

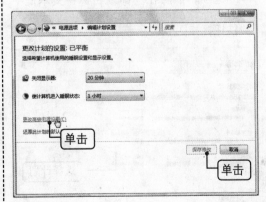

★ 图5-77

3 在"高级设置"选项卡的列表框中，展开各个选项列表，然后单击其中的选项即可进行相关设置，设置完毕后单击

"确定"按钮，如图5-78所示

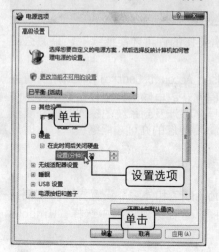

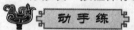

★ 图5-78

4 返回"编辑计划设置"窗口，单击"保存修改"按钮保存设置即可。

动手练

请读者根据下面的操作提示，将"开始"菜单中的"电源"按钮的默认功能由"睡眠"改为"关机"。

1 打开"控制面板"窗口，在经典视图模式页面中双击"电源选项"图标，进入"电源选项"窗口页面。

2 在"电源选项"窗口中，选择正在使用的电源计划，单击其下的"更改计划设置"链接，如图5-79所示。

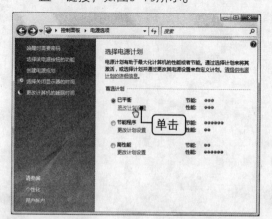

★ 图5-79

3 进入下一页面，单击"更改高级电源设置"链接，如图5-80所示。

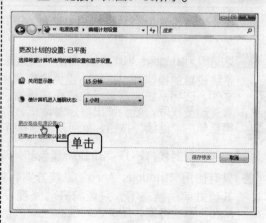

★ 图5-80

4 弹出"电源选项"对话框，在列表框中依次展开"电源按钮和盖子"→"'开始'菜单电源按钮"列表，然后单击"设置"选项旁的选项，该选项变为下拉按钮，在弹出的下拉列表中选择"关机"命令，如图5-81所示。

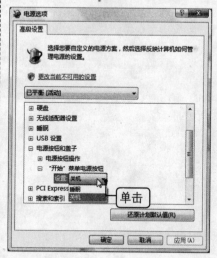

★ 图5-81

5 设置完毕后，单击"确定"按钮保存设置即可。

疑难解答

问 更改系统设置时，总会弹出对话框提示"Windows需要您的许可才能继续"，是怎么回事？

答 这是因为Windows Vista默认启动了用户账户控制（User Account Control），对所有有关系统设置的操作加以控制，避免病毒和木马等恶意程序获取电脑的控制权偷偷更改系统文件，破坏系统。在进行更改系统设置、安装应用程序等涉及到系统的操作时，需要获取管理员权限，就会弹出提示对话框，提示"Windows需要您的许可才能继续"，此时只需要单击"继续"按钮，就可以继续操作。

问 为什么有时候打不开"Windows颜色和外观"窗口呢？

答 只有使用"Windows Aero"系统方案，才有"Windows颜色和外观"设置界面。在使用其他方案的状态下，只能打开"外观设置"对话框，可在该对话框中选择"Windows Aero"系统方案，解决该问题。

问 如何查看到电脑的内存和CPU主频参数？

答 在桌面上用鼠标右键单击"计算机"图标，然后在弹出的快捷菜单中单击"属性"命令，打开"系统属性"窗口，就可以查看"处理器"、"内存"和系统类型等信息。

Chapter 06

第6章　Windows Vista的应用程序和组件

本章要点

↳ 安装或卸载应用程序

↳ 添加或删除系统组件

↳ 使用Windows日历

↳ 使用Tablet PC工具

↳ 使用Windows Vista的截图工具

↳ 使用Windows边栏小工具

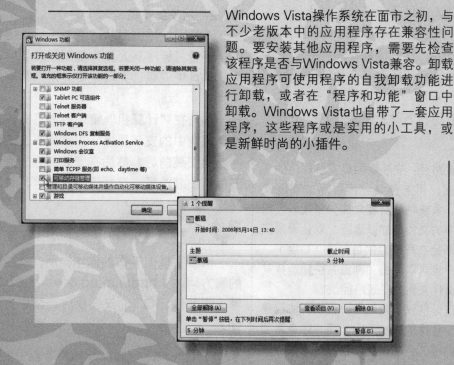

Windows Vista操作系统在面市之初，与不少老版本中的应用程序存在兼容性问题。要安装其他应用程序，需要先检查该程序是否与Windows Vista兼容。卸载应用程序可使用程序的自我卸载功能进行卸载，或者在"程序和功能"窗口中卸载。Windows Vista也自带了一套应用程序，这些程序或是实用的小工具，或是新鲜时尚的小插件。

6.1 安装或卸载应用程序

应用程序是指在操作系统中运行的，协助用户完成特定工作的程序，也被叫做工具软件。尽管操作系统自带了许多应用程序，但仍不能满足更专业和复杂的工作需求，所以需要用户再安装其他的应用程序。

6.1.1 安装应用程序

知识点讲解

根据获取应用程序安装文件的途径不同，安装应用程序分从光盘安装，或者从硬盘安装。

1. 从CD或DVD光盘安装

对于使用CD或DVD光盘进行程序安装的程序，要求电脑主机配备光驱，购买正版的程序光盘进行安装。

首先将光盘放入光驱中，此时如果启用了自动播放功能，则会自动运行光盘中的安装程序。假如没有，则在光驱目录下双击安装文件（通常是名为Setup的文件）启动安装向导。然后根据安装向导的提示设置安装路径、选择安装选项等，最后完成安装。

安装应用程序时主要涉及到以下几个设置问题。

▶ 安装路径：安装路径是安装程序的文件夹，用来存储应用程序的安装文件。系统将从安装文件夹中读取应用程序的文件并加以运行，默认设置安装路径在系统盘的目录下（C盘），用户也可以单击"浏览"按钮选择其他文件夹作为安装路径。

▶ 许可证协议（或用户协议）：协议是关于程序的版权声明、用户注意事项等内容的声明，通常情况下，要安装程序则必须选择同意该协议。

▶ 注册码（序列号）：对于正版的应用程序还需要在安装过程中输入注册码、序列号等，该项信息可在安装光盘的包装盒上找到。

▶ 自定义安装选项：部分程序组件较多的应用程序还会提供自定义安装组件的选项，用户可以选择安装应用程序的方式，或者选择安装哪些程序组件。

▶ 流氓软件：安装应用程序时如果涉及到非相关的其他插件程序的选择，先要确保该插件不是流氓软件，才予以选择安装。建议尽量选择无插件的绿色程序进行安装。

2. 从硬盘安装

许多用户更愿意从网络上下载应用程序，或者将程序从光盘中复制到硬盘中，再从硬盘中安装，尤其是安装网络共享软件时。

首先在"计算机"窗口中浏览文件，找到硬盘中的安装程序，用鼠标双击该程序启动安装向导。然后在安装向导的提示下设置安装路径、选择安装选项等，最后完成安装。

动手练

请读者根据下面的操作提示，从腾讯的官方网站（http://im.qq.com/）上下载聊天工具腾讯QQ的安装程序，然后安装QQ。

1 打开"计算机"窗口，找到并双击安装程序，如图6-1所示。

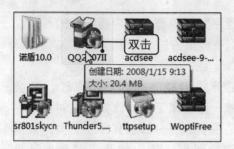

★ 图6-1

2 弹出安装向导对话框，阅读安装协议内容，然后单击"我同意"按钮，如图6-2所示。

★ 图6-2

3 进入"选择使用环境"页面，在选项组中选择使用QQ程序的工作环境，然后单击"下一步"按钮，如图6-3所示。

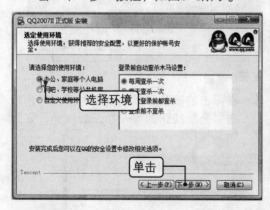

★ 图6-3

4 进入下一页面，设置安装程序的路径，并取消不必要的插件选项，然后单击"下一步"按钮，如图6-4所示。

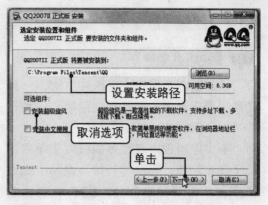

★ 图6-4

5 开始安装程序，对话框显示安装进度，如图6-5所示。

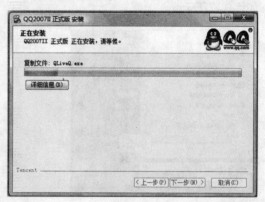

★ 图6-5

6 安装完毕后单击"完成"按钮即可，如图6-6所示。

★ 图6-6

6.1.2 卸载应用程序

知识点讲解

要卸载应用程序，有两种方法，一种是通过程序自带的卸载功能卸载，一种是在"程序和功能"窗口中卸载。

不少应用程序在程序的级联菜单中自带了卸载功能。可从"开始"菜单中卸载程序，单击"开始"按钮，在弹出的"开始"菜单中单击"所有程序"命令，在弹出的"所有程序"菜单中找到要卸载的程序，依次单击该程序名和卸载命令，如图6-7所示。

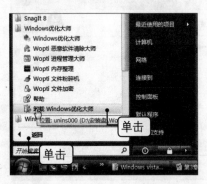

★ 图6-7

然后在弹出的确认卸载的对话框中，单击"是"或"否"按钮，确认卸载操作，即可开始卸载，例如图6-8所示。

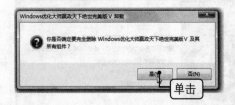

★ 图6-8

假如该程序没有自带卸载功能，可以通过"程序和功能"窗口卸载该程序。

打开"控制面板"窗口，在经典视图模式下双击"程序和功能"图标，打开"程序和功能"窗口。然后可在"卸载或

更改程序"列表框中选中要卸载的程序，单击列表框上方的"卸载/更改"按钮进行卸载。

部分应用程序在卸载结束时，还会要求做一些收尾工作，比如弹出对话框提示"是否删除……日志文件"之类，只需确认删除即可。还比如要求"重启计算机"，此时可以选择立即重启电脑或者选择稍后重启继续进行其他工作。

动手练

请读者根据下面的操作提示，通过"程序和功能"窗口卸载应用程序。

1 打开"控制面板"窗口，在经典视图模式下双击"程序和功能"图标，打开"程序和功能"窗口。

2 在"卸载或更改程序"列表框中，选中要卸载的程序，然后单击列表框上方的"卸载/更改"按钮，如图6-9所示。

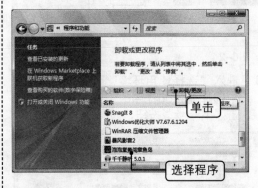

★ 图6-9

3 在弹出的确认卸载的提示对话框中，单击"是"按钮即可开始卸载程序，如图6-10所示。

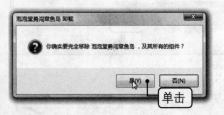

★ 图6-10

6.1.3　解决程序兼容性问题

知识点讲解

Windows Vista操作系统在推出之初，与部分旧版本中的应用程序存在程序不兼容问题。程序不兼容就是指该应用程序不能被操作系统识别或正常启动运行。在安装应用程序时出现应用程序不能正常安装，或者应用程序安装后不能正常使用的情况。

在用户安装或运行某个应用程序时，通常可能遇到如下情形。

▶ 在安装或运行程序时，弹出"用户账户控制"对话框，告知"一个未能识别的程序要访问您的计算机"，如果信任该程序，仍想继续运行，可以单击"允许（A）"按钮，如图6-11所示。

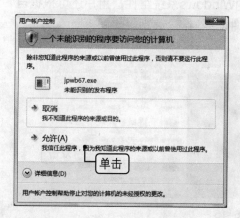

★ 图6-11

▶ 在安装或运行程序时，程序运行出错，弹出"程序兼容性助手"对话框，若信任该程序可单击"这个程序工作正常"或者"运行程序"按钮，尝试强行运行该程序，如图6-12所示。

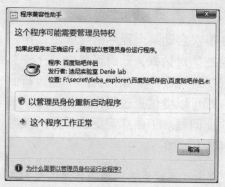

★ 图6-12

如果仍不能正常安装和使用该程序，也不用担心，可以改为安装能够被Windows Vista兼容的版本的程序，或者下载该程序的补丁，来解决兼容性问题。

如果在应用程序图标上附加有盾牌标志，表示此软件与Windows Vista系统仍存在一定的兼容性问题。

那么在启动运行该程序的时候可临时采用管理员身份运行。用鼠标右键单击该程序图标，在弹出的菜单中执行"以管理员身份运行"命令，运行该程序，如图6-13所示。

★ 图6-13

用管理员身份运行，也只能暂时解决账户的限制权限问题，需要得到管理员账户的许可。

动手练

在每次启动某个程序时会弹出"用户账户控制"对话框，此时可单击"允许"按钮强制运行程序。如果仍然不能运行此程序，那可以尝试更改程序的兼容性设置来解决此问题。下面练习更改程序的兼容性，具体方法如下。

1. 在桌面上用鼠标右键单击程序的桌面图标，在弹出的菜单中单击"属性"命令，打开其属性设置对话框。
2. 将对话框切换到"兼容性"选项卡，分别勾选"用兼容模式运行这个程序"和"请以管理员身份运行该程序"复选项，然后单击"确定"按钮保存设置，如图6-14所示。

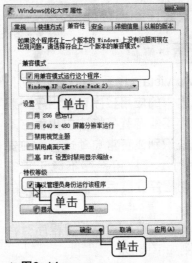

★ 图6-14

6.2 添加或删除系统组件

Windows Vista操作系统的许多服务都通过程序组件来实现，比如Internet信息服务、Tablet PC可选组件等。系统默认安装了必备的Windows系统组件，用户还可根据自己的需要通过控制面板添加或删除其他Windows组件。

6.2.1 添加Windows组件

知识点讲解

添加Windows组件可能需要准备一张该版本操作系统的安装光盘，从光盘中加载和安装组件。添加Windows组件的步骤如下。

1. 单击"开始"按钮，在弹出的"开始"菜单中单击"控制面板"命令，打开"控制面板"窗口。
2. 在经典视图模式下双击"程序和功能"图标，如图6-15所示。
3. 进入"程序和功能"窗口页面，在窗口左侧的任务窗格中单击"打开或关闭Windows功能"链接，如图6-16所示。
4. 弹出"Windows功能"对话框，稍等片刻后，在中间的列表框中显示出所有Windows组件的列表，从中勾选想要添加的组件，单击"确定"按钮，开始安装组件，如图6-17所示。

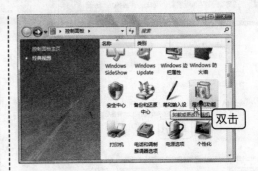

★ 图6-15

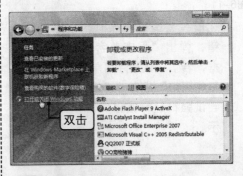

★ 图6-16

★ 图6-17

5 如果此时提示需要插入安装光盘，则将光盘放入光驱中，单击"确定"按钮开始安装。如图6-18所示为安装组件时弹出的进度对话框。

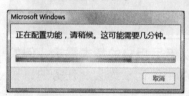

★ 图6-18

6 安装完毕后如果提示重启电脑，根据提示选择立即重启或者稍后重启即可，如图6-19所示。

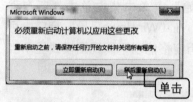

★ 图6-19

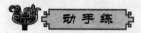

下面练习在系统中添加"可移动存储管理"服务。首先打开"Windows功能"对话框，勾选"可移动存储管理"选项，然后单击"确定"按钮，如图6-20所示。

★ 图6-20

6.2.2　删除Windows组件

知识点讲解

删除Windows组件的操作与添加的操作相反。在"Windows功能"对话框中取消选择不需要的组件，然后单击"确定"按钮进行卸载。

在操作时要慎重，对于不了解其用途的组件不要随便删除，否则会影响系统的正常运行。

动手练

请读者根据下面的操作提示，在Windows Vista系统中删除"可移动存储管理"服务。

1 打开"程序和功能"窗口页面，在窗口左侧的任务窗格中单击"打开或关闭Windows功能"链接。

2 弹出"Windows功能"对话框，从中找到要删除的组件，取消"可移动存储管理"选项的勾选，如图6-21所示。

3 单击"确定"按钮开始卸载组件，如图6-22所示。

★ 图6-21

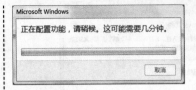

★ 图6-22

卸载完毕后，若提示需要重启电脑，根据提示选择立即重启或者稍后重启即可，如图6-23所示。

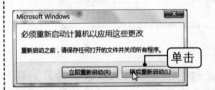

★ 图6-23

6.3 使用Windows日历

Windows Vista操作系统捆绑了部分应用程序，用以满足用户的基本需求。例如Windows日历程序，除了被用做主要日历使用外，还可以用做记录约会、任务的日程表、事件时间提醒等。

6.3.1 创建约会

知识点讲解

在任务栏中单击"开始"按钮，在弹出的"开始"菜单中依次单击"所有程序"→"Windows日历"命令，即可启动Windows日历。在"Windows日历"窗口中可见导航窗格、日历窗格和详细信息窗格，其中中间的日历窗格能以不同视图模式显示当日的各个时间段的约会和任务信息，如图6-24所示。

★ 图6-24

在Windows日历中可以自如地在任何日期、时间段创建约会记录，以便随时查看，还可设置约会提醒。创建约会的步骤如下。

在工具栏中单击"创建约会"按钮 新建约会 ，然后在窗口右侧的详细信息窗格中，设置约会的详细时间、位置信息、约会的起始和终止时间等信息，并在"提醒"选项组中设置提醒时间。创建完毕后，在窗格中可见约会标签。

如果要编辑已经创建的约会信息，在中间的窗格中双击该约会标签，然后在现有文本上输入更改即可。

若要删除约会，在中间的窗格中单击要删除的约会标签，然后在工具栏中单击"删除"按钮即可。

动手练

请读者根据下面的操作提示，在Windows日历中创建一个约会，内容是下午要和客户见面，并设置约会时间前5分钟进行提醒。

1 打开"Windows日历"窗口，在导航窗格中的日期窗格中单击要创建约会的日期，切换到那一日的日历。

2 在工具栏上单击"新建约会"按钮 新建约会 ，然后在右侧详细信息窗格中的"新建约会"文本框中，输入约会内容，如图6-25所示。

（输入约会描述）

★ 图6-25

3 在"新建约会"文本框下方的"位置"文本框中输入约会位置，然后单击"日历"按钮，在弹出的列表中选择约会所参照的日历（如果用户使用多个日历的话），如图6-26所示。

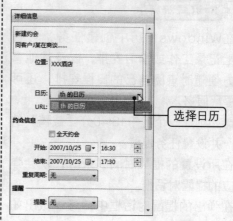
（选择日历）

★ 图6-26

4 在"开始"和"结束"下拉列表框及微调框中设置约会的开始和结束时间，若要建立全天约会，则选中"全天约会"复选项，不用设置具体时间，如图6-27所示。

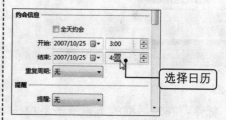
（选择日历）

★ 图6-27

5 单击"重复周期"下拉按钮，在弹出的列表中选择"无"选项，设置为无重复类型，如图6-28所示。

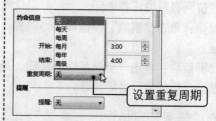
（设置重复周期）

★ 图6-28

6 单击"提醒"按钮，在弹出的列表中选

择希望在约会前的5分钟进行提醒。编辑完所有约会信息后,约会便自动保存。

6.3.2 创建任务

知识点讲解

在Windows日历中创建任务,可在日期上记录工作或学习安排,以及其他事件,方便随时查阅自己的日程安排,还可设置提醒服务。

比如创建一个下午13:40分"截稿"的任务,并设置任务提醒。

在所设置的提醒时间到来时,就会弹出相应的提醒对话框。

在弹出的提醒对话框中,可以做出如下处理,如图6-29所示。

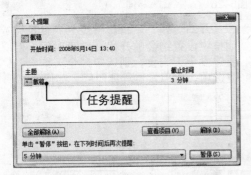

★ 图6-29

▶ 暂停:在对话框的下方单击下拉按钮,在弹出的下拉列表中选择延后提醒的时间,然后单击"暂停"按钮,延后一段时间再提醒。

▶ 查看项目:单击"查看项目"按钮,定位到提醒的任务项目。

▶ 解除:单击"解除"按钮解除当前提醒。

▶ 全部解除:单击"全部解除"按钮,解除当前的全部提醒设置。

单击"任务"窗格中的任务选项,可在"详细信息"窗格中查看和修改任务的信息。如果要删除任务,用鼠标右键单

击该任务,然后在弹出的菜单中单击"删除"命令即可。

动手练

创建一个新任务的具体步骤如下。

1 打开"Windows日历"窗口,在导航窗格中的日期窗格中选中要创建任务的日期,切换到那一日的日历。

2 在工具栏中单击"新建任务"按钮 **新建任务** ,然后在详细信息窗格的"新建任务"文本框中,输入任务的描述,并设置参考日历等,如图6-30所示。

★ 图6-30

3 接下来在"任务信息"选项组中设置任务的优先级,以及任务的开始和截止日期,如图6-31所示。

★ 图6-31

4 若要设置提醒,单击"提醒"按钮,在

弹出的列表中选择"日期"，并输入希望系统提醒您的日期和时间。

设置完所有的任务信息后，在"导航"窗格中的"任务"窗格中可见新建的任务，如图6-32所示。

★ 图6-32

6.4　使用Tablet PC工具

Tablet PC工具是Windows Vista系统用于手写输入的工具，包括Tablet PC输入面板、Windows日记本和粘滞便笺三个小工具。使用该工具无须使用标准键盘，用鼠标在输入面板中一笔一画地书写文字即可输入文字。

6.4.1　Tablet PC输入面板

知识点讲解

Tablet PC输入面板通常是和其他程序结合使用，用于在其他文字处理程序或者需要输入文字的界面中手写输入文字。对于不会使用键盘打字的用户，或者不能使用键盘的用户，可暂时借助鼠标书写文字。另外，如果能够连接手写设备（比如电子笔），就更能体现手写的优势。

单击"开始"按钮，在弹出的"开始"菜单中依次单击"所有程序"→"附件"→"Tablet PC"命令，在弹出的级联菜单中可见Tablet PC的三个小工具，如图6-33所示。

单击其中的"Tablet PC输入面板"命令，打开Tablet PC输入面板。在面板中用鼠标拖动即可写字，如图6-34所示。

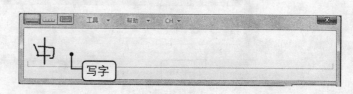

★ 图6-33　　　　★ 图6-34

在输入面板工具栏的左端，分别单击"书写板"、"字符板"和"屏幕键盘"按钮可在不同面板间切换，这些面板的输入特点如下。

> 书写板：在书写板中按住鼠标左键拖动书写文字，同时可使用窗口右侧的按钮输入常用字符或删除字符，如图6-35所示。

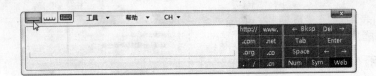

★ 图6-35

▶ 字符板：可分别切换到"英语单词"、"数字"和"字母/数字"等输入模式，可方便地输入完整的单词、数字和其他符号，结合右侧的按钮进行更改操作，如图6-36所示。

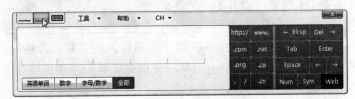

★ 图6-36

▶ 屏幕键盘：窗口中的键盘按钮是与键盘按键相对应的，用鼠标单击窗口面板中的按钮输入相应的字符，或者实现相应的功能操作，如图6-37所示。

★ 图6-37

如果输入文字有误，可以直接在该文字的位置重新书写，新输入的文字会覆盖掉错误的文字。或者单击文字下方的下拉按钮，在弹出的下拉列表中选择正确的文字或符号进行替换，如图6-38所示。

★ 图6-38

在暂时不需要使用输入面板时，可单击右上角的"关闭"按钮，输入面板会暂时隐藏到桌面的一侧，需要使用时再用鼠标单击面板边缘即可。要退出输入面板程序，在工具栏中单击"工具"→"退出"命令即可。

动手练

请读者根据下面的操作提示，在"记事本"中使用Tablet PC输入面板输入文字。

1 依次单击"开始"→"所有程序"→"附件"→"记事本"命令，打开"记事本"程序，然后启动Tablet PC输入面板程序。

2 在Tablet PC输入面板中用鼠标书写文字，每当书写完一笔画后释放鼠标，紧接着按住鼠标写下一笔画，如图6-39所示。

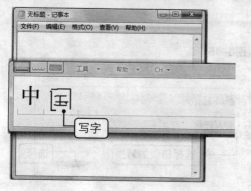

★ 图6-39

3 写完一个完整的文字后，或者写完多个文字后，稍等片刻便可见成形的文字，如果确认为要输入的内容，单击面板右下角的"插入"按钮，即可将写的字插入到目标位置，如图6-40所示。

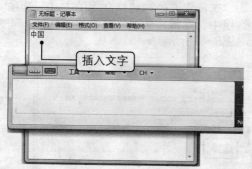

★ 图6-40

6.4.2 Windows日记本

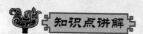
知识点讲解

Windows日记本是手写便笺日记的小

工具，可以用各种颜色的墨迹写日记，并插入图片。还可以将手写的墨迹笔画转换为在其他程序或在便笺中可以使用的成形的文本文字。

单击"开始"按钮，在弹出的"开始"菜单中依次单击"所有程序"→"附件"→"Tablet PC"→"Windows日记本"命令，打开Windows日记窗口。

在工具栏中单击"笔"或者"荧光笔"下拉按钮，在弹出的下拉列表中选择写日记的笔形和笔色，然后就可以使用鼠标在日记本中书写不同墨迹颜色、墨迹粗细和笔尖样式的文字了，如图6-41所示。

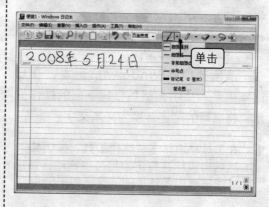

★ 图6-41

若要擦除输入的错字，在工具栏中单击"橡皮擦"下拉按钮，在弹出的下拉列表中选择橡皮擦大小，如图6-42所示。

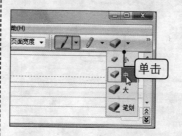

★ 图6-42

然后用鼠标在笔迹上拖动，擦除书写的笔迹即可，如图6-43所示。

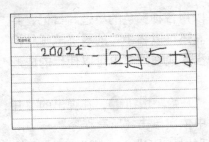

★ 图6-43

书写完便笺日记后，在工具栏中单击
"保存"按钮📁将日记保存。

提 示

关于Windows日记本的其他详细
使用方法，可在菜单栏中单击"帮
助"→"Windows日记本"帮助命令，打
开帮助信息进行查询。

动手练

请读者打开Windows日记本，在日
记本中录入文字，然后根据下面的操作提
示，将书写的笔迹转换为文本文字。

1 在工具栏中单击"选择工具"按钮⊘，
然后用鼠标在日记本页面中拖动，画出
虚线框选中要转换的笔迹，如图6-44所
示。

★ 图6-44

2 在菜单栏中单击"操作"→"把手写转
换成文本"命令，如图6-45所示。

3 弹出"文字更正"对话框，在"已转换
的文字"列表框中检查转换的文字是否
有错，若发现错误，单击错误的文字，

在"替换选项"列表框中选择正确的文
字，单击"更改"按钮进行更改，如图
6-46所示。

★ 图6-45

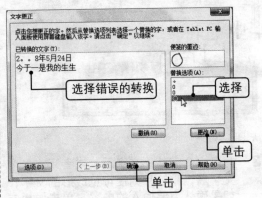

★ 图6-46

4 单击"确定"按钮进入下一对话框，在
"选择您要处理转换文本的方式"选项
组中，选择将转换的文本用于何处，如
图6-47所示。

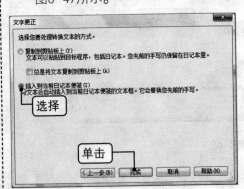

★ 图6-47

5 最后单击"完成"按钮即可。

6.4.3 粘滞便笺

知识点讲解

粘滞便笺是可以快速创建书面便笺和制作语音便笺的小工具，便笺实际上就是小纸条，用来记录备忘的想法、电话号码、事件等。

在"开始"菜单中依次单击"所有程序"→"附件"→"Tablet PC"→"粘滞便笺"命令，打开"粘滞便笺"窗口。

在窗口中按下鼠标左键的同时拖动鼠标，即可书写文字，如图6-48所示。

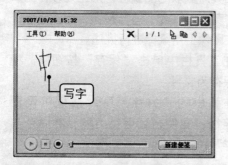

★ 图6-48

写完一张便笺后单击右下角的"新建便笺"按钮，自动保存便笺并新建一张空白便笺。

在工具栏的右端单击"上一个便笺"或"下一个便笺"箭头按钮，可在各便笺之间切换。如果要删除便笺，先切换到该便笺，然后单击"删除此便笺"按钮✕，即可删除该便笺。

提 示

如果在删除便笺时弹出确认删除的消息，单击"工具"菜单，指向"选项"命令，然后单击"确认删除操作"命令即可。

动手练

请读者使用粘滞便笺记录一条"下午3点开会"的语音信息，具体操作步骤如下。

首先在便笺窗口下方单击红色的录制按钮，然后对着电脑的麦克风讲话，录制完成后单击"停止"按钮即可。

要播放语音便笺时，切换到该条语音便笺，单击播放按钮即可播放。

6.5 使用Windows Vista的截图工具

Windows Vista的截图工具可以捕获屏幕上任何对象的屏幕快照（或代码段），然后对其添加注释、保存或共享该图像，这是一种获取屏幕图像的工具。

6.5.1 截取图像

知识点讲解

单击"开始"按钮，在弹出的"开始"菜单中依次单击"所有程序"→"附件"→"截图工具"命令，启动截图工具程序。

如果是第一次启动截图工具，会首先弹出提示对话框询问是否在快速启动栏中添加快捷方式，单击"是"或者"否"按

钮进行选择，如图6-49所示。

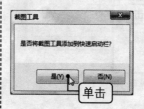

★ 图6-49

启动截图工具后，弹出"截图工具"窗口，如图6-50所示。

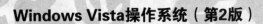
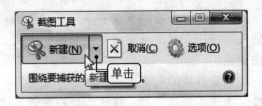

★ 图6-50

在"截图工具"窗口中单击"新建"按钮右侧的下拉按钮，在弹出的下拉列表中选择截图方式，然后可用鼠标框选屏幕区域截取图像。对截取的图像可以进行简单的编辑，然后加以使用和共享。

技 巧

在截图的时候，如果"截图工具"对话框挡住了截图区域，可以用鼠标将它移动到其他位置。

动手练

根据下面的操作提示，使用截图工具截取当前显示屏幕的图像。

1 首先准备好要截取的图像，将要截取的窗口或者对话框区域摆放在明显的位置。

2 在"截图工具"对话框中单击"新建"下拉按钮，然后在弹出的下拉列表中选择要截取的图像的形状，例如选择"矩形截图"选项，如图6-51所示。

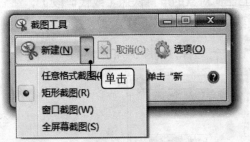

★ 图6-51

3 用鼠标在要截取的区域按住鼠标左键同时拖动，用鼠标画出的框线将要截取的区域完整地框住，然后释放鼠标即可，如图6-52所示。

★ 图6-52

6.5.2 处理和保存图像

知识点讲解

截取图像之后，弹出"截图工具"窗口并显示被截取的图像。可以使用窗口工具栏中的工具对截取的图像进行加工处理，比如单击"荧光笔"或"笔"按钮，选择笔形，然后在图像上用鼠标进行批注。

在工具栏中单击"保存"按钮 🖫，将图像保存为文件。

在弹出的"另存为"对话框中设置保存路径、文件名和保存类型，然后单击"保存"按钮，如图6-53所示。

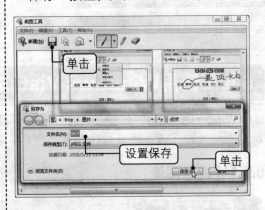

★ 图6-53

如果需要继续截取图像，在窗口工具栏中单击"新建"按钮即可。

提 示

如果想将截取的图像发送给其他人，在菜单栏中单击"文件"→"发送到"→"电子邮件收件人"命令。然后可书写电子邮件，将图像以电子邮件的形式发送给其他人。

动手练

根据下面的操作提示，启动IE浏览器，打开百度首页，然后使用截图工具截取网页中间的主要画面，并在截取的图像上进行批注。

1 在工具栏中单击"荧光笔"按钮或者"笔"按钮，在弹出的下拉列表中选择一个笔形，如图6-54所示。

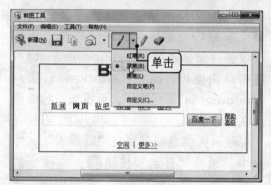

★ 图6-54

2 在图像上按住鼠标左键拖动，圈住"网页"选项卡标签链接，引出箭头并写上

"选项卡标签"作为批注，如图6-55所示。

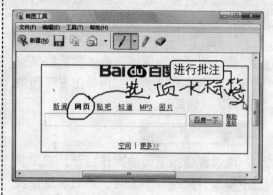

★ 图6-55

3 在工具栏中单击"保存"按钮，在弹出的"另存为"对话框中，选择保存路径并设置文件名和文件类型，单击"保存"按钮即可，如图6-56所示。

★ 图6-56

6.6 使用Windows边栏小工具

Windows边栏中的小工具都具备一些实用的小功能，大部分小工具的功能和使用都非常直观，这里选取其中几个小工具进行简单的介绍。

6.6.1 使用"便笺"

知识点讲解

Windows边栏中的便笺类似现实生活中贴在墙上的便笺纸条，用于记录下电话信息或自己的临时想法，作备忘用，如图6-57所示。

用鼠标单击便笺的空白区域，然后便可使用键盘输入要记录的信息，输入完毕后单击右下角的"添加"按钮，还可添加下一张便笺，如图6-58所示。

★ 图6-57

★ 图6-58

在编辑了多张便笺后，将鼠标指针指向便笺的下方会浮现出便笺的数量和当前便笺的页码 ◀ 2/2 ▶，单击左右两端的"上一个" ◀ 或"下一个" ▶ 按钮可在多张便笺间切换，浏览其他便笺信息。要删除某张便笺时，切换到该便笺，再单击左下角的"删除"按钮即可。

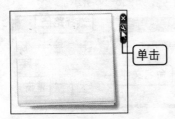

请读者根据下面的操作提示，在工具栏中添加"便笺"小工具，然后设置便笺工具的属性，将便笺背景色更改为绿色。

1 将鼠标指针指向小工具的右上角，在浮现出的小按钮中单击设置按钮🔧，打开"便笺"的属性对话框，如图6-59所示。

单击

★ 图6-59

2 在对话框的预览窗格中单击"上一页"或"下一页"按钮，切换到绿色背景色，设置完毕后单击"确定"按钮即可，如图6-60所示。

选择外观

单击

★ 图6-60

6.6.2 管理"联系人"

知识点讲解

联系人小工具用于随时搜索或查询存储在"联系人"文件夹中的家人、朋友或同事的联系方式。

1. 创建联系人

联系人实际上是类似通讯录的文件，以联系人文件为单位记录电子邮件、电话、家庭住址等信息。这些联系人信息不仅被存储，还可以在Windows Vista系统中自由使用，比如在Windows日历、Windows mail等程序中，可以很便利地使用联系人信息。

联系人信息都存储在"联系人"文件夹中，单击"开始"按钮，在弹出的"开始"菜单中依次单击"所有程序"→"Windows联系人"命令，打开"联系人"文件夹。

然后在文件夹窗口中单击鼠标右键，在弹出的菜单中单击"新建"→"联系人"命令，可开始新建联系人信息，如图6-61所示。

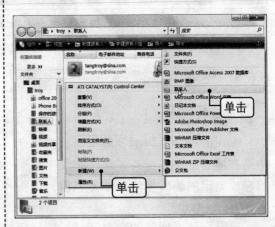

单击

单击

★ 图6-61

在弹出的"属性"对话框中，根据提示填写联系人的姓名、地址、E-mail地址

以及其他通信资料，然后单击"确定"按钮保存信息即可，如图6-62所示。

★ 图6-62

提　示

在"联系人"文件夹的工具栏中，单击"新建联系人"按钮也可创建联系人信息。

2. 查看联系人

在Windows边栏中添加联系人小工具，将联系人小工具拖到桌面中央，单击其中的某个联系人的名称，即可查看该联系人的联系信息，如图6-63所示。

★ 图6-63

在存储了许多联系人的信息之后，可以使用联系人小工具左下角的搜索框，快速搜索出想要查看的联系人的信息，如图6-64所示。

单击联系信息中的电子邮件地址，可以直接启动Outlook发送电子邮件。如果要更改联系人信息，则单击联系人的头像图

标，打开联系人属性对话框进行更改。

★ 图6-64

动手练

请读者根据下面的操作提示，在"联系人"文件夹中创建联系人信息，然后即可使用联系人小工具随时查阅。

1 单击"开始"按钮，在弹出的"开始"菜单中依次单击"所有程序"→"Windows联系人"命令，打开"联系人"文件夹。

2 在文件夹窗口中单击鼠标右键，在弹出的菜单中单击"新建"→"联系人"命令，打开联系人的属性窗口。

3 在"姓名和电子邮件"选项卡中填写联系人的姓名、电子邮件等信息，输入"电子邮件"信息后要单击旁边的"添加"按钮，可以添加多个电子邮件地址到列表框中，如图6-65所示。

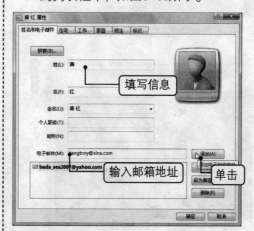

★ 图6-65

4 单击对话框顶部的"住宅"、"工作"等其他选项卡，切换到其他选项卡页面填写相关的信息，填写完所有信息后，

单击"确定"按钮保存这些信息，如图6-66所示。

★ 图6-66

6.6.3 设置"幻灯片放映"

知识点讲解

幻灯片放映小工具会以放映幻灯片的方式播放图片文件夹中的图片，默认设置播放"示例图片"文件夹中的图片。

将鼠标指针指向幻灯片小工具，幻灯片下方会浮现出一排小按钮，从左到右依次为"上一张"、"暂停"、"下一张"和"查看"按钮，如图6-67所示。

★ 图6-67

▶ 单击"上一张" ◄◄ 或"下一张" ►► 按钮可切换幻灯片图片。

▶ 单击"暂停"按钮 ▮▮，幻灯片则暂时停留在当前图片上。

▶ 单击"查看"按钮 🔍 会启动图片查看工具打开当前图片文件。

通过设置幻灯片小工具的属性，还可以指定播放图片的文件夹，以及播放间隔时间和方式等。

动手练

请读者根据下面的操作提示，在Windows边栏中添加幻灯片小工具，指定播放"F:\secret\picture"文件夹中的图片。

1 将鼠标指针指向幻灯片小工具的右上角，单击"设置"按钮 🔧，打开幻灯片放映的属性对话框，如图6-68所示。

★ 图6-68

2 在"文件夹"下拉列表框中可选择播放图片的文件夹，若要选择其他文件夹则单击其右侧的"浏览"按钮 ⋯ ，如图6-69所示。

★ 图6-69

3 在弹出的"浏览文件夹"对话框中定位到"F:\secret\picture"文件夹，选定后单击"确定"按钮，如图6-70所示。

选择文件夹

单击

★ 图6-70

4 返回属性对话框，在"显示每一张图片"下拉列表框中可以设置播放单张图片的时间，在"图片之间的转换"下拉列表框中可以选择切换图片的效果。

5 设置完毕后单击"确定"按钮，保存设置并关闭对话框后设置即可生效。

疑难解答

问 如何判断应用程序是否与Windows Vista操作系统兼容？

答 对于采用光盘安装的应用程序，如果光盘外包装上有与Windows Vista兼容的说明或者标志，说明该程序与Windows Vista兼容。对于从网络中下载的应用程序，会在程序下载说明和程序简介中说明是否与Windows Vista兼容，还可通过网民对软件的评价判断是否兼容。

问 什么是"可选组件"？

答 在安装应用程序时，有的应用程序会绑定其他不相干的程序组件要求用户安装。这些组件并非所安装的应用程序的一部分。通常提示用户还可以选择安装这些组件的选项，若不需要这些组件应尽量取消这些选项的勾选。此外，要注意的是，有部分流氓软件会在没有任何提示的情况下强行安装，占用系统资源，甚至破坏系统稳定性。所以在下载程序安装时，要先阅读程序简介和评语，选择安装无插件的软件。

问 为什么在开机的时候提示Windows日历已经停止运行？

答 使用Widnows日历创建了任务提醒后，在下次开机的时候，在未打开Windows日历程序窗口前，会弹出这样的提示。只需启动Windows日历程序，打开窗口等待正式的任务提醒即可。

Chapter 07

第7章 Windows Vista的影音娱乐

本章要点

↳ *Windows Media Player*

↳ *Windows照片库*

↳ *Windows Media Center*

↳ *Windows Movie Maker*

Windows Vista操作系统自带一套娱乐程序，有能播放音乐和电影的Windows Media Player、能浏览与管理图片的Windows照片库、能剪辑和制作视频的Windows Movie Maker等。并通过Windows Media Center（多媒体中心）将图片、音频、视频、网络电视、网络广播等多媒体娱乐管理功能进行整合。

7.1　Windows Media Player

　　Windows Vista操作系统的多媒体播放器是Windows Media Player 11（简称WMP），是一款可以播放音乐、视频，以及复制、刻录CD音乐的多媒体播放器。

7.1.1　启动WMP

　　可以从"所有程序"菜单、桌面快捷方式或快速启动工具栏中启动Windows Media Player播放器。

　　图7-1所示为Windows Media Player的播放界面。

★ 图7-1

　　在Windows Media Player被第一次启动的时候，需要进行一些设置，具体操作步骤如下。

1 单击"开始"按钮 ，在弹出的"开始"菜单中依次单击"所有程序"→"Windows Media Player"命令，启动Windows Media Player。

2 弹出"Windows Media Player"对话框，根据需要选择设置方式，比如选择"自定义设置"，然后单击"下一步"按钮，如图7-2所示。

★ 图7-2

3 进入"选择隐私选项"页面，在"隐私选项"选项卡中可以勾选需要的"增强的播放体验"服务或者取消不需要的其他设置。切换到"隐私声明"选项卡中，可以查看微软的隐私声明内容。设置完毕后单击"下一步"按钮，如图7-3所示。

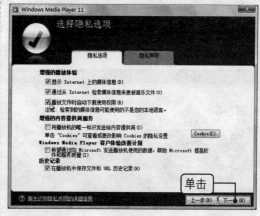

★ 图7-3

4 进入"自定义安装选项"对话框页面中，勾选需要的快捷方式，然后单击"下一步"按钮，如图7-4所示。

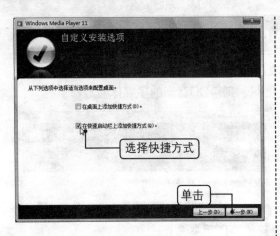

★ 图7-4

5 进入下一步页面，选择使用Windows Media Player的播放方式，如果想要将其作为影音文件的默认播放器，则选择第一个单选项，最后单击"完成"按钮，如图7-5所示。

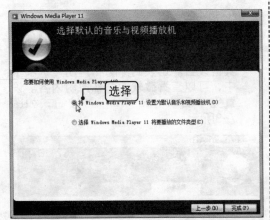

★ 图7-5

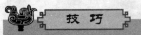

　　在播放影音文件时，按"Alt+Enter"组合键能将Windows Media Player窗口在全屏和窗口模式间来回切换。

7.1.2 打开影音文件

知识点讲解

　　除了在文件夹窗口中双击影音文件播放文件外，还可以在"Windows Media

Player"窗口中打开文件，具体操作步骤如下。

1 打开"Windows Media Player"窗口，按"Alt"键激活窗口的主菜单，然后依次单击"文件"→"打开"命令，如图7-6所示。

★ 图7-6

2 在弹出的"打开"对话框中，切换到要播放的文件的存储路径，选中要播放的文件，然后单击"打开"按钮即可，如图7-7所示。

★ 图7-7

动手练

　　请读者在Windows Media Player播放器窗口的工具栏中单击"正在播放"下拉按钮，在弹出的下拉列表中选择"显示列表窗格"命令，在窗口的右侧将打开播放

列表，如图7-8所示。

★ 图7-8

在播放器上方的工具栏中，共有"正在播放"、"媒体库"、"翻录"、"刻录"、"同步"、"从……下载"6个功能标签按钮，以及左端的"前进"、"后退"箭头按钮。

在工具栏中单击这些功能标签按钮，可以切换到对应的功能界面，结合使用"前进"、"后退"箭头按钮，可以在浏览过的功能界面间自由切换。

7.1.3　播放影音文件

知识点讲解

播放窗口下方的一排工具按钮用来在播放影音文件时控制文件的播放进度、调节音量、切换节目等。这些按钮的功能如下，如图7-9所示。

★ 图7-9

▶ 播放进度条：位于播放窗口画面的下方，将鼠标指针指向进度条会显示进度滑块，拖动该滑块可控制播放进度。

▶ "停止"按钮■：单击该按钮停止播

放文件，并且播放进度条恢复原位置。

▶ "暂停"按钮⏸和"播放"按钮▶：单击"暂停"按钮暂时停止播放文件，同时该按钮会变为"播放"按钮；再单击"播放"按钮则继续紧接着刚才的位置播放文件。

▶ "后退"按钮◀◀和"前进"按钮▶▶：分别按住这两个按钮，可前进到文件的某个播放位置或者后退到文件的某个播放位置。

▶ "静音"和"音量"按钮◀》▼：单击"静音"按钮可在关闭声音和打开声音两种状态间切换。单击小三角的"音量"按钮，可拖动弹出的音量滑块调节音量。

播放音乐和电影时，还可以使用增强功能、调节可视化效果等。单击"正在播放"下拉按钮，在弹出的下拉级联菜单中单击"显示增强功能"命令，在弹出的列表中选择要使用的功能选项，可在播放界面上打开调节板块，调节对应的播放参数，如图7-10所示。

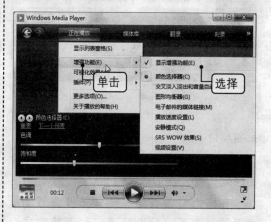

★ 图7-10

如果单击"可视化效果"命令，在弹出的列表中还可选择播放音乐时的屏幕效果图案，如图7-11所示。

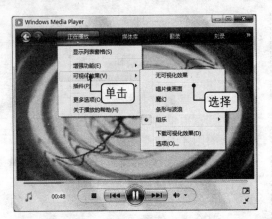

★ 图7-11

动手练

请读者在Windows Media Player播放器中播放电影，然后单击"正在播放"下拉按钮，在弹出的下拉列表中单击"增强功能"→"图形均衡器"命令，将打开均衡设置界面，如图7-12所示。

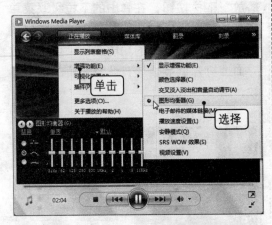

★ 图7-12

调节均衡设置可以改变播放音质，比如增加重音、调节混音等。

在均衡设置界面左侧有三种调节均衡设置的单选项，分别代表三种调节方式。用鼠标单击左侧的三个单选项进行选择，然后拖动各个参数滑块进行声音的均衡调节。

这三个选项的调节方式如下。

▶ 第1项：设置均衡器滑块以进行独立移动。
▶ 第2项：将均衡器滑块设置为以松散组合的形式一起移动。
▶ 第3项：将均衡器滑块设置为以紧密组合的形式一起移动。

若对均衡参数不了解，可单击"选择设置"按钮，在弹出的列表中选择现有的均衡方案，进行自动调节，如图7-13所示。

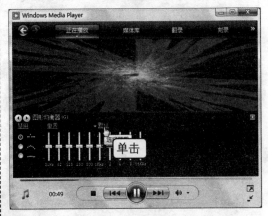

★ 图7-13

7.1.4 媒体库

知识点讲解

Windows Media Player的媒体库功能可以轻松管理影音文件等多媒体资源。在默认设置下，Windows Media Player自动将存储在"音乐"文件夹中的音乐信息导入到媒体库中。

在Windows Media Player窗口的工具栏中单击"媒体库"按钮，切换到"媒体库"页面，如图7-14所示。

在媒体库中可创建和管理播放列表，以管理音乐或影视文件。

★ 图7-14

1. 创建播放列表

如果有经常要播放的一系列影片或音乐等影音文件，不妨在Windows Media Player中创建一个播放列表，然后每次只需双击播放列表就可以连续播放这些文件。

1 启动Windows Media Player播放器，在工具栏中单击"媒体库"标签按钮，切换到"媒体库"页面。

2 在左侧窗格中，用鼠标单击"新建播放列表"项，激活该项目，如图7-15所示。

★ 图7-15

3 在该列表项中输入播放列表的名称，然后按"Enter"键确认，新建一个播放列表，如图7-16所示。

4 按"Alt"键激活菜单，依次单击"文件"→"打开"命令，从"打开"对话框中导入影音文件，如图7-17所示。

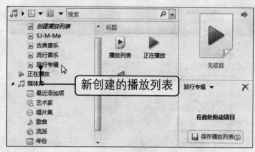

★ 图7-16

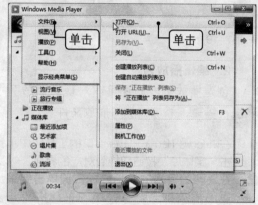

★ 图7-17

5 在左侧的窗格中单击"正在播放"列表项，切换到正在播放的项目列表，所看到的是当前导入的播放内容，选中这些导入的影音文件，如图7-18所示。

★ 图7-18

6 对选中的文件按住鼠标左键拖动鼠标，将文件拖动到左侧窗格中新建的播放列表项目上，然后释放鼠标，即可将这些文件添加到播放列表中，如图7-19所示。

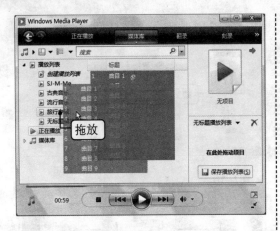

★ 图7-19

2. 编辑播放列表

创建播放列表后还可以对现有播放列表进行编辑，添加或删除播放文件。

1 在Windows Media Player窗口的工具栏中单击"媒体库"按钮切换到对应的界面。

2 在左侧的窗格中，用鼠标右键单击要编辑的播放列表，在弹出的菜单中单击"在列表窗格中编辑"命令，如图7-20所示。

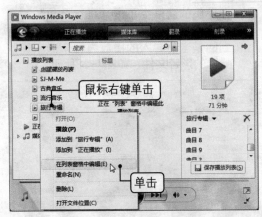

★ 图7-20

3 在右侧的列表窗格中，用鼠标右键单击某个文件项目，然后在弹出的菜单中可以选择添加到其他列表或者从当前列表中删除该文件，如图7-21所示。

4 编辑完播放列表后，单击窗口右下角的"保存播放列表"按钮 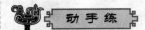 即可，如图7-22所示。

★ 图7-21

★ 图7-22

动手练

请读者根据下面的操作提示，在媒体库中导入F盘中的音乐文件。

1 在Windows Media Player窗口中，按"Alt"键激活窗口的主菜单，然后依次单击"文件"→"选项"命令，如图7-23所示，打开"选项"对话框。

2 在"选项"对话框中切换到"媒体库"选项卡，单击"监视文件夹"按钮，如图7-24所示。

3 在弹出的"添加到媒体库"对话框中，单击左下角的"高级选项"按钮，展开对话框的扩展区域，如图7-25所示。

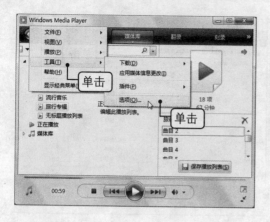

★ 图7-23

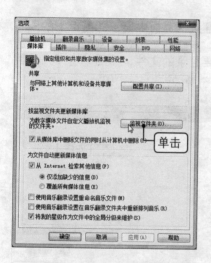

★ 图7-24

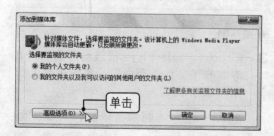

★ 图7-25

4 对话框展开文件夹列表框，单击其下方的"添加"按钮，如图7-26所示。

5 在弹出的"添加文件夹"对话框中，展开各级目录找到要添加的文件夹，将其选中后单击"确定"按钮，如图7-27所示。

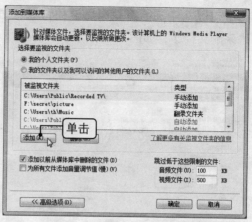

★ 图7-26

★ 图7-27

6 返回到"添加到媒体库"对话框中，可继续单击"添加"按钮添加其他文件夹。添加完毕后单击"确定"按钮，即可开始导入文件，如图7-28所示为导入进度对话框。

★ 图7-28

7 文件导入完毕后，单击"关闭"按钮关闭对话框，再返回"选项"对话框单击"确定"按钮即可。

文件导入完毕后，在"媒体库"页面的左侧依次单击"媒体库"→"最近添加项"列表项，切换到"最近添加项"页面

后就可以在中间的页面中查看和管理添加进来的文件了，如图7-29所示。

★ 图7-29

7.1.5 从CD中翻录音乐

知识点讲解

使用Windows Media Player可以将CD、DVD光盘中的音乐文件翻录到电脑的硬盘中。

在默认设置下，从CD翻录的音乐文件将全部复制到系统的个人文件夹目录中，存储在"音乐"文件夹中。

音乐文件被翻录到文件夹中后，可被翻录为MP3或WMA格式的文件。

接下来就可以把这些文件复制到MP3机或者MP4机中了。

动手练

请读者根据下面的操作提示，使用Windows Media Player 11从CD上翻录音乐专辑到"音乐"文件夹中，翻录格式为WMA。

1 将CD光盘放入光驱中，然后启动Windows Media Player播放器，并单击"翻录"按钮切换到"翻录"页面，如图7-30所示。

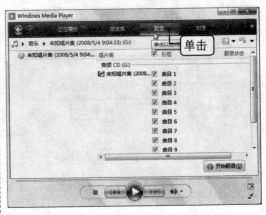

★ 图7-30

2 在"翻录"页面中显示CD光盘上的所有曲目，用鼠标单击要复制的曲目，勾选所有要翻录的文件，然后单击"开始翻录"按钮，如图7-31所示。

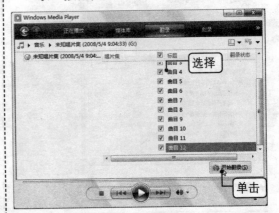

★ 图7-31

3 Windows Media Player播放器开始从CD上复制音乐文件，页面显示复制进度，如图7-32所示。

按照上述方法翻录音乐后，可在"音乐"文件夹中找到一个"未知艺术家"的文件夹，该文件夹中的文件就是从CD上复制下来的文件，如图7-33所示。

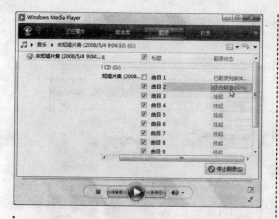

★ 图7-32

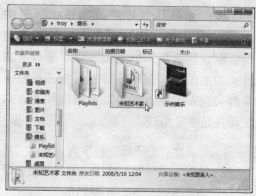

★ 图7-33

7.2　Windows照片库

Windows Vista中的看图工具升级为Windows照片库，它是管理图片的工具，能将电脑中分散存放的图片文件用一个窗口显示出来并进行管理，免去了逐个打开文件夹查看图片的麻烦。

7.2.1　Windows照片库窗口

知识点讲解

单击"开始"按钮，在弹出的"开始"菜单中依次单击"所有程序"→"Windows照片库"命令，启动Windows照片库，在打开的程序窗口中就可以看到该图片查看工具的完整界面和功能，如图7-34所示。

★ 图7-34

事实上，从"开始"菜单中打开的 "Windows照片库"程序窗口是图库窗口，默认显示用户个人文件夹"图片"文件夹中的图片。图库窗口主要由工具栏、文件夹列表窗格、图片浏览窗格和下方的工具按钮栏等组成。

- ▶ 工具栏：位于标题栏下方，显示"前进"、"后退"按钮，以及其他命令功能按钮和下拉菜单按钮。
- ▶ 文件夹列表窗格：位于窗口左侧，用树形列表显示信息列表和图片文件夹列表，用于切换文件分类或者图片文件夹。
- ▶ 图片浏览窗格：显示图片的缩略图，是查看和管理图片的工作区。
- ▶ 工具按钮栏：位于窗口最下方，由多个工具按钮组成，用于查看和管理图片。

从文件夹列表窗格中可以看到，用户可以按照图片的标记、拍摄日期、分级信息等分类来查找图片。

在树形列表中用鼠标单击各列表项前的小三角，可展开"标记"、"拍摄日期"或"分级"等列表项，在其下的列表中单击某个子项，右边的窗格中即可显示属于该分类的图片，如图7-35所示。

★ 图7-35

单击"文件夹"列表项目，展开其子

列表，可选择要浏览的图片文件夹，如图7-36所示。

★ 图7-36

动手练

请读者根据下面的操作提示，启动Windows照片库的图库窗口，浏览"示例图片"文件夹中的图片。

先在右侧的窗格中双击某一张图片的缩略图，即可打开该图片进行查看，如图7-37所示。

★ 图7-37

查看图片时使用窗口下方的工具按钮可以控制图片的显示，这些按钮的功能如下。

- ▶ 按钮：用于调整图片显示大小，

单击该按钮然后拖动弹出的滑块。

- ▶ 按钮：单击该按钮可按窗口大小显示图片，通常在调整了图片显示大小后使用。

- ▶ ◀按钮和▶按钮：分别用于切换到前一张或者下一张图片。

- ▶ ☐按钮：该按钮位于最中间，单击它则会以全屏形式自动播放文件夹中的所有图片（也就是以幻灯片方式放映图片）。

- ▶ ↺ ↻按钮：这两个按钮分别为逆时针和顺时针旋转按钮，用于按照逆时针或者顺时针方向旋转当前图片。

- ▶ ✕按钮：单击该按钮会删除当前图片。

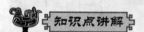

要返回图片库窗口，只需在窗口左上角单击"回到图库"按钮即可。

7.2.2　导入其他文件夹

【知识点讲解】

除了默认的图片文件夹，还要管理其他文件夹中的图片时，需要将其他文件夹导入到照片库中。

1 在窗口的工具栏中单击"文件"下拉按钮，在弹出的下拉列表中单击"将文件夹添加到图库中"命令，如图7-38所示。

★ 图7-38

2 在弹出的"将文件夹添加到图库中"对话框中，依次展开各级目录，然后选中要添加的图片文件夹，单击"确定"按钮，如图7-39所示。

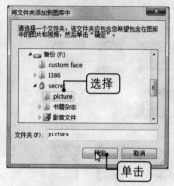

★ 图7-39

3 程序开始添加文件夹中的图片，然后弹出提示对话框显示"已将此文件夹添加到图库"，单击"确定"按钮即可，如图7-40所示。

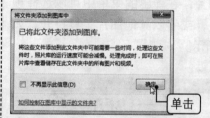

★ 图7-40

添加进文件夹后即可在"文件夹"列表中显示该文件夹名，然后可在窗口中查看和管理该文件夹中的所有图片。

【技　巧】

在Windows照片库的图片浏览窗格中，可以选择其他方式显示图片。单击搜索栏左侧的"选择缩略图视图"下拉按钮 ，在弹出的下拉列表中进行选择。

【动手练】

请读者在Windows照片库中导入"F:\secret\picture"路径下的图片文件夹，然后浏览和管理其中的图片。

先在左侧的窗格中展开"文件夹"列

表，单击"私人照片"文件夹，浏览该文件夹中的图片，如图7-41所示。

★ 图7-41

在右侧的窗格中浏览图片，用鼠标右键单击图片，在弹出的菜单中可以选择预览该照片，或者以其他图片工具打开，如图7-42所示。

★ 图7-42

对要删除的图片单击鼠标右键，在弹出的菜单中单击"删除"命令。然后在弹出的"删除文件"对话框中单击"是"按钮确认删除，如图7-43所示。

★ 图7-43

7.2.3 从数码相机中导入图片

知识点讲解

使用Windows照片库，可以直接从数码相机中导入图片进行浏览查看，导入步骤如下。

1 在"Windows照片库"窗口的工具栏中依次单击"文件"→"从照相机或扫描仪导入"命令，如图7-44所示。

★ 图7-44

2 连接好数码相机，在弹出的"导入图片和视频"对话框中单击"刷新"按钮，如图7-45所示。

3 在列表框中选中显示出的"可移动磁盘"图标，然后单击"导入"按钮，如图7-46所示。

4 弹出"正在导入图片和视频"对话框，可根据需要为图片输入标记信息，也可不输入，然后单击"导入"按钮，Windows照片库便开始导入照片，对话框中显示导入进度，如图7-47所示。

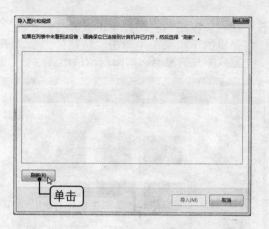

★ 图7-45

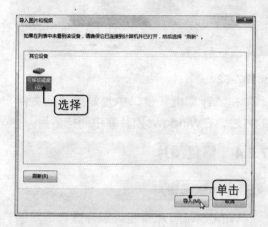

★ 图7-46

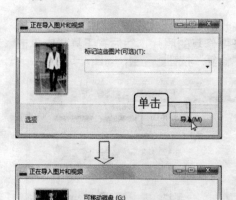

★ 图7-47

5 照片导入完毕后，在窗口左侧的列表中单击"最近导入的项"列表项，开始浏览和管理所有导入的照片，如图7-48所示。

★ 图7-48

　　若要将数码相机中的照片复制到电脑中，可以复制这些图片，然后粘贴到电脑的文件夹中。

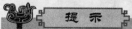

　　请读者根据下面的操作提示，将数码相机中的照片导入Windows照片库中，然后通过Windows照片库将这些照片复制到"F:\secret\picture\私人照片"路径下。

1 启动Windows照片库程序，连接好数码相机，将数码相机中的照片导入到照片库中。

2 照片导入完毕后，在"Windows照片库"窗口左侧的窗格中单击"最近导入的项"选项，浏览并用鼠标选中导入的图片，如图7-49所示。

3 在工具栏中单击"文件"按钮，在弹出的下拉列表中单击"复制"命令，如图7-50所示。

> **提　示**
>
> 　　可以使用鼠标右键单击，然后执行快捷菜单中的"复制"命令。还可以选中所有的照片后，按"Ctrl+C"组合键复制图片。

★ 图7-49

★ 图7-50

4 在"文件夹"列表中定位到"F:\secret\picture\私人照片"路径下，选择目标文件夹选项，如图7-51所示。

★ 图7-51

5 在右侧窗格的空白处单击鼠标右键，在弹出的下拉菜单中单击"粘贴"命令，完成图片的复制，如图7-52所示。

★ 图7-52

在"计算机"窗口中复制或移动文件的方法，在Windows照片库中同样适用。

7.2.4 修复图片

知识点讲解

Windows照片库能对照片进行简单的修复，修复功能的使用方法如下。

1 在"Windows照片库"窗口中，选中或打开要修复的照片，然后在工具栏中单击"修复"按钮 ，如图7-53所示。

★ 图7-53

2 进入图片编辑窗口，在窗格右侧可选择
需要修复的选项，比如单击"调整曝
光"选项，如图7-54所示。

★ 图7-54

3 拖动"亮度"或"对比度"滑块调节照
片的曝光度，调节的同时可在照片上查
看效果，如图7-55所示。

★ 图7-55

4 单击"调整颜色"选项，在展开的参数
界面中拖动"色温"、"色彩"和"饱
和度"滑块，调节照片的颜色基调和色
彩饱和度，如图7-56所示。

5 若需要进行其他修复操作，继续单击其
他选项进行调节，调节完毕后，程序会
自动保存对照片的修复更改。

★ 图7-56

提 示

若修复效果不佳，或执行了错误的
操作，可单击右下角的"撤销"按钮取
消操作，将照片还原。

动手练

读者若对修复照片的各种图像参数不
了解，可以使用Windows照片库的"自动
调整"功能对照片进行简单的修复，具体
操作步骤如下。

1 在"Windows照片库"窗口主界面中，选
中要修复的照片，然后在工具栏中单击
"修复"按钮，如图7-57所示。

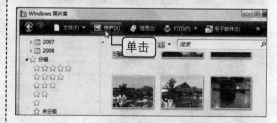

★ 图7-57

2 进入图片编辑窗口，在窗口右侧列出了
可用的编辑选项，单击其中的"自动调
整"按钮，如图7-58所示。

★ 图7-58

3 修复完毕返回图片库可继续进行其他操作，Windows照片库会自动保存对照片的修改。

7.2.5 剪切图片

需要裁剪图片，可使用Windows照片库的裁剪图片功能，裁剪掉图片的多余部分，操作步骤如下。

1 在"Windows照片库"窗口中，选中要裁剪的图片，然后在工具栏中单击"修复"按钮。

2 进入图片编辑窗口，在窗口右侧单击"剪裁图片"按钮，如图7-59所示。

★ 图7-59

3 在弹出的选项中单击"比例"下拉按钮，选择裁剪区域的长宽比例，如果选择"自定义"项，可用鼠标拖动裁剪边线调整比例，如图7-60所示。

★ 图7-60

4 在图片上拖动裁剪方框调整裁剪位置，拖动其边线调整裁剪区域，如图7-61所示。

★ 图7-61

5 调整完毕后单击"应用"按钮，即可裁剪下需要的图片，如图7-62所示。

6 裁剪下图片后，程序会自动保存裁剪修改，单击"回到图库"按钮返回图片库，可继续其他操作，如图7-63所示。

★ 图7-62

★ 图7-63

动手练

请读者选用"示例图片"文件夹中的图片进行剪裁,按照"16×9"比例进行裁剪。

在图片编辑窗口中打开图片后,先在窗口右侧单击"剪裁图片"按钮,然后单击"比例"下拉按钮,在弹出的列表中选择"16×9"选项,如图7-64所示。

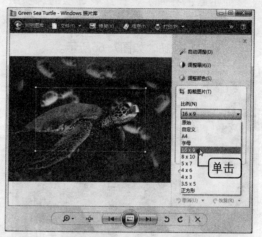

★ 图7-64

选择完毕后,单击"应用"按钮应用设置即可。

在裁剪图片之前,为了避免裁剪失误,最好先复制一张图片作为原图备份。

7.3 Windows Media Center

Windows Media Center 是一款多媒体综合管理工具,中文名叫媒体中心,是集管理图片、音乐、视频,以及收看网络电视等多功能于一体的多媒体集成平台。

7.3.1 首次启动Windows Media Center

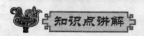 知识点讲解

在首次启动Windows Media Center时,会要求选择安装选项,对媒体中心进

行简单的配置,具体启动步骤如下。

1 单击"开始"按钮,在弹出的"开始"菜单中依次单击"所有程序"→"Windows Media Center"命令,如图7-65所示。

★ 图7-65

2 弹出"Windows Media Center"窗口显示多媒体中心的欢迎界面（默认会全屏显示蓝色界面），在安装选项的选项组中选择安装多媒体中心的方式，本案例中选择"快速安装"单选项，然后单击"确定"按钮，如图7-66所示。

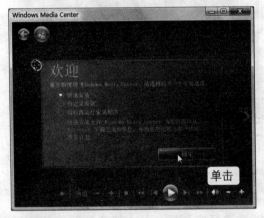

★ 图7-66

3 系统开始快速安装多媒体中心程序，安装完毕后在窗口页面中显示主菜单和功能选项，如图7-67所示。

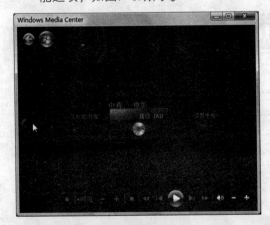

★ 图7-67

启动设置完成后，以后再次启动Windows Media Center时就不需要进行启动设置了，直接就可打开媒体中心界面。

动手练

请读者根据下面的操作提示，启动Windows Media Center，然后切换到"电视+电影"主菜单，进入"播放DVD"选项。

1 按上下光标移动键，在窗口中间区域上下滚动主菜单，将"电视+电影"主菜单切换到正中间，如图7-68所示。

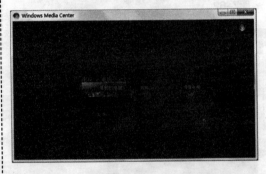

★ 图7-68

2 按左右光标移动键，左右滚动子选项，将要选择的"播放DVD"选项切换到正中间，然后按"Enter"键或用鼠标单击该选项，进入对应的窗口界面，如图7-69所示。

★ 图7-69

一旦进入某个功能界面，将鼠标指针指向窗口的左上方，会显示水晶箭头按钮和一个Windows Vista的徽标按钮。单击小

箭头可返回上一页面，单击徽标按钮可返回媒体中心主页。

7.3.2 在音乐库中添加音乐

在"Windows Media Center"窗口中切换到"音乐"主菜单，然后单击"音乐库"选项进入其界面。

如果有受媒体中心监控的音乐文件夹，并且其中存放有音乐文件，那么在进入"音乐库"页面后，会看到一个由不同唱片封面组成的音乐墙。

若没有，则需要添加音乐文件。

1 打开"Windows Media Center"窗口，然后进入"音乐库"窗口页面，如图7-70所示。

★ 图7-70

2 在窗口右下角弹出"媒体库设置"对话框，单击"是"按钮，如图7-71所示。

★ 图7-71

3 进入"媒体库设置"窗口界面，选中"添加要监视的文件夹"单选项，然后单击"下一步"按钮，如图7-72所示。

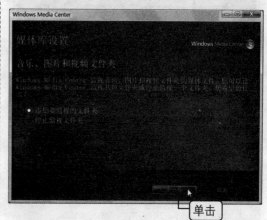

★ 图7-72

> **提 示**
>
> 如果没有弹出"媒体库设置"对话框，可在窗口空白处单击鼠标右键，在弹出的菜单中单击"媒体库设置"命令，进入设置界面。

4 进入下一步页面，选择要添加的文件夹类型，例如选择"添加本机上的文件夹"单选项，然后单击"下一步"按钮，如图7-73所示。

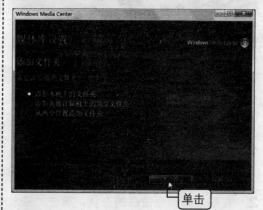

★ 图7-73

5 进入下一步页面，在中间的列表框中展开并找到要添加的音乐文件所在的文件夹，勾选这些要添加的文件夹，然后单击"下一步"按钮，如图7-74所示。

Windows Vista操作系统（第2版）

★ 图7-74

6 单击"完成"按钮，即可开始添加文件夹，如图7-75所示。

★ 图7-75

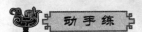 动手练

请读者根据下面的操作提示，在"音乐库"中播放示例音乐文件。

1 进入"音乐库"窗口，在音乐墙中单击想要听的唱片集封面，进入该音乐的唱片集信息窗口，如图7-76所示。

2 在唱片集信息窗口的左侧，单击"播放唱片集"按钮，播放该专辑中的全部音乐，如图7-77所示。

3 若该唱片集中有多首歌曲，只想播放其中一首，可在歌曲列表中单击歌曲名，进入歌曲详细资料界面，如图7-78所示。

★ 图7-76

★ 图7-77

★ 图7-78

4 在"歌曲详细资料"窗口的左侧单击"播放歌曲"按钮播放该单曲，如图7-79所示。

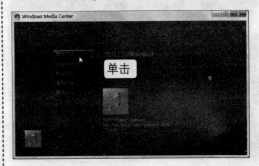

★ 图7-79

148

7.3.3　在图片库中浏览图片

知识点讲解

　　在媒体中心切换到"图片+视频"主菜单，选择其"图片库"功能选项，可以浏览和管理电脑中的图片。

　　默认设置下，图片库所监视的是个人用户的"示例图片"文件夹中的图片。

1　在"Windows Media Center"窗口主页面中，按上下光标键切换到"图片+视频"主菜单，按左右方向键切换到"图片库"选项，然后按"Enter"键进入，如图7-80所示。

★ 图7-80

2　进入"图片库"窗口后，可见由图片和文件夹缩略图组成的图片墙，双击图片缩略图可查看原图，或者进入图片文件夹，如图7-81所示。

★ 图7-81

3　查看原图时，可使用下方的工具按钮切换图片，如图7-82所示。

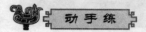

★ 图7-82

动手练

　　请读者根据下面的操作提示，在图片库中添加存储在"F:\secret\picture"路径下的图片文件夹，进行集中查看和管理，添加文件夹的具体方法如下。

1　通过"Windows Media Center"窗口进入图片库界面，在窗口的空白区域单击鼠标右键，在弹出的菜单中单击"媒体库设置"命令，如图7-83所示。

★ 图7-83

2　进入"媒体库设置"窗口，选中"添加要监视的文件夹"单选项，单击"下一步"按钮，如图7-84所示。

★ 图7-84

3 进入下一步选择界面，选择"添加本机上的文件夹"单选项，然后单击"下一步"按钮，如图7-85所示。

★ 图7-85

4 进入下一页面，在"选择包含媒体的文件夹"列表框中，依次展开各级目录，定位到"F:\secret\picture"路径下，选中要添加的文件夹，然后单击"下一步"按钮，如图7-86所示。

★ 图7-86

5 进入下一页面，单击"完成"按钮，开始添加文件夹，如图7-87所示。

★ 图7-87

7.4 Windows Movie Maker

Windows Movie Maker是Windows Vista自带的用于制作、加工视频的工具软件。可将音频、视频、图片等捕捉到电脑中，或者将现有的音频、视频或静态图片导入到Windows Movie Maker中，然后制作成视频短片。

7.4.1 Windows Movie Maker基础入门

知识点讲解

使用 Windows Movie Maker 制作电影主要分三大任务（步骤）：导入、编辑和发布。首先是"导入"，将用于制作视频的素材导入到程序中；然后是"编辑"，主要包括剪辑视频和添加视频效果，以及添加片头等；最后通过"发布"将制作的视频保存到电脑中，或者其他存储介质中。

启动Windows Movie Maker的方法如下，单击"开始"按钮，在弹出的"开始"菜单中依次单击"所有程序"→"Windows Movie Maker"命令，如图7-88所示为"Windows Movie Maker"程序窗口。

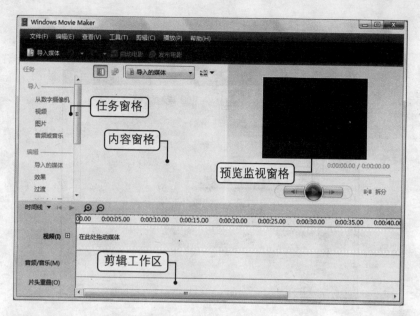

★ 图7-88

"Windows Movie Maker"程序窗口主要由菜单栏、标题栏和4个窗格组成，这4个窗格分别是任务窗格、内容窗格、预览监视窗格和剪辑工作区。

> ▶ 任务窗格：位于程序窗口的左侧，列出了视频制作的三个任务流程，单击各个任务选项可执行相应的任务。
> ▶ 内容窗格：位于窗口中间的空白区域，用于显示导入的视频或照片素材，或者可应用于视频的效果和过渡效果选项。
> ▶ 预览监视窗格：位于窗口右侧，在编辑视频的全过程中，都可在该窗格的播放窗口中预览视频播放效果，下方有"播放"、"上一帧"、"下一帧"以及"拆分"等功能按钮。
> ▶ 剪辑工作区：位于窗口的下方，显示时间线和视频、音频/音乐以及片头重叠的编辑栏，将要加工的素材拖动到其中进行剪辑和编排。

7.4.2　导入素材

知识点讲解

准备好制作视频的素材，包括视频、图片或音乐等，主要有以下几种类型。

> ▶ 视频文件：WMV、WM、MPV2、MPG、MPEG、MPE、MLV、AIF、AVI等。
> ▶ 音频文件：WMA、WAV、MP3、MPA、MP2、AIF、AIFC、ASF、AU、SND等。
> ▶ 图片文件：BMP、DIB、EMF、GIF、JPG、JPEG、PNG、TIF、TIFF、WMF等。

将视频素材导入到Windows Movie Maker中的方法如下。

1 启动Windows Movie Maker，在页面左侧的任务窗格中，在"导入"选项组中选择要导入的素材类型，比如单击"视频"链接，如图7-89所示。

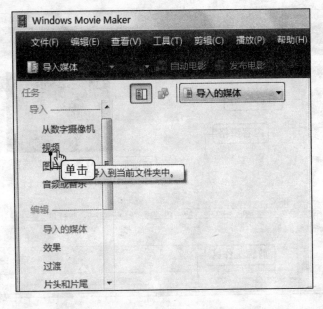

★ 图7-89

2 在弹出的"导入媒体项目"对话框中，选中要导入的视频文件，然后单击"导入"按钮，如图7-90所示。

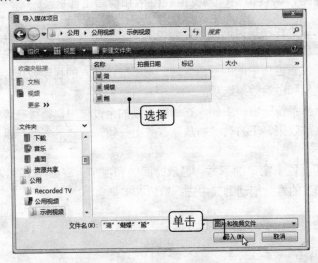

★ 图7-90

3 导入完毕后，在中间的内容窗格中可看到导入的素材，然后可继续单击"图片"、"音频"或"音乐"链接导入其他素材。

动手练

请读者根据下面的操作提示，在Windows Movie Maker中导入图片、视频等素材。

1 启动Windows Movie Maker，在页面左侧的任务窗格中，在"导入"选项组中单击"图片"链接。

2 在弹出的"导入媒体项目"对话框中，选择要导入的所有图片，然后单击"导入"按钮即可，如图7-91所示。

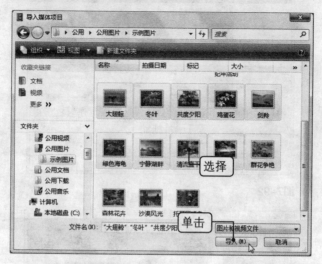

★ 图7-91

Windows Movie Maker能处理的文件格式是有限的，并不是所有的文件都可以导入，能导入的文件也并不是都能正常解读和运作。

7.4.3　剪辑视频

知识点讲解

将导入的视频通过拆分、合并、剪裁等操作进行编辑，重新编排和组合成新视频。

在剪辑视频时，可先在内容窗格中进行初步处理，也可直接拖入到剪辑工作区进行编辑。

剪辑工作区分"时间线"、"视频"、"音频/音乐"和"片头重叠"等编辑栏，视频、图片文件会被拖动到"视频"编辑栏中，音乐文件会被拖动到"音频/音乐"编辑栏中。

在内容窗格中选中素材，然后对其按住鼠标左键并拖动鼠标，将素材拖动到"视频"、"音频/音乐"编辑栏中释放鼠标即可，如图7-92所示。

1. 拆分视频片断

对于导入的视频文件，可以拆分为多个片断，然后进行复制或移动、重新编排和拼凑。拆分视频或音频的方法如下。

1 在内容窗格或剪辑工作区中的"视频"编辑栏中，用鼠标单击选中要拆分的视频，如图7-93所示。

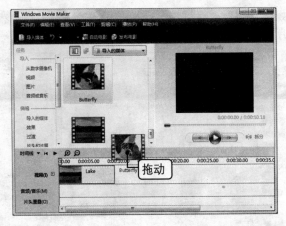

★ 图7-92

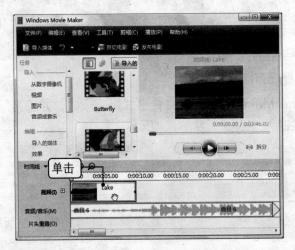

★ 图7-93

2 在预览监视窗格中单击"播放"按钮播放该视频片断，如图7-94所示。

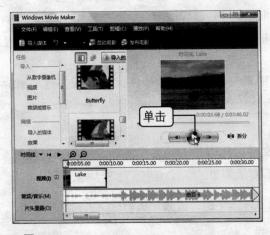

★ 图7-94

3 播放到要拆分的位置时单击"暂停"按钮暂停播放，然后单击"拆分"按钮即可拆分，如图7-95所示。

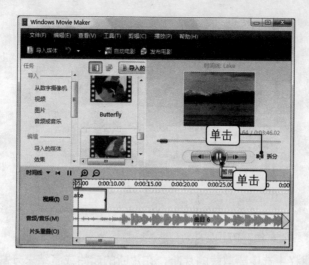

★ 图7-95

2. 合并剪辑

通过合并剪辑可重新合并视频片断，不过合并剪辑通常只能在被拆分的视频片断之间进行。

1 在内容窗格或者剪辑工作区的"视频"编辑栏中，按住"Ctrl"键用鼠标选择要合并的视频片断。

2 在菜单栏中单击"剪辑"→"合并"命令即可进行合并，如图7-96所示。

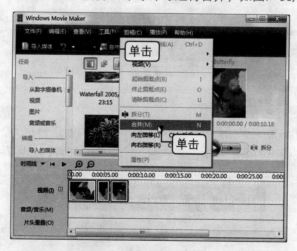

★ 图7-96

动手练

对于不需要的多余片断，可通过剪裁操作去除。若要剪裁的部分在视频片断的开始或者结束部分，可按下述方法进行剪裁。

1 将要剪裁的视频片断拖入"视频"编辑栏中，如图7-97所示。

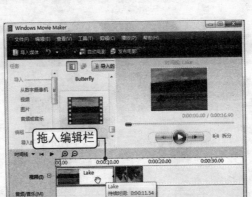

★ 图7-97

2 在"视频"编辑栏中选中要剪裁的片断，在片断的起始或者结束分割线位置按住鼠标左键，当鼠标指针变为 ⬌ 状时拖动鼠标，将片断缩短到合适长度后释放鼠标即可，如图7-98所示。

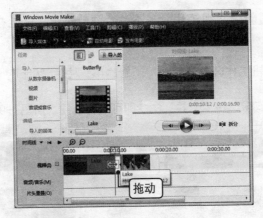

★ 图7-98

如果要剪裁的部分位于视频片断的中间，可先将该片断进行拆分，然后对不需要的片断单击鼠标右键，在弹出的菜单中单击"删除"命令删除即可，如图7-99所示。

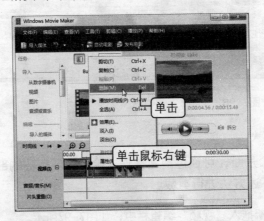

★ 图7-99

7.4.4　移动或复制片断

知识点讲解

被剪辑的视频片断还需要调整排列顺序，其中部分片断还可能被重复使用，这就需要移动或者复制片断。

移动片断时可先将要移动的片段裁剪出来，然后用鼠标拖动到其他时间位置。

1 在剪辑工作区中拖入要编辑的视频片断，然后在"视频"编辑栏中选中要移动的片断，如图7-100所示。

2 在该片断的中间位置按下鼠标左键进行拖动，拖动到其他片断位置释放鼠标即可，如图7-101所示。

★ 图7-100

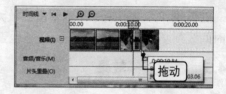

★ 图7-101

在复制片段时，只要按住"Ctrl"键，对要复制的片断按下鼠标左键同时拖动鼠标，拖动到要复制的目标位置释放鼠标即可。

此外，还可对要移动的片断单击鼠标右键，在弹出的菜单中执行"剪切"或"复制"命令，进行移动或复制。

然后在目标位置单击鼠标右键，执行"粘贴"命令即可，如图7-102所示。

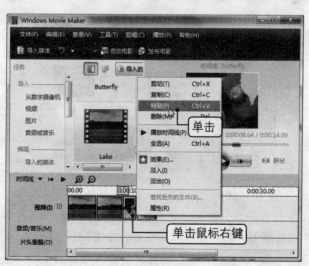

★ 图7-102

动手练

下面练习采用"示例视频"文件夹中的视频作为素材，对于需要在视频中重复使用

的片断，通过复制操作加以利用。

1 在剪辑工作区中选中要复制的片断，如图7-103所示。

2 按住"Ctrl"键，对要复制的片断按下鼠标左键的同时拖动鼠标，拖动到要复制的目标位置释放鼠标即可，如图7-104所示。

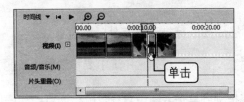

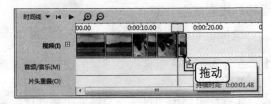

★ 图7-103

★ 图7-104

在剪辑和编排视频时，可单击"放大时间线"按钮 或"缩小时间线"按钮 ，调节时间线刻度的大小，以便于更清楚地查看片断长短和时间刻度。

7.4.5 添加视频效果

知识点讲解

效果是添加在视频片断、图片上的静态或动态的特效。通过添加视频效果可制作慢镜头、画面放大、画面色调变化等镜头效果。添加视频效果的方法如下。

1 在剪辑工作区中拖入要编辑的视频片断，并进行适当的剪辑。

2 在Windows Movie Maker程序窗口左侧的任务窗格中，在"编辑"选项组中单击"效果"链接，如图7-105所示。

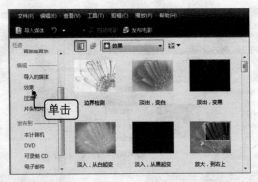

★ 图7-105

3 在内容窗格中选择效果方案，对选择的方案按住鼠标左键并拖动，拖动到剪辑工作区中要应用效果的视频片断上，然后释放鼠标即可，如图7-106所示。

还有另一种添加或删除效果的方法，对视频片断单击鼠标右键，在弹出的菜单中单击"效果"命令，打开"添加或删除效果"对话框进行操作，如图7-107所示。

拖动效果方案

★ 图7-106

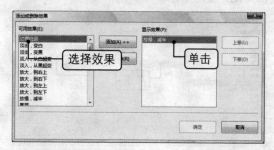

选择效果 单击

★ 图7-107

动手练

请读者根据下面的操作提示，在Windows Movie Maker中导入多张照片并制作为视频。

1 将导入的照片全部拖入剪辑工作区的"视频"编辑栏中。

2 在"时间线"剪辑工作区中，对导入的图片单击鼠标右键，在弹出的菜单中单击"效果"命令，如图7-108所示。

单击

单击鼠标右键

★ 图7-108

3 弹出"添加或删除效果"对话框，在左侧的"可用效果"列表框中选择效果，然后单击"添加"按钮进行添加，如图7-109所示。

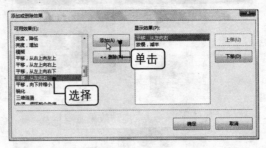

★ 图7-109

4 如果要删除应用的效果，则在右侧的"显示效果"列表框中选择要删除的效果，然后单击"删除"按钮，如图7-110所示。

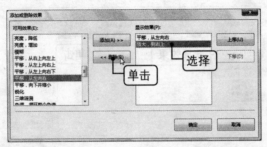

★ 图7-110

5 设置完毕后，单击"确定"按钮保存设置即可。

7.4.6 添加过渡效果

知识点讲解

过渡是指从一个视频剪辑切换到下一个视频剪辑或图片的切换效果。在剪辑工作区的"时间线"视频编辑栏中，可以在任意两个视频片断之间添加过渡。

添加过渡效果的方法与添加视频效果的方法是一样的。

在Windows Movie Maker程序窗口左侧的任务窗格中，在"编辑"选项组中单击"过渡"链接，切换到"过渡"选项页面。

在"过渡"选项页面中选择过渡方案，对其按下鼠标左键拖动，拖动到剪辑工作区中两片断之间，然后释放鼠标即可。

动手练

下面练习导入多张照片，并将照片全部拖入剪辑工作区的"视频"编辑栏中。以及如何在相邻两张照片之间添加过渡效果，然后在预览监视窗格中播放视频。

1 在剪辑工作区中拖入要编辑的照片，进行适当的剪辑。

2 在Windows Movie Maker程序窗口左侧的任务窗格中，在"编辑"选项组中单击"过渡"

链接，如图7-111所示。

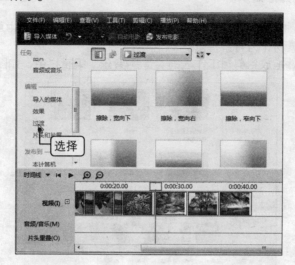

★ 图7-111

提　示

在添加效果或过渡时，内容窗格中显示的是效果或过渡方案，若要切换回素材内容，在"编辑"选项组中单击"导入的媒体"链接。

3 内容窗格切换为"过渡"选项页面，从中选择过渡方案，对其按下鼠标左键并拖动，拖动到剪辑工作区中两片断之间，然后释放鼠标即可，如图7-112所示。

★ 图7-112

7.4.7　添加背景音乐

原有的视频素材自身有各种各样的杂音，若全部采用图片素材则制作出来的视频会没有声音，所以还需要添加背景音乐加以衬托。

添加背景音乐的方法如下。

1 在Windows Movie Maker中编排好视频剪辑后，在"导入"选项组中单击"音频或音乐"链接，导入音乐素材作为背景音乐。

2 将导入的音乐文件拖放到剪辑工作区的"音频/音乐"编辑栏中，如图7-113所示。

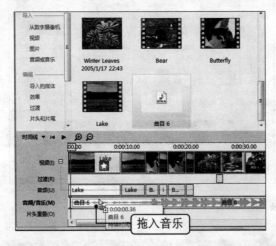

★ 图7-113

3 在时间线上的"音频/音乐"编辑栏中，拖动音乐波形图的两端边线，剪裁掉多余的部分，如图7-114所示。

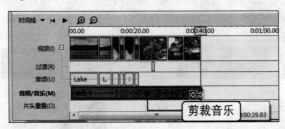

★ 图7-114

4 若要清除原有视频素材中的杂音，则单击"时间线"按钮，在弹出的下拉列表中单击"音频级别"选项，打开"音频级别"对话框，如图7-115所示。

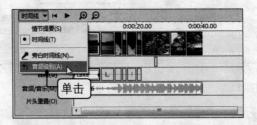

★ 图7-115

5 在弹出的"音频级别"对话框中，将原本居中的滑块拖动到右侧的"音频/音乐"一方，则消除视频素材中的声音，如图7-116所示。

★ 图7-116

6 关闭"音频级别"对话框，在预览监视窗格中播放视频，就能听到背景音乐了。

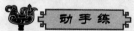

下面练习如何将添加的音乐进行与视频剪辑一样的拆分和移动。

首先将导入的音乐拖入"音频/音乐"编辑栏中，并单击该音乐波形图将其选中，然后单击"播放"按钮进行播放。

播放到要拆分的部分时，单击"拆分"按钮拆分音乐，如图7-117所示。

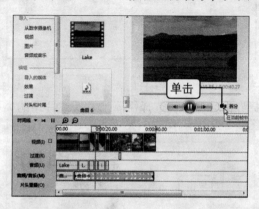

★ 图7-117

在"音频/音乐"编辑栏中拖动拆分后的音频片段，可移动音频位置，或者将两相邻音频边缘重合，制作出重音效果，如图7-118所示。

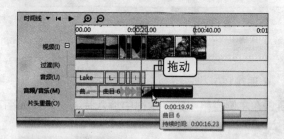

★ 图7-118

7.4.8　添加片头和片尾

在视频的开头和结尾，可以添加片头和片尾，制作视频的标题、结尾说明等，还可以在视频上添加字幕。

添加和制作片头和片尾的方法如下。

1 在窗口左侧的任务窗格中，单击"编辑"选项组中的"片头和片尾"链接，如图7-119所示。

★ 图7-119

2 进入片头或片尾选择界面，在左侧选择需添加片头或片尾的类型，比如选择"在开头的片头"选项，如图7-120所示。

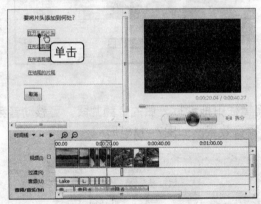

★ 图7-120

3 进入片头编辑界面，在左侧窗格中的文本框中输入片头文本，如图7-121所示。

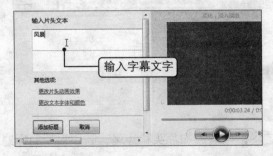

★ 图7-121

4 在"其他选项"组中单击"更改文本字体和颜色"链接，进入文本设置界面设置片头字幕的字体、颜色和背景色等，如图7-122所示。

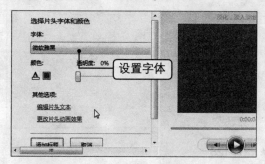

★ 图7-122

5 单击"更改片头动画效果"链接，进入片头动画设置界面，选择片头的动画效果，如图7-123所示。

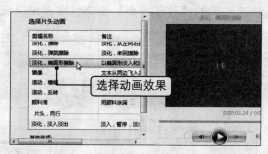

★ 图7-123

6 设置完毕后，单击"添加标题"按钮 添加标题 即可。

除了添加片头和片尾，还可以在视频上添加字幕。下面跟随讲解练习添加字幕的具体操作。

1 先在"视频"编辑栏中，单击要添加字幕的片段将其选中，然后单击"编辑"选项组中的"片头和片尾"链接。

2 进入选择界面，在"要将片头添加到何处"选项组中单击"在所选剪辑之上的片头"链接，如图7-124所示。

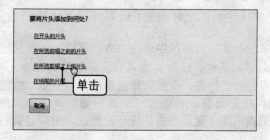

★ 图7-124

3 进入设置界面，在文本框中输入字幕文字，如图7-125所示。

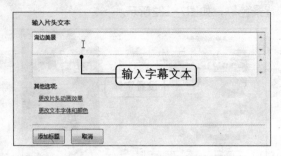

★ 图7-125

4 分别单击"更改片头动画效果"和"更改文字字体和颜色"链接，进入其相关界面设置字幕的字体和动画效果等。

5 设置完毕后单击"添加标题"按钮即可。

添加字幕后，在剪辑工作区的"片头重叠"编辑栏中，用鼠标拖动或者拉长该时间条，可调整字幕时间，如图7-126所示。

★ 图7-126

如果在视频上添加字幕后，把字幕播放时间调整为从视频的开始一直到结束，则字幕在视频上始终可见，可用这种方法给视频打Logo。

7.4.9 保存视频

知识点讲解

视频制作完毕后，要通过"发布到"操作将视频保存下来。可选择将视频保存到本地电脑、刻录为光盘或以电子邮件发送等。

若要将视频保存到本地电脑的文件夹中，可按下述方法进行操作。

1 在任务窗格中，在"发布到"选项组中单击"本计算机"链接，如图7-127所示。

2 弹出"发布电影"向导对话框，设置文件名和发布到的文件夹，可单击"浏览"按钮选择其他路径作为发布到的文件夹，设置完毕后单击"下一步"按钮，如图7-128所示。

3 进入下一步页面选择电影设置，可选择"更多设置"单选项，然后单击旁边的下拉按钮，在弹出的下拉列表中选择满足需求的视频设置，如图7-129所示。

★ 图7-127

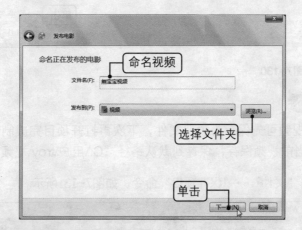

★ 图7-128

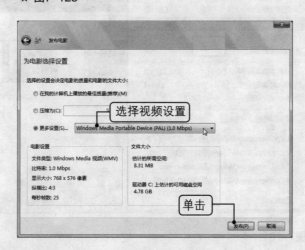

★ 图7-129

4 设置完毕后，单击"发布"按钮即可开始发布视频。

5 视频发布完毕后，对话框提示完成信息，单击右下角的"完成"按钮即可，如图7-130所示。

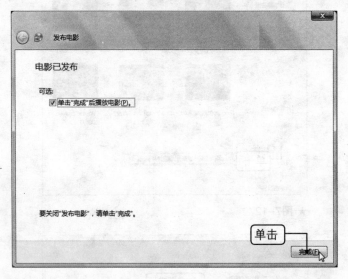

★ 图7-130

动手练

对于未完成的视频可先保存为项目文件，下次再打开项目完成制作。请读者根据下面的操作提示，将当前视频保存，保存到默认路径"C:\用户\troy\视频"文件夹下。

1 在菜单栏中单击"文件"→"保存项目"命令，如图7-131所示。

★ 图7-131

2 弹出"将项目另存为"对话框，可单击"浏览文件夹"按钮，选择具体存储路径，如图7-132所示。

★ 图7-132

3 定位到"C:\用户\troy\视频"路径下，然后单击"保存"按钮即可，如图7-133所示。

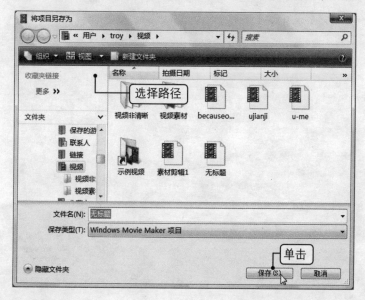

★ 图7-133

　　项目文件只将视频的编辑操作记录、使用素材的记录保存为文件，而并非生成视频，也不会直接保存素材源文件。

疑难解答

问 如何在Windows Media Player中查看媒体库中的图片、视频或电视节目？

答 切换到"媒体库"选项卡，单击"媒体库"下拉按钮，在弹出的下拉列表中选择不同的媒体类别，可以查看媒体库中其他种类的媒体，例如"图片"、"视频"或"录制的电视"。

问 为什么打开的Windows照片库窗口不是完整的界面？

答 如果是直接双击文件夹中的图片文件，所打开的Windows照片库窗口只是用小窗口显示该图片。只有从"开始"菜单中启动Windows照片库，打开的照片库才是完整界面窗口。

问 能使用Windows Media Center收听广播吗？

答 要在Windows Media Center中播放调频广播需要安装可选的调频调谐器。如果电脑中没有电视调谐器，则需要使用可选的模拟电视调谐器或数字电视调谐器才能在Windows Media

Center中播放和录制电视节目。

问 导入的视频为什么不能拖入Windows Movie Maker的视频编辑栏中进行剪辑呢？

答 如果是Windows Movie Maker不能识别和解读的视频文件，会出现无法导入视频，或者导入后也不能编辑画面等情况。此时只能先通过其他视频格式转换软件将视频转换为wmv格式，这是Winows Movie Maker最擅长处理的视频文件。

Chapter 08

第8章 Windows Vista的用户账户管理

本章要点

↳ 管理用户账户

↳ 家长控制

↳ 用户账户控制

Windows Vista是一个多任务多用户的操作系统，可以为多个用户创建单独的用户账户，轻松共享同一台电脑。对于家庭用户而言，更有家长控制功能帮助父母监控孩子使用电脑的时间和方式。除此之外，本章将针对令初学者头疼的"用户账户控制"对话框，做进一步的诠释和讲解。

8.1 管理用户账户

用户账户就是登录操作系统的账户，每个账户都包含该用户可访问哪些文件和文件夹，以及可对电脑和个人首选项（如桌面背景或颜色主题）进行哪些更改的信息集合。好比住房里有不同的住户，同一个系统也可设置多个用户账户，并分配不同的权限。

8.1.1 创建新用户账户

知识点讲解

默认设置下，在安装完Windows Vista操作系统之后的系统设置过程中，系统会提示设置一个用户名，作为管理员账户使用。

根据电脑的使用人员的具体情况，应在Windows Vista操作系统中设置必要的用户账户，并分配不同的权限。

在设置用户账户类型时可参考如下内容进行选择，用户账户类型如下。

- ▶ 管理员：拥有对整台电脑完全的访问权限，可以执行所有的操作，包括安装应用程序、更改系统基本设置、创建和管理用户账户等操作。管理员要管理整台电脑，还影响到其他用户账户。只有管理员账户拥有对电脑的所有控制权。

- ▶ 标准用户账户：可以运行大多数常规程序，对系统执行一些常规操作，比如修改时区、收发电子邮件、浏览网页等。这些操作仅对该用户账户本身有影响，不会影响到整台电脑和其他用户账户。

- ▶ 来宾账户：是平时很少使用的账户，通常未被启用。它主要是为在电脑或域中没有永久账户的用户提供临时的使用账户。来宾账户允许使用者使用电脑，但没有访问个人文件的权限。来宾账户的使用者没有安装软件和硬件的权限，以及更改系统设置或者创

建密码的权限。必须开启来宾账户然后才可以使用它。

动手练

请读者根据下面的操作提示，在当前系统中创建一个标准用户账户。

1 依次单击"开始"按钮 → "控制面板"命令，打开"控制面板"窗口，如图8-1所示。

★ 图8-1

2 在经典视图模式下双击"用户账户"图标，如图8-2所示。

★ 图8-2

3 进入"用户账户"窗口，该窗口页面为"用户账户"的主页，单击"管理其他账户"链接，如图8-3所示。

★ 图8-3

4 进入"管理账户"页面，单击"创建一
个新账户"链接，如图8-4所示。

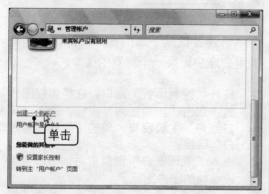

★ 图8-4

5 进入"创建新账户"窗口页面，在"该
名称将显示在欢迎屏幕和「开始」菜单
上"文本框中输入新账户的用户名，然
后在下边的选项组中选择用户账户的类
型，本例中选择"标准用户"单选项，
选择完毕后单击"创建账户"按钮，如
图8-5所示。

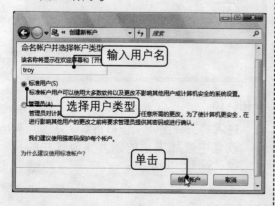

★ 图8-5

6 账户创建成功后，在"管理账户"窗口
页面中可看见新创建的用户账户，此时
关闭窗口即可。

新建了用户账户后，在下次启动
Windows Vista时，系统登录页面中将显示
新建的用户账户，单击该账户的用户名即
可以该用户身份登录系统。

8.1.2 设置用户密码

知识点讲解

为用户账户设置密码，可保障账户安
全。设置用户账户密码后，需在登录系统
时或使用该账户的某些权限时输入正确密
码，方可正常使用。

动手练

请读者根据下面的操作提示，为创建
的用户账户设置密码。

1 依次单击"开始"按钮 → "控制面
板"命令，打开"控制面板"窗口，
在经典视图模式下双击"用户账户"图
标。

2 在弹出的"用户账户"主页窗口中，单
击"管理其他账户"链接，如图8-6所
示。

★ 图8-6

3 进入"管理账户"窗口页面，选择要设
置密码的用户账户，单击其账户图标，
如图8-7所示。

★ 图8-7

4 进入"更改账户"窗口页面中，选择要对账户做的更改操作，单击其中的"创建密码"链接，如图8-8所示。

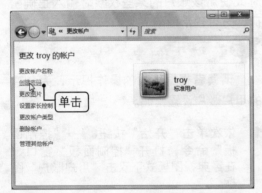

★ 图8-8

5 进入"创建密码"页面，根据提示依次在"新密码"文本框和"确认新密码"文本框中输入要设置的密码，在"键入密码提示"文本框中输入密码提示语，如图8-9所示。

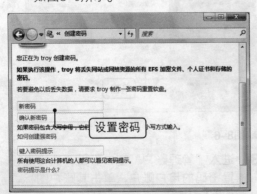

★ 图8-9

6 单击窗口右下角的"创建密码"按钮，即可完成密码的创建。

提 示

密码可以由数字和字母组成，字母注意区分大小写。

8.1.3 个性化用户头像

知识点讲解

每个用户账户都有一个属于自己的头像，作为账户的图标被显示在登录界面和"开始"菜单的右上角。

动手练

请读者根据下面的操作提示，为创建的用户账户更换一个好看的头像。

1 打开"控制面板"窗口，在经典视图模式下双击"用户账户"图标，进入"用户账户"主页窗口，单击"管理其他账户"链接。

2 进入"管理账户"窗口页面，单击要更改头像的账户图标。

3 进入"更改账户"窗口页面，单击"更改图片"链接，如图8-10所示。

★ 图8-10

4 进入"选择图片"窗口页面，从图片列表框中选择满意的图片作为账户的头像，如图8-11所示。

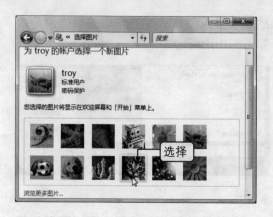

★ 图8-11

5 选择好图片后，单击窗口右下角的"更改图片"按钮即可。

提 示

如果不喜欢列表框中的现有图片，单击下方的"浏览更多图片"链接，在弹出的"打开"对话框中选择电脑中的其他图片，选择好图片后单击"打开"按钮即可。

8.1.4 删除用户账户

知识点讲解

对于已经不再使用的账户，可以将其删除。

在删除用户账户时，系统会询问是否保留该账户的文件。

这些文件主要是指该用户的个人文件夹及其桌面设置等文件。

若要删除账户文件则直接单击"删除文件"按钮，反之单击"保留文件"按钮。

动手练

请读者根据下面的操作提示，删除创建的"troy"用户账户。

1 打开"控制面板"窗口，在经典视图模式下双击"用户账户"图标，进入"用户账户"主页面，单击"管理其他账户"链接。

2 进入"管理账户"窗口页面，用鼠标单击需要删除的账户"troy"图标。

3 进入"更改账户"窗口页面，单击"删除账户"链接，如图8-12所示。

★ 图8-12

4 进入"删除账户"窗口页面，直接单击"删除文件"按钮删除账户文件，如图8-13所示。

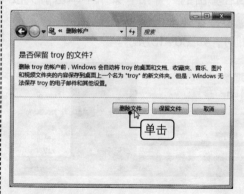

★ 图8-13

5 进入"确认删除"窗口页面，单击"删除账户"按钮即可，如图8-14所示。

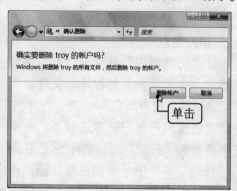

★ 图8-14

8.1.5　用户账户的注销与切换

　知识点讲解

同一台电脑有多个使用者时，如果需要在系统运行过程中切换给其他用户使用，不需要关机和重新启动。可以通过"注销"和"切换用户"命令，注销当前用户账户或快速切换到其他用户账户。

1．注销

注销用户账户后，其他用户可以登录系统而无须重新启动电脑。

在注销前先保存并关闭正在编辑的文档等文件以免丢失，注销用户账户的方法如下。

在桌面左下角单击"开始"按钮，然后在弹出的"开始"菜单中单击箭头按钮，再在弹出的菜单中单击"注销"命令即可，如图8-15所示。

★ 图8-15

注销后屏幕显示用户账户登录界面，此时再单击需要登录的账户，即可进行其他账户的登录了。

2．切换用户

通过"切换用户"命令可以不用注销当前账户，也无须先关闭程序和文件就可直接切换到其他用户账户。

快速切换用户账户的方法如下。在桌面左下角单击"开始"按钮，然后在弹出的"开始"菜单中单击箭头按钮，再在弹出的菜单中单击"切换用户"命令，

然后在登录界面选择希望切换到的用户，如图8-16所示。

★ 图8-16

虽然快速切换用户账户可以不用关闭文件和程序，但是由于Windows不会自动保存打开的文件，因此在切换用户之前要保存所有打开的文件。如果切换到其他用户后，该用户在不知情的情况下关闭了电脑，则切换前用户的所有未保存的数据都将丢失。

动手练

请读者注销当前用户账户，再重新登录。先单击"开始"按钮，在弹出的"开始"菜单中单击箭头按钮，然后在弹出的菜单中单击"注销"命令注销当前账户。

注销之后显示登录界面，单击自己的用户账户，再重新登录即可。

技巧

在开机运行较长一段时间后，由于内存和缓存中积累了冗余数据，会导致系统运行速度越来越慢，可通过自我注销再重新登录，释放内存资源，让系统恢复运行速度。

8.1.6　开启Guest来宾账户

知识点讲解

Windows操作系统默认配置了Guest来宾账户，供在电脑或域中没有永久账户的用户使用。

来宾账户无法安装软件或硬件、更改设置或者创建密码，也没有访问个人文件的权限。如果想要将电脑暂时借给不相干的客人使用，而又不想让他拥有更改设置的权限，可以考虑开启来宾账户，让其以来宾账户身份登录系统。

开启Guest来宾账户的方法如下。

1 打开"控制面板"窗口，在经典视图模式下双击"用户账户"图标，进入"用户账户"主页面，单击"管理其他账户"链接。

提 示

如果此时弹出"用户账户控制"对话框，单击"继续"按钮即可。

2 进入"管理账户"窗口页面，单击"Guest"账户图标，如图8-17所示。

★ 图8-17

3 进入"打开来宾账户"窗口页面，单击"开"按钮即可，如图8-18所示。

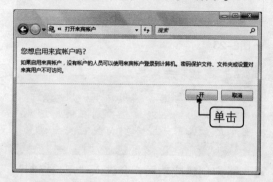

★ 图8-18

动手练

请读者根据下面的操作提示，先启用Guest来宾账户进行登录，然后切换回管理员账户，关闭Guest来宾账户。

具体操作步骤如下。

1 首先通过控制面板进入"管理账户"窗口，单击"Guest来宾账户"图标，如图8-19所示。

★ 图8-19

2 进入"更改来宾选项"窗口页面，单击"关闭来宾账户"链接即可，如图8-20所示。

★ 图8-20

Windows Vista操作系统（第2版）

8.2 家长控制

Windows Vista操作系统新增家长控制功能，通过用户账户的配置与权限设置帮助家长对孩子使用电脑的方式进行监督和限制。例如限制孩子对网站的访问权限、登录到电脑的时间、可以玩的游戏以及可以运行的程序等。

8.2.1 启用家长控制

知识点讲解

在启用家长控制功能前，先要做好以下准备工作。

▶ 创建一个管理员用户账户，该账户分配给家长。

▶ 创建一个或多个标准用户账户，该账户分配给孩子。

▶ 必须为家长账户及系统中其他管理员账户设置密码，以免孩子以管理员账户登录并取消限制。

完成准备工作后，按如下步骤启用家长控制功能。

1 打开"控制面板"窗口，在经典视图模式下双击"家长控制"图标，如图8-21所示。

★ 图8-21

2 在"家长控制"窗口中，如果还没有创建儿童账户，单击"创建新用户账户"链接，创建一个新的账户作为儿童账户，如图8-22所示。

★ 图8-22

3 进入"创建新用户"窗口页面，在文本框中输入儿童账户的用户名，然后单击"创建账户"按钮创建该账户，如图8-23所示。

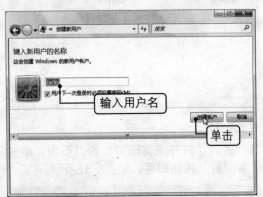

★ 图8-23

提 示

此处若勾选了"用户下一次登录时必需设置密码"复选框，则在使用该儿童账户首次系统登录时，会被要求设置账户密码。

4 账户创建成功后，会进入"用户控制"窗口页面，在左上方的"家长控制"选

项组中选中"启用，强制当前设置"单选项，并且在右边的"查看活动报告"选项组中启用活动报告功能，对当前账户启用家长控制，如图8-24所示。

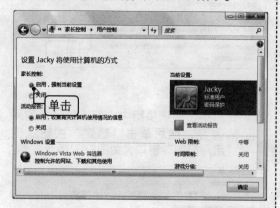

★ 图8-24

接下来还要进行Windows设置，设置上网的权限、使用系统的时间限制、游戏限制和特定程序的限制等。

做好开启家长控制功能的准备工作后，下面跟随讲解练习对某个儿童账户开启家长控制功能的操作。

1 打开"控制面板"窗口，在其经典视图模式下，双击"家长控制"图标。

2 进入"家长控制"窗口页面，如果账户列表中已经有可选的用户账户，则从中单击要控制的儿童账户，如图8-25所示。

★ 图8-25

3 进入"用户控制"窗口，在"家长控制"选项组中选中"启用，强制当前设置"单选项。并且在"活动报告"选项组中选中"启用，收集有关计算机使用情况的信息"单选项。

8.2.2 限制可访问的网站

知识点讲解

开启了家长控制功能后，紧接着可开始设置儿童账户的网站浏览权限。此项功能可限制儿童能访问的网站、指定是否允许下载文件等，设置方法如下。

1 在"Windows设置"选项组中，单击"Windows Vista Web筛选器"链接，进入"Web限制"窗口，如图8-26所示。

★ 图8-26

2 在窗口顶部的选项组中选中"阻止部分网站或内容"单选项，单击"编辑允许和阻止列表"链接，可指定禁止访问的站点，如图8-27所示。

★ 图8-27

3 如果电脑硬盘分区中有FAT 32格式的硬

盘分区，则会提醒用户家长控制对FAT驱动器上安装的程序无效，单击"确定"按钮继续操作，如图8-28所示。

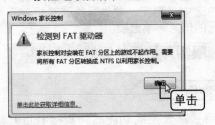

★ 图8-28

4 进入"允许或阻止特定网站"页面，在"网站地址"文本框中输入要阻止访问的网站地址，然后单击"阻止"按钮，即可将该网址添加到阻止的网站列表中，如图8-29所示。

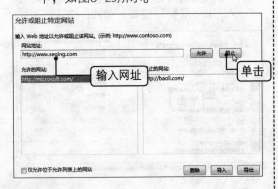

★ 图8-29

5 也可输入允许访问的网站地址，然后单击"允许"按钮，添加到"允许的网站"列表中。

6 完成上述设置之后单击"确定"按钮，返回原"Web限制"窗口，可继续完成其他操作。

动手练

除了手动设置可以浏览的网站外，还可以根据Web限制级别来设置Windows Vista要屏蔽的网站，也就是设置自动阻止的Web内容。具体操作方法如下。

1 在"Windows设置"选项组中，单击"Windows Vista Web筛选器"链接，进入"Web限制"窗口。

2 在"自动阻止Web内容"设置栏中，选中"自定义"单选项，如图8-30所示。

★ 图8-30

3 在显示出的选项组中，勾选要阻止的网站内容，然后单击"确定"按钮返回"用户控制"窗口，如图8-31所示。

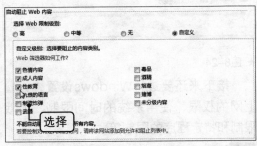

★ 图8-31

经过上述设置后，操作系统会自动根据内置的安全规则对用户的访问进行控制，自动禁止不允许访问的网站内容。

8.2.3 限制登录时间

知识点讲解

返回到"用户控制"窗口中，设置儿童使用电脑的限制时间，该设置可限制儿童账户登录系统的时间段和时间长短。

具体操作步骤如下。

1 在"用户控制"窗口页面，在"Windows设置"选项组中单击"时间限制"链接，如图8-32所示。

2 进入"时间限制"窗口页面，首先从表格的左上角开始按住鼠标左键拖动，一直拖到右下角，将时间表中的所有方格设置为蓝色（蓝色为已阻止），如图8-33所示。

★ 图8-32

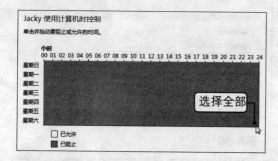

★ 图8-33

3 用鼠标在表格中拖动，选取允许儿童账户使用电脑的时间段，将该时间段方格置为白色（白色为已允许），如图8-34所示。

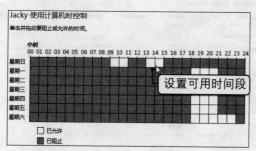

★ 图8-34

4 设置完毕后，单击"确定"按钮保存设置。

动手练

请读者根据本节所讲内容，将每天晚上的7点到8点设置为允许儿童账户使用电脑的时间段。

对"19-20"一列的格子按住鼠标左键同时拖动鼠标，将其置为白色。

8.2.4　控制可运行的游戏

知识点讲解

在国外会对各种游戏进行分级，以限定不同年龄层的用户使用相应级别的游戏。而国内的游戏分级制度还不完善，所以分级设置对于未分级游戏起不到限制效果。

不过，可以设置指定特定的游戏是否允许使用来进行弥补。假如知道某个游戏是不适合儿童用户使用的，可将该游戏设置为禁止使用。

启用游戏控制功能，可以让Windows Vista系统根据分级、内容或标题来判断哪些游戏是允许孩子玩的，防止孩子玩不健康的游戏。

1 返回"用户控制"窗口，在"Windows设置"选项组中单击"游戏"链接，如图8-35所示。

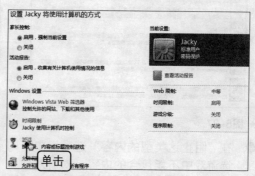

★ 图8-35

2 进入"游戏控制"窗口页面，单击"设置游戏分级"链接，如图8-36所示。

提示

如果要完全禁止孩子玩游戏，可以在"Children可以玩游戏吗"选项组（本例中"儿童"的用户名为"Children"）中选中"否"单选项。

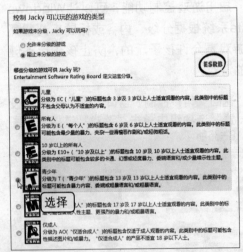

★ 图8-36

3 进入"游戏限制"页面，选中"阻止未分级的游戏"单选项，然后在下边的选项组中选择儿童账户可以玩的游戏级别，如图8-37所示。

★ 图8-37

4 在"阻止这类型的内容"选项组中，勾选游戏中不能包含的内容，对游戏做更进一步的限制，设置完毕后单击"确定"按钮，如图8-38所示。

★ 图8-38

动手练

请读者根据下面的操作提示，设置指定的游戏是否允许使用。

1 在"游戏控制"窗口中单击"阻止或允许特定游戏"链接，如图8-39所示。

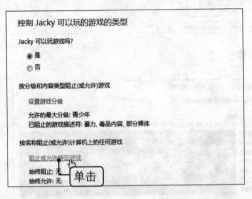

★ 图8-39

2 进入"游戏覆盖"页面查看电脑中已安装的游戏列表，在要禁止的游戏选项组中，选中"始终阻止"单选项，反之则选中"始终允许"单选项，如图8-40所示。

标题/分级	状态	用户分级设置	始终允许	始终阻止
Chess Titans E	可以玩	○	●	○
Mahjong Titans E	可以玩	●	○	○
Purble Place E	可以玩	●	○	○
红心大战 E	可以玩	●	○	○
空当接龙	不能玩	○	○	○
墨球 E	可以玩	●	○	○
扫雷 E	可以玩	●	○	○
蜘蛛纸牌 E	可以玩	●	○	○
纸牌 E	可以玩	●	○	○

★ 图8-40

3 完成设置后单击"确定"按钮，返回上一操作界面。

8.2.5 控制可运行的程序

知识点讲解

对于电脑中所安装的部分娱乐性软件，并不适合儿童使用，可通过配置可运行与不可运行的程序，来限制儿童账户对这些程序的使用。

动 手 练

请读者根据下面的操作提示，限制儿童对不安全的程序的使用。

1 紧跟着前面家长控制的设置，在"用户控制"窗口中，在"Windows设置"选项组中单击"允许和阻止特定程序"链接，如图8-41所示。

★ 图8-41

2 进入"应用程序限制"窗口页面，选择"**只能使用我允许的程序"单选项，如图8-42所示。

★ 图8-42

3 开始搜索电脑中所安装的程序，然后在下方显示程序列表，在该程序列表框中勾选允许儿童用户使用的程序，如图8-43所示。

4 设置完毕后单击"确定"按钮，保存设置返回"用户控制"窗口。

如果此时已经完成了所有有关家长控制的设置项目，可单击"用户控制"窗口右下角的"确定"按钮保存设置，关闭对话框即可。

★ 图8-43

8.2.6　家长控制的运行效果

知识点讲解

在启用了家长控制功能后，要限制孩子只能使用儿童账户登录系统，一旦儿童账户在系统中执行了被限制的操作，就会被系统阻止。

1．首次登录儿童账户

在使用分配给孩子的儿童账户首次登录时，系统登录界面会提示为该账户设置密码。此时，只需在提示中输入新密码，然后确认密码输入即可。

如果不想给儿童账户设置密码，可以什么都不用输入，直接进行登录。系统会提示密码确认信息，然后登录系统。此后再进行登录也不必输入密码。

2．拒绝在非允许时间登录系统

当儿童账户在非允许时间段登录系统，或者超出使用电脑的时间限制时，系统就会停止运行。

此时系统会切换到安全桌面，并显示"您的账户有时间限制，您当前无法登录，请稍候再试。"

此时只能关闭电脑退出登录，或争得监护人的允许使用家长的账户登录。

3．拒绝访问被阻止的网站

当儿童账户访问被禁止的网站时，Internet Explorer浏览器就会提示

"Windows家长控制已经阻止访问这个网页"，如图8-44所示。

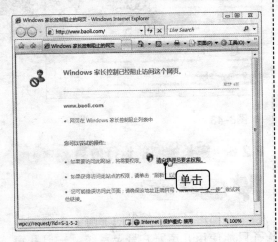

★ 图8-44

如果需要临时访问该站点，需经过家长的确认。单击页面中的"请向管理员要求权限"链接，在弹出的"用户账户控制"对话框中，输入家长账户的密码并单击"确定"按钮，才可以家长身份临时访问该网页。

4．拒绝运行被禁止的程序

如果儿童账户要启动被家长禁用的程序，系统会阻止该程序的运行，弹出"Windows 家长控制"对话框，提示"家长控制已经阻止这个程序"信息，如图8-45所示。

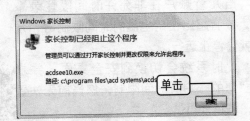

★ 图8-45

若非要运行该程序，可向家长要求管理员权限。

可对程序单击鼠标右键，在弹出的菜单中单击"以管理员身份运行"命令，然后输入管理员密码，确认给予使用权限。

动手练

启用家长控制功能的同时，要启用"活动报告"功能，这样可通过家长控制的活动日志功能查看儿童账户在使用电脑期间都进行了哪些活动。

请读者根据下面的操作提示，查看儿童账户的活动记录。

1 打开"控制面板"窗口，双击"家长控制"图标，如图8-46所示，进入"家长控制"窗口页面。

★ 图8-46

2 在"家长控制"页面中单击要管理的儿童账户图标，进入"用户控制"窗口页面，如图8-47所示。

★ 图8-47

3 在"用户控制"窗口右侧，在儿童账户头像下单击"查看活动报告"链接，如图8-48所示。

侧的树形目录，选择要查看的活动项目，在右侧可查看详细内容，如图8-49所示。

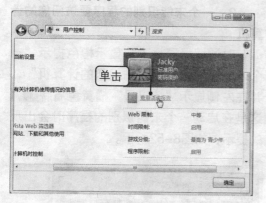

★ 图8-48

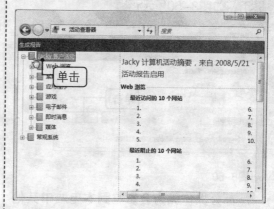

★ 图8-49

4 进入"活动查看器"窗口页面，展开左

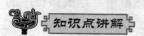

8.3　用户账户控制

用户账户控制功能能有效地防止对电脑进行未经授权的更改。每当执行可能会影响电脑运行的操作或执行更改影响其他用户的设置的操作之前，用户账户控制程序就会要求提供管理员权限或管理员密码。

8.3.1　用户账户控制机制

知识点讲解

用户账户控制的英文名叫User Active Control，简称UAC，是Windows Vista的一组新的基础结构技术，专门针对恶意程序（有时也称为"恶意软件"）对系统的破坏而设计，同时也用来帮助组织部署更易于管理的用户账户平台。

用户账户控制功能默认为启用状态，即便是以管理员身份登录系统，应用程序也默认运行在标准用户权限下。因此如果某个应用程序需要更高的权限才能运行，则一定会弹出"用户账户控制"对话框要求提供管理员权限或者管理员密码。"用户账户控制"对话框也被叫

做UAC对话框。

不仅如此，当涉及到系统配置或对系统关键区域的操作时，例如安装程序、设置用户账户等操作，都会弹出"用户账户控制"对话框确认该操作是否可执行，得到管理员的允许后才可继续操作。

8.3.2　应对UAC对话框

知识点讲解

"用户账户控制"对话框所显示的信息有如下几种类型，此时可根据对话框提供的信息做出判断，选择允许或者取消操作。

1. Windows 需要您的许可才能继续

对话框标题栏下方显示墨绿色提示"Windows需要您的许可才能继续"，并

在左侧显示"四色"盾牌标志 📛 ，通常在启动Windows自带的管理任务时会出现此提示，如图8-50所示。

★ 图8-50

部分操作因为会影响到本电脑中其他用户的Windows功能或程序，所以需要管理员的许可才能启动。

此时检查操作的名称，如果确定是自己要运行的功能或程序，单击"继续"按钮继续操作即可。如果不是，单击"取消"按钮取消操作即可。

2. 程序需要您的许可才能继续

对话框标题栏下方显示灰色提示"程序需要您的许可才能继续"，并在左侧显示"惊叹号"橘黄色盾牌 📛 ，这是在启动非Windows自带的可识别的管理任务时出现的提示，如图8-51所示。

★ 图8-51

在对话框的信息中查看所要启动的程序的名称和发行者的有效的数字签名，该数字签名可以帮助确保该程序正是其所声明的程序。

如果确定是要运行的管理任务，单击"继续"按钮，继续操作。反之单击"取消"按钮，禁止操作。

3. 一个未能识别的程序要访问您的计算机

对话框标题栏下方显示橙色提示"一个未能识别的程序要访问您的计算机"，并在左侧显示"惊叹号"橘黄色盾牌 📛 ，这是在启动一个未能识别的程序时会出现的提示，如图8-52所示。

★ 图8-52

未能识别的程序不一定表明有危险，但应该特别注意对话框中显示的该程序的名称和来源信息。

在对话框中仔细阅读程序的信息后，如果确认了解该程序的来源，并且确定是要启动的应用程序，并非无故弹出来的对话框，单击"确定"按钮允许运行。

反之，单击"取消"按钮阻止程序运行即可。

> **提 示**
>
> 未能识别的程序是指没有其发行者所提供的用于确保该程序正是其所声明程序的有效数字签名的程序。

4. 此程序已被阻止

对话框标题栏下方显示红色提示"此程序已被阻止"，并在左侧显示带"叉"

的红色盾牌　。

这是在以标准用户账户身份运行了被管理员阻止的程序时弹出的提示信息。如果不是以管理员身份而是以其他标准用户账户使用系统时，可能会弹出此对话框。

若要运行此程序，必须与管理员联系，并且由管理员解除阻止此程序。

提　示

在弹出"用户账户控制"对话框的同时，会发现除了对话框区域外，其余操作都被禁止了，是因为系统锁定了桌面。

8.3.3　UAC的禁用与启用

知识点讲解

在安装应用程序以及进行各种系统设置和管理时，如果频繁弹出的"用户账户控制"对话框影响到了工作效率，可以选择禁用UAC功能。

禁用用户账户控制功能后，就不会再频繁弹出该对话框，当然也缺少了UAC对系统的保护。具体禁用方法如下。

1 依次单击"开始"→"控制面板"命令，打开"控制面板"窗口。

2 在经典视图模式下双击"用户账户"图标，进入"用户账户"窗口页面。

3 在"用户账户"窗口中，单击"打开或关闭'用户账户控制'"链接，如图8-53所示。

★ 图8-53

4 进入"打开或关闭'用户账户控制'"窗口，取消"使用用户账户控制（UAC）帮助保护您的计算机"复选项的勾选，然后单击"确定"按钮即可，如图8-54所示。

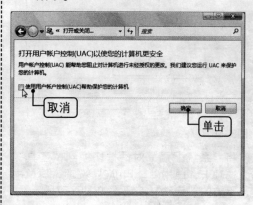

★ 图8-54

需要重新启用UAC功能时，也可参考上述方法启用"用户账户控制"功能。

动手练

除了上述禁用UAC功能的方法外，还可以选择临时关闭UAC功能，关闭方法如下。

1 单击"开始"按钮，然后依次单击"所有程序"→"附件"→"运行"命令，如图8-55所示。

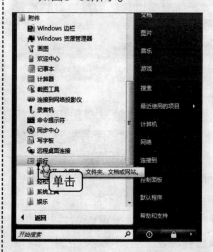

★ 图8-55

2 打开"运行"对话框，输入

"msconfig"命令后按"Enter"键确认，如图8-56所示，打开"系统配置"对话框。

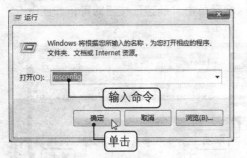

★ 图8-56

3 将"系统配置"对话框切换到"工具"选项卡，单击"禁用UAC"选项，再单击下方的"启动"按钮，如图8-57所示。

★ 图8-57

4 弹出"命令提示符"窗口告知操作完成，关闭所有窗口，然后重启电脑后设置即可生效。

8.3.4 禁用安全桌面

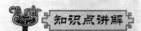 知识点讲解

默认设置下，每当触发"用户账户控制"对话框时，系统就会将所有提升请求转至安全桌面，将桌面上的所有操作锁定。

此时除了"用户账户控制"对话框外，屏幕上的其他区域都不能访问。

通过禁用安全桌面，可以解决这个问题，让系统在弹出"用户账户控制"对话框的同时，仍保持其他窗口可以被使用。

禁用安全桌面的方法是，进入"本地安全策略"窗口，找到"安全选项"列表中的"用户账户控制：提示提升时切换到安全桌面"选项，然后将该选项设置为"已禁用"，如图8-58所示。

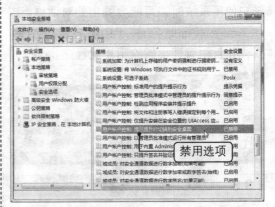

★ 图8-58

 动手练

请读者根据下面的操作提示，禁用"用户账户控制"的安全桌面锁定功能。

1 单击"开始"按钮，然后依次单击"所有程序"→"附件"→"运行"命令，如图8-59所示，打开"运行"对话框。

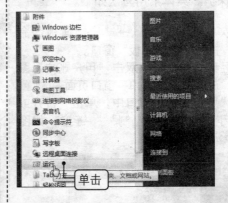

★ 图8-59

2 在弹出的"运行"对话框中，输入"secpol.msc"命令后按"Enter"键，如图8-60所示，启动"本地安全策略"管理器。

★ 图8-60

3 在窗口左侧的窗格中依次展开"本地策略"→"安全选项"列表项，如图8-61所示。

★ 图8-61

4 在单击了"安全选项"列表项后，在右侧的窗格中找到"用户账户控制：提示提升时切换到安全桌面"选项，并双击该选项，如图8-62所示。

★ 图8-62

5 在弹出的属性设置对话框中，选中"已禁用"单选项，然后单击"确定"按钮保存设置即可，如图8-63所示。

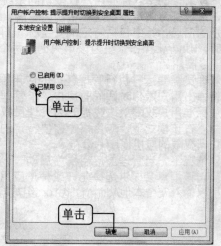

★ 图8-63

疑难解答

问 是否一定要使用用户账户才能登录Windows操作系统呢？

答 是的。在安装完操作系统后的设置Windows的过程中，就会要求创建用户账户。此账户将是允许用户设置电脑以及安装所有程序的管理员账户。完成电脑设置后，会要求使用创建的用户账户登录Windows操作系统。就算在使用Windows系统的过程中从来没有设置过其他账户，那么至少使用了该默认创建的管理员账户才得以登录到系统。
如果只有一个默认用户账户，并且没有为该账户设置任何密码，系统会自动跳过用户登录界面，直接进入Windows系统的桌面，但这并不代表没有使用用户账户登录。

问 什么是用户组？

答 用户组是用户账户的集合，其中的所有用户账户都具有相同的安全权限。两种最常见的用户组是标准用户组和管理员组，但没有其他用户组。如果具有管理员账户，则可以创建自定义用户组，将账户从一个组移到另一个组，以及在其他组中添加账户或从中将其删除。创建自定义用户组时，可以选择要分配的权限。

用户账户通常以它所在的用户组称呼（例如，标准组中的账户称为标准帐户），单个账户可以是多个组的成员。

问 家长控制功能的Web筛选器是如何限制网站访问的？

答 家长控制Web筛选器对网站内容进行分级，并根据用户判定的不良内容类别阻止部分网站。启用Web筛选器可以大大减少孩子可能看到的不良网站数量，然而它并不能提供绝对的保护。因为不良内容是由用户主观判定的，筛选器不能完全阻止希望阻止的所有内容。

问 已经使用管理员账户登录系统，为什么还是会弹出用户账户控制对话框呢？

答 与以前版本的Windows操作系统不同，默认情况下，不管是用标准用户账户或管理员用户账户登录，都会以标准用户权限访问系统资源和运行应用程序。任何用户登录到电脑中后，系统都为该用户创建一个访问令牌。该访问令牌包含有关授予给该用户的访问权限级别的信息，其中包括特定的安全标识符（SID）和Windows权限。当管理员登录到电脑中时，Windows操作系统为该用户创建两个单独的访问令牌：标准用户访问令牌和管理员访问令牌。

当管理员需要运行执行管理任务的应用程序（"管理员应用程序"）时，Windows操作系统将弹出用户账户对话框向用户要求管理员权限"允许"或"继续"操作，从而提示用户从标准用户权限更改或提升为管理员权限。该默认管理员用户体验称为"管理审核模式"。在该模式下，应用程序需要特定的权限才能以管理员应用程序（具有与管理员相同访问权限的应用程序）运行。

默认情况下，当管理员应用程序启动时，会出现"用户帐户控制"消息。如果用户是管理员，该消息会提供选择允许或禁止应用程序启动的选项。如果用户是标准用户，该用户可以输入一个本地Administrators组成员的账户的用户名和密码。

Chapter 09

第9章　Windows Vista的网络连接

本章要点

↳ 进入Windows Vista的网络设置　　↳ 局域网资源共享

↳ 建立ADSL连接　　↳ Windows会议室

↳ 局域网共享上网

↳ 网络设置管理

选择合适的上网方式，将电脑连接到Internet，可享用网络中的各种资源。Windows Vista操作系统采用"网络和共享中心"管理网络设置和资源共享设置，该界面不仅是创建和维护网络连接的途径，也是资源共享设置的界面。

9.1 进入Windows Vista的网络设置

没有了Windows XP操作系统中的网络邻居，Windows Vista操作系统用网络和共享中心作为管理网络相关设置的统一平台。在"网络和共享中心"窗口中可以找到几乎所有与网络有关的功能入口。

9.1.1 打开网络和共享中心

要了解Windows Vista操作系统的网络设置，首先要了解"网络与共享中心"窗口和"网络"窗口。

知识点讲解

进入"网络和共享中心"窗口的方法有如下几种。

▶ 在桌面上，用鼠标右键单击"网络"桌面图标，在弹出的快捷菜单中单击"属性"命令，如图9-1所示。

★ 图9-1

▶ 在任务栏的系统通知区域中单击"网络"图标，在浮现出的对话框中单击"网络和共享中心"链接，如图9-2所示。

★ 图9-2

▶ 打开"控制面板"窗口，在主页视图中的"网络和Internet"图标选项组中，单击"查看网络状态和任务"链接，如图9-3所示。

★ 图9-3

▶ 打开"控制面板"窗口，在经典视图模式下双击"网络和共享中心"图标，如图9-4所示。

★ 图9-4

提　示

在Windows Vista操作系统中，任务栏系统通知区域中的网络图标为两个相连的电脑，实时显示网络的连接状态。

动手练

请读者按照下面的操作步骤切换到"网络和共享中心"窗口。

1 打开"计算机"窗口，展开左侧的"文件夹"列表。

2 用鼠标右键单击"网络"文件夹，在弹出的菜单中单击"属性"命令，打开"网络和共享中心"窗口，如图9-5所示。

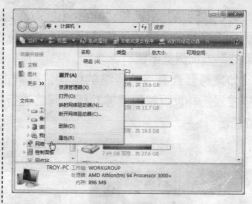

★ 图9-5

9.1.2　认识网络和共享中心

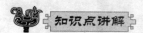
知识点讲解

"网络和共享中心"窗口可分为4大区域：任务窗格、网络连接示意图、网络设置、共享和发现设置，如图9-6所示。

★ 图9-6

1. 任务窗格

在"网络和共享中心"窗口的左侧，深色背景的任务窗格提供了访问其他相关任务链接的便捷途径。主要包括"查看计算机和设备"、"连接到网络"、"设置连接和网络"等任务选项，单击这些链接，可立即转到相应的设置界面。

2. 网络连接示意图

网络连接示意图用直观的电脑和网络图标显示网络连接情况，网络连接出现异常

时，会在"网络"图标和"Internet"图标之间出现红色的小叉。网络连接示意图上的图标也是访问对应功能的便捷途径，单击示意图上的图标可分别打开对应的"计算机"、"网络"或IE浏览器窗口。

如果想要查看当前网络的结构，可单击右上角的"查看完整映射"链接，系统调用链接层拓扑发现映射器等功能对网络进行扫描分析，最后给出网络拓扑结构图，如图9-7所示。

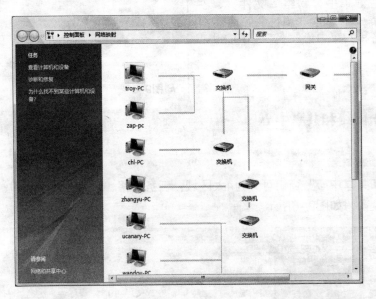

★ 图9-7

3. 网络设置

在网络设置区域，可以对当前的网络类型、名称、网络图标等进行自定义设置，提供网络状态的查看途径，如图9-8所示。

🖥 网络 2 (专用网络)			自定义
访问	本地和 Internet		
连接	本地连接		查看状态

★ 图9-8

单击"自定义"链接打开"设置网络位置"对话框，可对网络连接的名称、图标等进行个性化的更改。如果要查看当前网络连接状态的详细信息，单击"查看状态"链接，打开"本地连接状态"对话框即可。

4. 共享和发现设置

共享和发现设置区域集中了局域网资源共享设置的主要选项，单击选项的下拉按钮⊙，可阅读详细的描述信息，并进行设置。

该区域主要包括以下设置项目。

▶ 网络发现：网络发现功能是让当前电脑可以发现网络中其他电脑和设备的功能，同时也让网络中的其他电脑可以发现当前电脑。

▶ 文件共享：只有此项设置被打开时，网络中的其他用户才可以访问当前电脑，读取和使用电脑中的共享文件和资源。

▶ 公用文件夹共享：启用公用文件夹共享功能，则网络中的其他电脑就可以访问当前电脑中的公用文件夹。

▶ 打印机共享：若启用打印机共享，可让网络中的其他电脑得以连接和使用与当前电脑连接的打印机。

▶ 密码保护的共享：若启用密码保护共享，并设置保护密码，则其他电脑要访问当前电脑时，就需要输入正确的密码，通常是以当前用户账户和密码作为保护密码。

▶ 媒体共享：启用该项设置，可方便网络中的其他用户或设备访问此电脑中的共享音乐、图片和视频，同时当前电脑也可以在网络中查找其他电脑中的多媒体资源。

提　示

公用文件夹是当前系统用户共享文件的专用文件夹，可以通过该文件夹与使用同一台电脑的其他用户和同一网络中使用其他电脑的用户共享此文件夹中的文件。放入公用文件夹中的任何文件或文件夹都将自动与具有访问公用文件夹权限的用户共享。

动手练

请读者按照下面的操作提示，查看系统是否打开了"打印机共享"功能，如果已打开则关闭该功能。

1 在桌面上对"网络"图标单击鼠标右键，在弹出的菜单中单击"属性"命令，如图9-9所示。

★ 图9-9

2 打开"网络和共享中心"窗口，在"共享和发现"选项组中单击"打印机共享"下拉按钮，如图9-10所示。

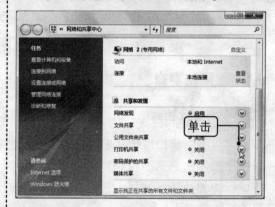

★ 图9-10

3 在弹出的选项组中，选择"关闭打印机共享"单选项，然后单击右下方的"应用"按钮，如图9-11所示。

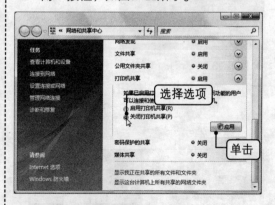

★ 图9-11

4 如果弹出"用户账户控制"对话框，单击"继续"按钮即可，如图9-12所示。

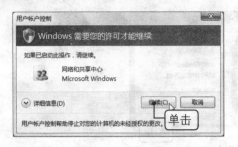

★ 图9-12

提 示

对于不同网络往往需要不同的资源共享设置，Windows Vista系统默认有公用和专用两类网络共享设置方案。普通用户选择系统默认的选项即可满足需求。

9.1.3 网络窗口

知识点讲解

"网络"窗口取代了旧版本Windows系统中的网上邻居，提供对网络中的电脑和设备的便捷访问途径。打开"网络"窗口的方法有如下几种。

▶ 在桌面上双击"网络"桌面图标，如图9-13所示。

★ 图9-13

▶ 单击"开始"按钮，在弹出的开始菜单中单击"网络"命令，如图9-14所示。

★ 图9-14

▶ 在"计算机"窗口的"文件夹"列表中，单击"网络"链接。

进入"网络"窗口，可查看到当前网络中所有在线的电脑。双击要访问的电脑图标，即可进入该电脑的共享文件夹中，读取共享的资源，如图9-15所示。

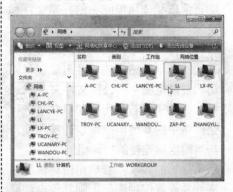

★ 图9-15

在这里反复被提及的网络，是指当前电脑所在的局域网。共享文件、共享设备的互相访问，也是指属于同一个网络中的电脑之间的互访。

动 手 练

请读者按照下面的操作提示，打开"网络"窗口，访问"LL"电脑存储在共享文件夹中的资料。

1 在桌面上双击"网络"图标，打开"网络"窗口。

2 在窗口中查看所有在线的电脑，双击"LL"电脑，如图9-16所示。

★ 图9-16

3 进入"LL"电脑的文件夹窗口后，可看
到该电脑所有共享在网络中的文件夹，
双击"音乐"文件夹，如图9-17所示。

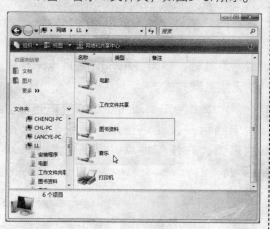

★ 图9-17

4 进入"音乐"文件夹窗口，可查看、复
制其中的文件，如图9-18所示。

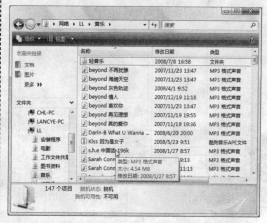

★ 图9-18

9.2 建立ADSL连接

了解了Windows Vista的网络管理设置之后，接下来学习如何将电脑连接到
Internet，实现上网。目前可以采用的上网方式主要有宽带和窄带两种。窄带方式主要有
电话拨号上网、ISDN等速度较慢的网络连接方式，宽带方式主要有ADSL、小区宽带、
光纤接入等方式。

9.2.1 上网方式

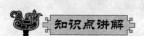

电话拨号上网、ADSL拨号上网和小区
宽带上网是我们生活中常见的上网方式。

1. 电话拨号上网

电话拨号上网是较早的上网连接方
式，这种上网方式的缺点是网络传输速度
较慢，目前已经很少有人使用这种上网方
式了。

主要靠占用电话线来接入网络，中间需
要使用模拟调制解调器（Modem）将电脑
发出的数字信号转换成模拟信号，将电话线
传来的模拟信号转换成数字信号，从而达到
通过电话线实现网络通信的目的。

2. ADSL上网

ADSL是Asymmetric Digital
Subscriber Line（非对称数字用户专线）
的简称，含义是非对称数字用户专线技
术，是一种在普通电话线上高速传输数据
的技术。能够充分利用现有的电话线网
络，在线路两端加装ADSL设备即可为用户
提供高速宽带服务。并且ADSL可以与普通
电话共存于同一条电话线上，上网的同时
也可以使用电话。

先要在网络运营商处开通ADSL服务，
然后安装好ADSL设备，并建立网络连接。

安装ADSL时只需在原有的电话线上加
载一个ADSL终端设备（ADSL Modem）
和一个语音分离器。对于不使用家用电话

的用户，还可以省去语音分离器，将ADSL终端设备直接与电脑的网卡相连。

如图9-19所示为连接示意图。

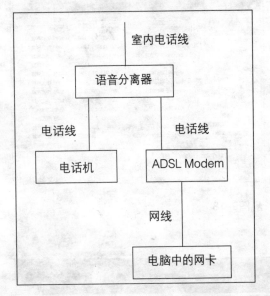

★ 图9-19

3. 小区宽带上网

小区宽带沿用的是局域网（LAN）的模式，将分散在有限地理位置内的多台电脑（如一个小区或一个公司）通过传输介质连接起来，再统一接入到网络中。

目前，中国电信、网通、长城宽带等多家公司提供此类宽带接入方式。不过，因为小区宽带是以信息化小区的形式为用户提供服务的，所以一般不受理个人服务，个人用户无法自行申请。必须待小区用户达到一定数量后，才能集体向网络服务商申请安装。

由于小区宽带上网的连接特点是许多用户共享同一个接入Internet的通道，所以在上网人数少时，可获得很快的网速，而在小区用户上网高峰期，网速就会较慢。

4. 无线上网

无线上网采用的是无线通信技术让电脑、手机等设备接入Internet。它主要有两种方式，一种是通过手机开通数据功能，然后让电脑通过手机或无线网卡来实现无线上网，使用这种方式网速相对较慢；另一种方式是通过无线网络设备，以传统局域网为基础，以无线AP和无线网卡来构建的无线上网方式。

无线上网主要适用于移动电话、笔记本电脑用户，让这些用户摆脱有线上网的束缚，在任何地点、以任何方式移动上网。

提 示

LAN是Local Area Network的缩写，它是使用以太网技术的一种宽带接入方式，是目前大中城市较普及的一种宽带接入方式。

9.2.2 创建ADSL拨号连接

知识点讲解

选择ADSL拨号上网方式，需要在网络运营商处开通服务，然后安装ADSL设备，并建立网络连接后就可以上网了。

在Windows Vista系统中建立ADSL拨号连接设置的具体步骤如下。

1 单击"开始"按钮，在弹出的"开始"菜单中单击"连接到"命令，如图9-20所示，打开"连接网络"对话框。

★ 图9-20

2 如果还没有创建任何拨号连接，"连接网络"窗口中会显示"Windows找不到任

何其他网络",在对话框左下角单击
"设置连接或网络"链接,如图9-21
所示。

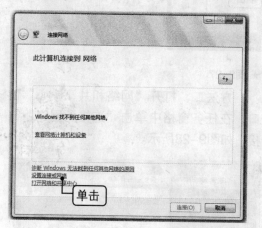

★ 图9-21

3 进入到下一窗口页面中,在列表框
中选择第一个选项——"连接到
Internet",然后单击"下一步"按
钮,如图9-22所示。

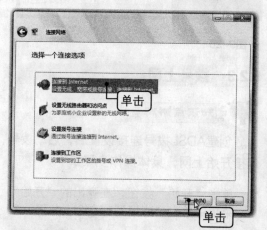

★ 图9-22

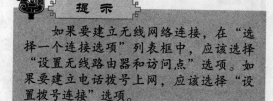
提 示

如果要建立无线网络连接,在"选
择一个连接选项"列表框中,应该选择
"设置无线路由器和访问点"选项。如
果要建立电话拨号上网,应该选择"设
置拨号连接"选项。

4 进入下一页面,单击"仍然设置新连
接"按钮,如图9-23所示。

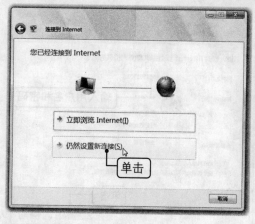

★ 图9-23

5 电脑系统检测到了连接设备后会在
页面中显示检测到的设备,单击
"宽带(PPPoE)(R)"项,如图
9-24所示。

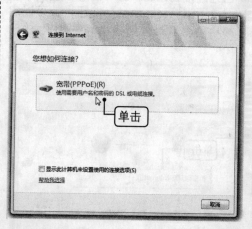

★ 图9-24

提 示

如果电脑检测不到连接设备,应检
查电脑是否配备有网卡,以及ADSL调制
解调器是否连接正确。

6 进入下一页面,根据页面提示,在相应
的文本框中输入"用户名"和账户密码
(由ISP提供给),然后单击"连接"按
钮,如图9-25所示。

★ 图9-25

7 如果用户名（账户）和密码信息正确，即可建立拨号连接，对话框中显示"您已经连接到Internet"信息，直接单击"立即浏览Internet"按钮，就可以启动IE浏览器打开网页了，如图9-26所示。

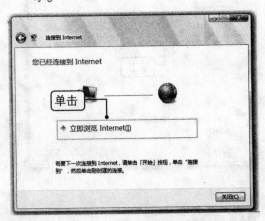

★ 图9-26

动手练

读者还可从其他途径建立ADSL网络连接，方法如下。

方法一，在任务栏的系统通知区域中单击网络图标，在弹出的对话框中单击"连接到网络"命令，如图9-27所示。

★ 图9-27

方法二，打开"网络和共享中心"窗口，在任务窗格中单击"连接到网络"链接，如图9-28所示。

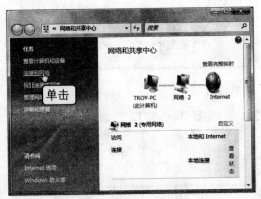

★ 图9-28

9.2.3 拨号上网

知识点讲解

创建ADSL拨号连接设置后，启动拨号连接开始上网，具体操作步骤如下。

1 单击"开始"按钮，在弹出的"开始"菜单中单击"连接到"命令，如图9-29所示。

★ 图9-29

Chapter 09

第9章　Windows Vista的网络连接

2 在弹出的"连接网络"对话框中选中要使用的拨号连接，然后单击右下角的"连接"按钮，如图9-30所示。

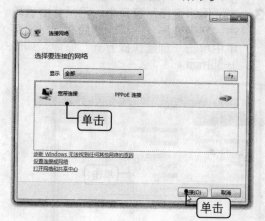

★ 图9-30

3 弹出"连接 宽带连接"对话框，分别在"用户名"和"密码"文本框中输入用户名和密码，然后单击"连接"按钮即可，如图9-31所示。

★ 图9-31

如果不想每次拨号上网的时候都输入用户名和密码，可以在"连接 宽带连接"对话框中勾选"为下面用户保存用户名和密码"复选项，保存用户的登录信息。

如果选择"只是我"单选项，则该设置仅适用于Windows的当前用户账户，如果选择"任何使用此计算机的人"单选项，则适用于所有使用该系统的Windows用户。

网络连接成功后，会在任务栏的系统通知区域中显示网络连接图标，并提示连接成功和连接速度。

动手练

建立ADSL拨号连接后可进行拨号上网。需要断开网络连接时，可以在"网络连接"窗口中断开网络连接，具体操作步骤如下。

1 在桌面上用鼠标右键单击"网络"图标，在弹出的菜单中选择"属性"命令。

2 打开"网络和共享中心"窗口，在窗口左侧的任务窗格中单击"管理网络连接"链接，如图9-32所示。

★ 图9-32

3 弹出"网络连接"窗口，在该窗口中用鼠标右键单击要断开的宽带连接，然后在弹出的快捷菜单中执行"断开"命令，即可断开网络，如图9-33所示。

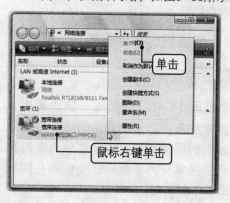

★ 图9-33

9.2.4 创建连接快捷方式

知识点讲解

为了更方便地使用拨号连接，可以在桌面上创建拨号连接的快捷方式。

创建快捷方式后，只需双击快捷方式图标，即可打开"连接 宽带连接"对话框进行拨号连接操作，如图9-34所示。

★ 图9-34

动 手 练

请读者按照下面的操作提示，为建立的网络连接创建一个桌面快捷方式，方便每次从桌面启动拨号连接。

1 在桌面上用鼠标右键单击"网络"图标，在弹出的菜单中选择"属性"命令。

2 在弹出的"网络和共享中心"窗口中，在任务窗格中单击"管理网络连接"链接，打开"网络连接"窗口。

3 在"网络连接"窗口中，用鼠标右键单击"宽带连接"图标，然后在弹出的菜单中单击"创建快捷方式"命令，如图9-35所示。

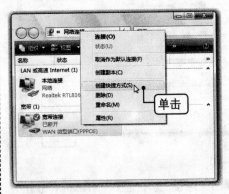

★ 图9-35

4 在弹出的"快捷方式"对话框中单击"是"按钮即可，如图9-36所示。

★ 图9-36

9.3 局域网共享上网

许多公司、家庭用户需要使用多台电脑，这就涉及到组建局域网。将多台电脑组建成局域网，然后共同连接到Internet，不仅能够实现多台电脑同时上网，还能轻松地实现网内的电脑资源共享。

9.3.1 局域网的硬件配置

知识点讲解

局域网（LAN）是指在一定距离内，将多台电脑连接起来的通信网络。根据组建局域网的规模和模式等，可分为多种组建方式。通常分为家庭网、企业办公网、校园网等不同类型。

其中两种比较具有代表性的小型局域网是"直联"式双机局域网和多机互联式局域网。

1．"直联"式双机局域网

如果需要组建为局域网的电脑是两台安装了Windows Vista操作系统的电脑，可以考虑采用"直联"的方式将这两台电脑直接相连，创建一个局域网，如图9-37所示。

★ 图9-37

在连接电脑之前，需要做好相关准备工作，以及准备好以下硬件。

- 确保两台电脑中都已经安装好网卡。
- 准备两个RJ45水晶头和一把网线钳。
- 准备一根足够长的双绞线（一般1~2米左右）。

在组建局域网时，要注意将其中一台电脑连接到Internet，直接与网络相连。要完成的硬件连接工作如下。

1 使用网线钳将双绞线的两端分别剥开外皮1.5~2cm，露出其中的彩色线。

2 将其任意一头的线序从左到右按"白绿、绿、白橙、蓝、白蓝、橙、白棕、棕"的顺序排列好，将另一头的线序从左到右按"白橙、橙、白绿、蓝、白蓝、绿、白棕、棕"的顺序排列好，如图9-38所示。

1	白橙		白绿	1
2	橙		绿	2
3	白绿		白橙	3
4	蓝		蓝	4
5	白蓝		白蓝	5
6	绿		橙	6
7	白棕		白棕	7
8	棕		棕	8

★ 图9-38

3 用网线钳的刀口分别将网线一端的8根线头切齐、切短，保证有外皮的网线也能刚好有部分可以进入水晶头内。

4 将8根线头整齐地插入RJ45水晶头，直到能够从水镜头的头部清楚地看到每根线的铜芯为止，如图9-39所示。

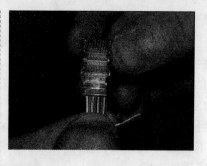

★ 图9-39

5 将水晶头放到网线钳的压线口中，用力握紧压线钳的把手，将双绞线和水晶头压制在一起。照此方法，制作网线另一端的水晶头，注意保持8根彩色线的线序。

6 将制作完成的网线两端的水晶头分别插入两台电脑的网卡插槽中。至此硬件连接部分的工作已经完成。

接下来，只需在操作系统中设置IP地址、工作组等，完成系统中的网络连接设置即可。

2. 多机互联式局域网

多机互联式局域网适合将两台以上的多台电脑连接起来，需要使用HUB、交换机、路由器或者无线ASP等网络设备。

下面以使用HUB/交换机为例，简单介绍实现多机互联的硬件连接方法。

以HUB/交换机为整个网络的中心节点，将多台电脑相连，然后共同接入Internet。作为中心节点的HUB/交换机会负责所有电脑的通信连接，以及数据的转发，如图9-40所示。

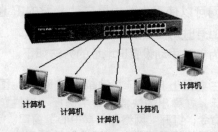

★ 图9-40

组建局域网前，首先要确定安置HUB/交换机的位置，并丈量出每台电脑距离HUB/交换机的实际长度，这个长度将决定所需使用的网线的长度。然后还要准备好足够数量的网线、水晶头，并确保每台电脑中都已经安装好网卡。

以上准备工作就绪后，接下来按照下述方法进行硬件连接。

将网线的一端水晶头插入电脑网卡的插槽中，另一端水晶头插入HUB/交换机上对应的插槽中。照此方法将所有电脑都与HUB/交换机连接起来即可。

接下来的工作就是在电脑操作系统中设置IP地址、工作组等，完成系统中的网络连接设置即可。

提示

如果电脑较多时，可以考虑使用多个HUB/交换机，将部分HUB/交换机接到总节点上的HUB/交换机上，然后可以在分支HUB/交换机上继续连接其他电脑。

动手练

请读者用两台电脑组建一个"直联"式双机局域网。

9.3.2 配置电脑的IP地址

知识点讲解

网络中的电脑需要用唯一的IP地址进行标识，以此作为身份的识别。对于部分局域网可以使用由路由器自动分配的IP地址，但有时则需要手动设置IP地址。

为电脑手动设置IP地址的方法如下。

1 在桌面上用鼠标右键单击"网络"图标，在弹出的快捷菜单中选择"属性"命令，打开"网络和共享中心"窗口。

2 在网络设置区域的"网络"选项组中，单击"本地连接"的"查看状态"链

接，如图9-41所示。

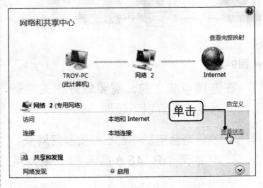

★ 图9-41

3 在弹出的"本地连接 状态"对话框中，单击左下方的"属性"按钮，如图9-42所示。

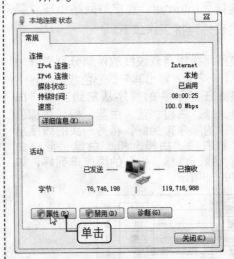

★ 图9-42

4 弹出"本地连接 属性"对话框，在"此连接使用下列项目"列表框中双击"Internet协议版本4（TCP/IPv4）"选项，如图9-43所示。

提示

在"本地连接 属性"设置对话框中还可以看到"Internet协议版本6"一项，该协议属于下一代通信协议，Windows Vista仅提前提供此支持，目前并没有使用该协议。

★ 图9-43

5 在弹出的对话框中，选中"使用下面的IP地址"单选项，然后在下方的文本框中设置IP地址、子网掩码、默认网关、DNS服务器等项目，如图9-44所示。

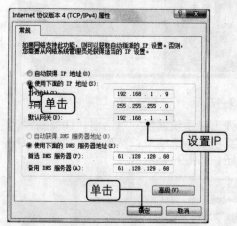

★ 图9-44

6 设置完毕后依次单击"确定"按钮即可。

> **提 示**
>
> 若需要使用服务器自动分配IP地址，则在对话框中选中"自动获得IP地址"单选项即可。

局域网IP地址一般为192.168.1.xxx，其中"xxx"范围是0～255；子网掩码自动生成为255.255.255.0；DNS服务器设置为网络中提供DNS服务的主机的地址，或当地电信运营商提供的DNS服务器地址。同网络中的电脑不能配置相同的IP地址，否则将发生IP地址冲突。

> **动 手 练**

读者在为"直联"式双机局域网的电脑配置IP时，要注意将其中一台电脑作为与网络直接相连的主机。

例如将连接到网络的电脑称为A机，另一台电脑称为B机，下面为这两台电脑完成如下IP配置。

1 在A机上安装两块网卡，一块用于与Internet连接，另一块用于连接B机。

2 在A机上配置网络IP，打开"网络和共享中心"窗口，在网络设置区域的"网络"选项组中，单击"本地连接"的"查看状态"链接。

3 在弹出的"本地连接 状态"对话框中，单击左下方的"属性"按钮。

4 打开"Internet协议版本4（TCP/IPv4）属性"对话框，配置连接到B机的网卡IP地址，如图9-45所示。

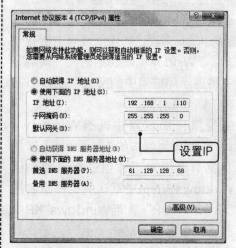

★ 图9-45

5 在B机上进行网卡IP地址配置，将其增加的"默认网关"一项设置为A机的IP地址，B机的"IP地址"项只要不与A机重复即可，如图9-46所示。

★ 图9-46

完成上述配置后，A机完成拨号连接到网络后，B机就能通过A机共享上网了。

9.3.3 设置网络标识和工作组

知识点讲解

为了便于在局域网中查找和访问电脑，还要使用计算机名对各计算机进行标识，并通过工作组将电脑分组管理。

工作组是网络电脑的逻辑隔离，对于Windows Vista来说，如果局域网中所有电脑都安装了Windows Vista的话，"网络"窗口中将显示局域网中的所有电脑，而不管是属于哪个工作组。

但是如果局域网中既有Windows Vista，又有其他版本的Windows操作系统，仍然有必要对工作组进行设置。因为在Windows Vista中默认的工作组名是"WORKGROUP"，而Windows XP中默认的工作组名是"Mshome"，因此局域网中安装其他Windows版本的电脑无法自动搜索到安装Windows Vista的电脑。并且如果所有电脑都工作在同一个工作组中，Windows Vista也可以更快地搜索到其他电脑。

设置计算机名的方法在前面已经介绍

过，设置工作组的途径也是相同的。

动手练

下面介绍如何为电脑设置计算机名和工作组，具体设置方法如下。

1 在桌面上用鼠标右键单击"计算机"图标，在弹出的快捷菜单中选择"属性"命令，打开"系统"窗口。

2 在"系统"窗口左侧的任务窗格中，单击"高级系统设置"链接，如图9-47所示。

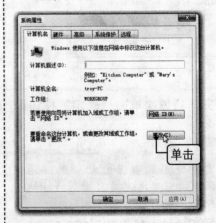

★ 图9-47

3 弹出"系统属性"对话框，切换到"计算机名"选项卡，然后单击"更改"按钮，如图9-48所示。

★ 图9-48

4 弹出"计算机名/域更改"对话框，在"计算机名"文本框中输入计算机名，在"隶属于"选项组中选中"工作组"

单选项，并在旁边的文本框中设置工作组名（工作组名可以包含汉字），如图9-49所示

★ 图9-49

5 设置完毕后单击"确定"按钮，然后重新启动电脑，设置即可生效。

　　计算机名可以由字母和数字构成，比如tom、jacky等。但是不能包含以下字符：` ~ ! @ # $ % ^ & * ( ) + _ [ ] { } \ | ; : . ' " , < > / ?。

9.3.4　打开网络发现

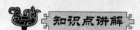

　　如果采用"直联"式双机局域网，还需要让两台电脑能够互相访问，才能让另一台电脑可以通过主机享用网络资源。

动手练

　　请读者按照下面的操作提示，在"网络和共享中心"窗口中，打开系统的网络发现功能。

1 打开"网络和共享中心"窗口，在"共享和发现"选项组中，单击"网络发现"下拉按钮⊙，如图9-50所示。

★ 图9-50

2 在弹出的下拉选项中，选中"启用网络发现"单选项，然后单击"应用"按钮即可，如图9-51所示。

★ 图9-51

9.4　网络设置管理

　　建立了网络连接后，可根据自己的需要个性化网络设置。此外，在日常的网络应用中，还会遇到各种各样的问题，需要从网络设置中寻求解决方法。

9.4.1　更改网络位置

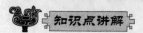

　　在第一次连接到网络时，要求必须选择网络位置。通过选择网络位置，系统将

为所连接网络的类型自动配置适当的防火墙设置，并设置适当的安全级别。

　　网络位置有三种类型：家庭、办公室和公共场所，其中家庭或办公室对应"专用"型网络位置，公共场所对应"公用"型网络位置。

1. 家庭或办公室

如果认识并信任网络上的人和设备，可为家庭或小型办公网络选择"专用"位置类型。

该网络位置会做如下配置：默认网络发现处于启用状态，允许查看网络中的其他电脑和设备并允许其他网络用户查看当前电脑。

并且"专用"网络位置会将防火墙配置永久更改为允许通信。

2. 公共场所

如果是在公共场所（例如，咖啡店或机场）使用电脑上网，选择此网络位置。

此位置设置会关闭网络发现，使电脑对周围的电脑不可见，并且帮助保护电脑免受来自Internet的任何恶意软件的攻击。

注意

如果网络中只有一台电脑并且不需要共享文件或打印机，则最安全的选择是"公共场所"。

用户可以自行更改网络位置类型。打开"网络和共享中心"窗口，在网络设置区域中单击"自定义"链接，然后打开"设置网络位置"向导对话框进行设置。

可选择"公用"（对于"公共场所"网络）或"专用"（对于"家庭"或"办公"网络）单选项。如果系统提示需要输入管理员密码或进行确认，则输入密码或提供确认即可。

动手练

如果是在家中或公司使用电脑，并且对电脑所在局域网中的其他用户完全信任，可将网络位置设置为"专用"。请读者跟随讲解具体进行设置。

1 打开"网络和共享中心"窗口，在网络设置区域的"网络"选项组中，单击"自定义"链接，如图9-52所示。

★ 图9-52

2 弹出"设置网络位置"对话框，在"位置类型"选项组中选择"专用"单选项，然后单击"下一步"按钮，如图9-53所示。

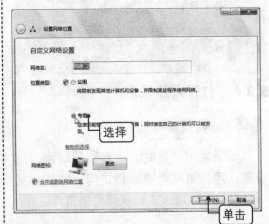

★ 图9-53

3 对话框提示"成功地设置网络位置"，单击"关闭"按钮关闭对话框即可，如图9-54所示。

注意

如果电脑属于域，则将无法更改网络位置类型，因为该电脑受网络管理员控制。

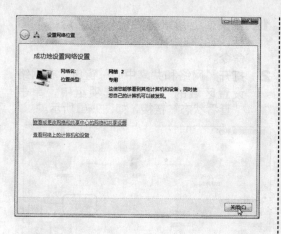

★ 图9-54

9.4.2 自定义网络图标

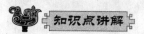

除了更改网络位置外，还可以更改网络名称和网络图标。网络图标是显示在网络连接示意图等设置界面中的标志图，用来表示网络连接。更改网络图标的方法如下。

1 在桌面上用鼠标右键单击"网络"图标，在弹出的快捷菜单中单击"属性"命令，如图9-55所示。

★ 图9-55

2 打开"网络和共享中心"窗口，在网络设置区域的"网络"选项组中单击"自定义"链接，如图9-56所示。

3 弹出"设置网络位置"对话框，在"网络图标"图标旁单击"更改"按钮，如图9-57所示。

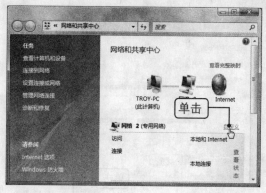

★ 图9-56

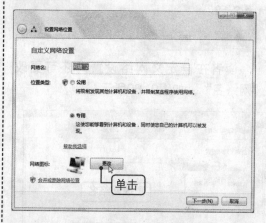

★ 图9-57

4 弹出"更改网络图标"对话框，在列表框中选择一个新的图标，然后单击"确定"按钮，如图9-58所示。

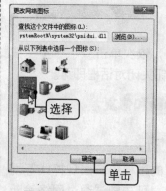

★ 图9-58

5 返回"设置网络位置"对话框，依次单击"下一步"按钮和"关闭"按钮，关闭对话框即可，如图9-59所示。

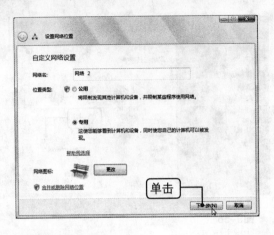

★ 图9-59

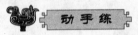

读者在自定义网络设置时还可更改"网络名"，如图9-60所示。

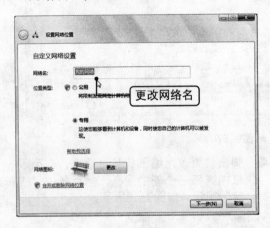

★ 图9-60

完成更改后，依次单击"下一步"按钮和"关闭"按钮关闭对话框即可。

9.4.3 网络诊断和修复

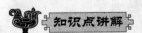

如果在上网的过程中，出现掉线等网络连接异常情况，可先尝试通过网络诊断和修复，检查系统的网络连接故障，并进行修复。

进行网络诊断和修复的方法如下。

1 在桌面上用鼠标右键单击"网络"图标，在弹出的快捷菜单中单击"属性"命令。

2 打开"网络和共享中心"窗口，在网络设置区域的"网络"选项组中，单击"查看状态"链接，如图9-61所示。

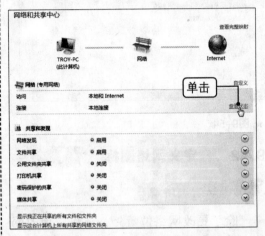

★ 图9-61

3 在弹出的"本地连接 状态"对话框中，单击"诊断"按钮，开始修复和诊断网络连接故障，如图9-62所示。

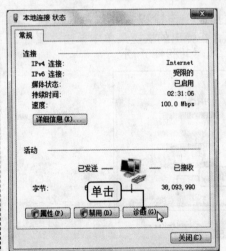

★ 图9-62

4 弹出"Windows网络诊断"对话框，系统正在识别网络故障，此时只需等待识别结果，如图9-63所示。

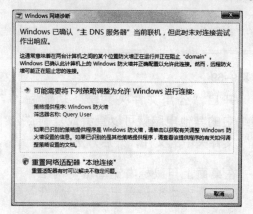

★ 图9-63

5 系统根据诊断的网络情况，弹出对话框告知诊断结果或修复结果，对话框的页面内容在不同情况下会有不同。例如主DNS服务器连接不畅时，对话框会给出相应的说明和建议选项，如图9-64所示。

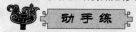

★ 图9-64

6 仔细阅读系统给出的诊断结果和建议，采取相应的措施修复电脑网络。

动手练

请读者跟随讲解练习另一种诊断和修复网络的方法。在任务栏的系统通知区域中，用鼠标右键单击网络图标，在弹出的菜单中单击"诊断和修复"命令，即可开始诊断和修复网络，如图9-65所示。

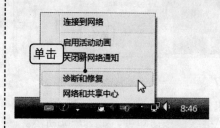

★ 图9-65

9.5 局域网中的资源共享

只要网络共享设置恰当，并且网络硬件设备条件具备，局域网中的电脑之间可以互相访问，以及共享文件和设备等资源。

9.5.1 开启文件共享

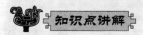

要想在网络中共享文件和设备等资源，首先需要开启网络发现和文件共享的功能。

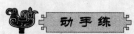

请读者按照下面的操作提示，启用文件共享功能。

1 在桌面上用鼠标右键单击"网络"图标，在弹出的菜单中单击"属性"命令。

2 打开"网络和共享中心"窗口，在"共享和发现"选项组中，单击"文件共享"下拉按钮，如图9-66所示。

★ 图9-66

3 在弹出的下拉选项中，选中"启用文件共享"单选项，然后单击"应用"按钮，如图9-67所示。

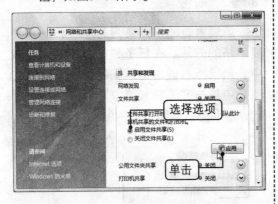

★ 图9-67

4 如果弹出"用户账户控制"对话框，单击"继续"按钮即可，如图9-68所示。

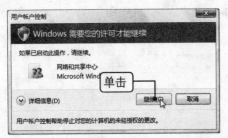

★ 图9-68

若要关闭公用文件夹的共享功能，重新选择"关闭文件夹共享"单选项，然后应用该设置即可。

9.5.2 启用公用文件共享

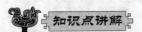

知识点讲解

"公用"文件夹是Windows Vista操作系统中用来让不同用户共享文件的文件夹，可以将希望与同一台电脑的不同用户共享的文件，以及与其他电脑用户共享的文件存储在该文件夹中，然后开启共享。

"公用"文件夹位于根目录的"用户"文件夹中，如果系统分区为C盘，则存储路径为"C:\用户\公用"，如图9-69所示。

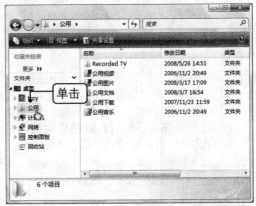

★ 图9-69

开启"公用文件夹共享"功能后，网络中的其他电脑就可以查看或复制"公用"文件夹中的文件，开启方法如下。

1 在桌面上用鼠标右键单击"网络"图标，在弹出的菜单中单击"属性"命令。

2 打开"网络和共享中心"窗口，在"共享和发现"选项组中，单击"公用文件夹共享"下拉按钮，如图9-70所示。

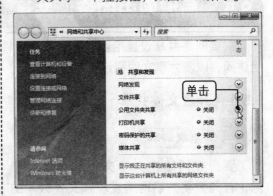

★ 图9-70

3 在弹出的下拉选项中，根据共享权限的需要选择第一个或者第二个单选项，启用"公用文件夹共享"功能，然后单击"应用"按钮，如图9-71所示。

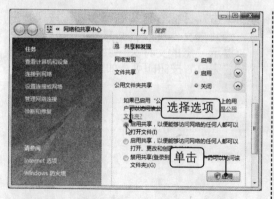

★ 图9-71

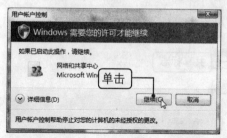

提　示

　　在启用"公用文件夹共享"功能时有两种启用方式。第一种方式只允许其他电脑打开"公用"文件夹访问文件，但不允许更改文件夹中的内容；第二种方式则将共享尺度放得更宽，允许其他电脑用户修改"公用"文件夹中的文件，以及创建或删除文件等。

4 如果弹出"用户账户控制"对话框，单击"继续"按钮即可，如图9-72所示。

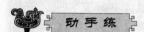

★ 图9-72

动手练

　　下面练习如何在"公用"文件夹中共享图片。首先将要共享的图片存放到"公用"文件夹的"公用图片"文件夹中，然后开启"公用文件夹共享"功能，具体操作步骤如下。

1 准备好要共享的图片，选中并复制这些图片文件。

2 打开"计算机"窗口，在左侧的"文件夹"列表中单击"公用"文件夹，进入

"公用"文件夹窗口，然后双击"公用图片"文件夹，如图9-73所示。

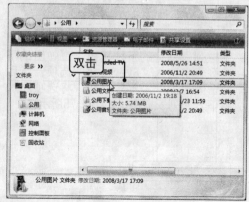

★ 图9-73

3 进入"公用图片"文件夹后，将复制的图片粘贴到该文件夹中。

4 打开"网络和共享中心"窗口，在"共享和发现"选项组中，单击"公用文件夹共享"下拉按钮，在弹出的选项中启用第一个共享选项，然后单击"应用"按钮，如图9-74所示。

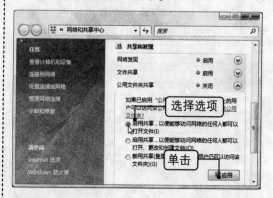

★ 图9-74

5 如果弹出"用户账户控制"对话框，单击"继续"按钮即可。

9.5.3　共享任意文件夹

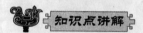

知识点讲解

　　除了在"公用"文件夹中共享文件外，还可以将电脑中的任意文件夹设置为共享文件夹。

共享其他文件夹的方法如下。

1 用鼠标右键单击要共享的文件夹，在弹出的菜单中选择"共享"命令。

2 在弹出的"文件共享"对话框中，单击下拉列表框旁的下拉按钮，在弹出的下拉列表中选择"Everyone"选项，然后单击旁边的"添加"按钮，将选项添加到下方的列表框中，如图9-75所示。

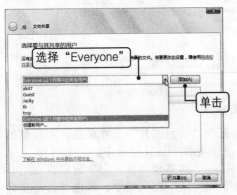

★ 图9-75

3 单击"Everyone"选项的"权限级别"选项，在弹出的下拉列表中选择要授予其他电脑的共享权限，如图9-76所示。

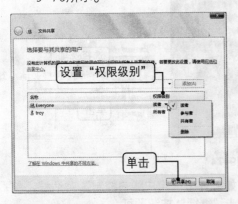

★ 图9-76

> **提示**
>
> 共享文件的"权限级别"设置决定其他电脑用户访问共享文件时的权限。有"读者"、"参与者"、"共有者"三种选择。权限级别最低的是"读者"只能打开文件但不能更改文件。

4 单击对话框右下角的"共享"按钮，开始共享文件夹。当共享成功后，对话框提示"您的文件夹已共享"字样，单击"完成"按钮即可，如图9-77所示。

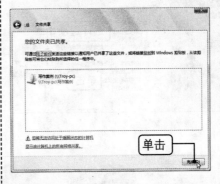

★ 图9-77

完成上述设置后，局域网中的所有电脑都可以访问到该文件夹及其内容。

被共享的文件夹图标上会增加一个共享标志，表示该文件夹已被共享，如图9-78所示。

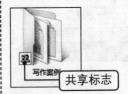

★ 图9-78

> **动手练**
>
> 请读者将"C:\用户\Troy"路径下的"文档"文件夹设置为共享文件夹，在网络中以"读者"权限共享其中的文件，如图9-79所示。

9.5.4 高级共享

> **知识点讲解**

如果想要对共享文件夹进行更细致的权限设置，可以进行文件夹高级共享设置。

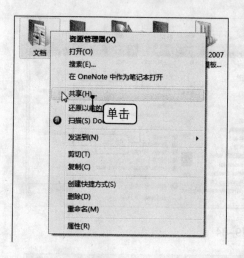

★ 图9-79

在高级共享设置中，可以选择共享给哪些具体的用户，并分别为这些用户设置"完全控制"、"更改"和"读取"的权限。

▶ 完全控制：拥有对文件的读取和更改等的所有权限，可以更改文件内容和存储位置等。

▶ 更改：可以打开和更改文件内容。

▶ 读取：仅限于查看文件，不能对文件进行任何更改。

动手练

请读者按照下面的操作提示，将"写作案例"文件夹设置为向所有用户开放的共享文件夹，并打开文件夹的"高级共享"对话框，将文件的共享权限设置为"更改"。

1 用鼠标右键单击"写作案例"文件夹，在弹出的菜单中单击"属性"命令，如图9-80所示，打开其属性对话框。

2 在弹出的属性对话框中切换到"共享"选项卡，单击"高级共享"按钮，如图9-81所示。

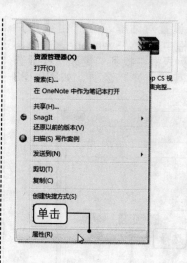

★ 图9-80

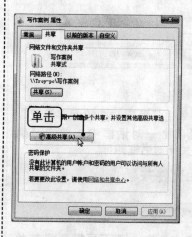

★ 图9-81

3 在弹出的"高级共享"对话框中勾选"共享此文件夹"复选框，然后设定共享名、允许共享连接的数目等项目，再单击下方的"权限"按钮，如图9-82所示。

★ 图9-82

4 弹出权限设置对话框，在"组或用户名"列表框中选中"Everyone"选项，在下方的列表框中找到"更改"权限选项，勾选其"允许"选项，如图9-83所示。

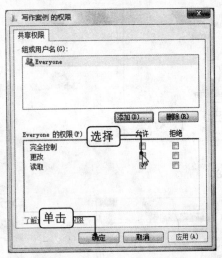

★ 图9-83

5 设置完毕单击"确定"按钮保存设置，再依次返回上一对话框中，单击"确定"按钮关闭对话框即可。

9.5.5 停止文件共享

知识点讲解

对于共享文件夹，若不再需要将其共享，重新打开"文件共享"对话框的设置界面，单击"停止共享"按钮，将其停止文件共享即可。

动手练

请读者按照下面的操作提示，停止"写作案例"文件夹的文件共享。

1 用鼠标右键单击要停止共享的文件夹，在弹出的菜单中单击"共享"命令，如图9-84所示。

2 在弹出的"文件共享"对话框中单击"停止共享"按钮，如图9-85所示。

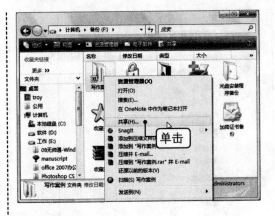

★ 图9-84

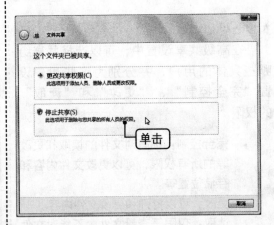

★ 图9-85

3 停止共享后单击"完成"按钮即可，如图9-86所示。

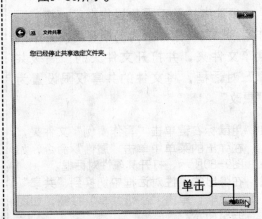

★ 图9-86

9.5.6 使用密码保护共享

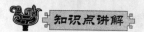
知识点讲解

　　既想在网络中共享文件，又想限制不相干的用户访问文件，可以启用"密码保护的共享"功能，然后将访问用户名和密码告知要与其共享文件的用户。

　　一旦启用"密码保护的共享"，其他用户在访问当前电脑时，就会要求输入用户名和密码，如图9-87所示。

★ 图9-87

提　示

　　"密码保护的共享"所使用的用户名和密码是当前系统用户的用户名和账户密码。

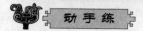
动手练

　　请读者按照下面的操作提示，启用"密码保护的共享"功能。

1 打开"网络和共享中心"窗口，在"共享和发现"选项组中，单击"密码保护的共享"下拉按钮，如图9-88所示。

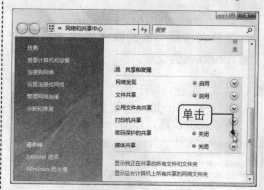

★ 图9-88

2 在弹出的选项中，选择"启用密码保护的共享"单选项，然后单击"应用"按钮，如图9-89所示。

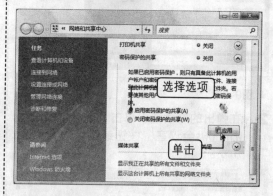

★ 图9-89

3 如果弹出"用户账户控制"对话框，单击"继续"按钮即可。

9.6 Windows会议室

　　Windows会议室也被叫做Windows Meeting Space，它是一种在网络中展示和共享文档的功能，可以方便地设置会议，并能与最多10个人共享文档、程序或者当前用户的桌面。在会议过程中，可以传递桌面上的演示操作画面。

9.6.1 Windows会议室设置

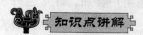
知识点讲解

　　依次单击"开始"→"所有程序"→"Windows会议室"命令，启动Windows会议室。

　　在初次启动Windows会议室时，系统会要求对会议室进行设置，根据向导提示输入会议室的用户名、会议名称和密码等。

动手练

请读者按照下面的操作提示，启动并设置Windows会议室。

1 依次单击"开始"→"所有程序"→"Windows会议室"命令，启动Windows会议室，如图9-90所示。

★ 图9-90

2 在弹出的对话框中单击"是，继续设置Windows会议室"按钮继续，如图9-91所示。

★ 图9-91

3 在弹出的"网络邻居"对话框中，设置自己的显示名称，以及其他必要的选项，然后单击"确定"按钮，如图9-92所示。

4 设置完毕后弹出"Windows会议室"窗口，单击"开始新会议"标签，设置"会议名称"和"密码"，即可开始创建会议，如图9-93所示。

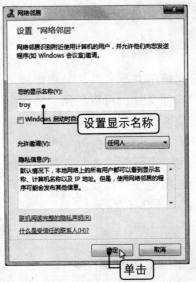

★ 图9-92

★ 图9-93

9.6.2 创建新会议

知识点讲解

在需要和其他用户共同讨论一个文档时，可以使用Windows会议室设置一个会议邀请其他用户参加。这样一来，大家就可以在各自的电脑前共同阅读和讨论同一个文档的演示，进行一次网络会议。

完成前面的会议室设置后，要先创建会议，然后邀请其他用户参加，才可召开会议。

動手練

请读者按照下面的操作提示，在Windows会议室中创建一个新会议，邀请在线的用户来参加会议。

1 打开"Windows会议室"窗口，在窗口中单击"开始新会议"标签，如图9-94所示。

★ 图9-94

2 在"会议名称"文本框中输入会议的名称，在"密码"文本框中设置参加会议的密码，然后单击旁边的绿色箭头按钮，如图9-95所示。

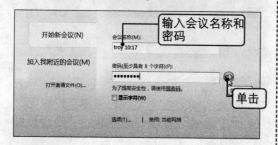

★ 图9-95

3 进入会议室页面，在窗口右侧单击"邀请他人"链接，如图9-96所示。

4 在弹出的"邀请他人"对话框中，勾选要邀请参加会议的用户，然后单击"发送邀请"按钮，如图9-97所示。

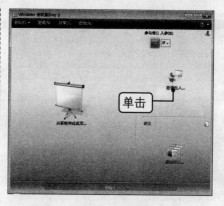

★ 图9-96

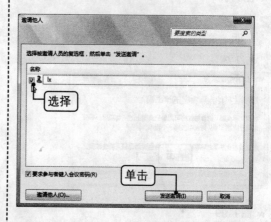

★ 图9-97

5 等待对方接受邀请后，被邀请者都添加到参与者中，就可以召开会议了。

除了主动邀请他人参加会议外，还可将参加会议的密码告知其他用户，让其他用户主动搜索会议，参加到会议中来。

9.6.3 共享会话

知识点讲解

创建会议并完成邀请后，开始与会议参加者共享程序和桌面，这样当前用户只需要在自己的桌面上进行操作演示，其他参加者就能看到会议内容。

1 在会议室页面中，单击"共享程序或桌面"链接，如图9-98所示。

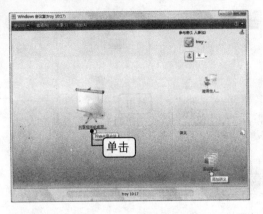

★ 图9-98

2 在弹出的提示对话框中阅读操作的说明，单击"确定"按钮，如图9-99所示。

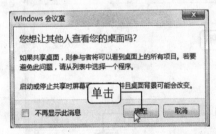

★ 图9-99

3 在弹出的"开始共享会议"对话框中，选择要共享程序或者桌面，然后单击"共享"按钮，如图9-100所示。

★ 图9-100

4 窗口显示正在共享的项目，此时单击"显示共享会话在其他计算机上的外

观"链接，可查看显示在其他电脑用户窗口中的会议图像，如图9-101所示。

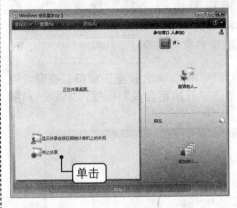

★ 图9-101

5 在窗口中可以看到，当前会议的主持者（也就是发起人）在桌面上的所有操作，如图9-102所示。

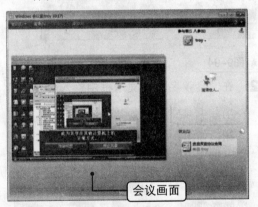

★ 图9-102

6 单击"隐藏视图"按钮隐藏会议视图，然后将会议室窗口最小化，开始会议的演示。

在会议的演示过程中，如果配备有语音设备，主持者还可边演示边进行讲解。

演示结束后，在"Windows会议室"窗口中单击"停止共享"链接，结束桌面共享，如图9-103所示。

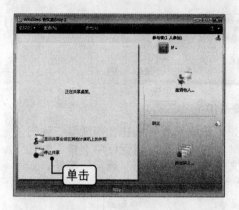

★ 图9-103

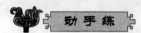

将需要在Windows会议中共同讨论的文档通过添加讲义添加到会议室中，可以让会议的所有参加者都能查看和下载该文档。下面介绍添加讲义的具体步骤。

1 在创建的会议室界面中，单击窗口右侧的"添加讲义"链接，如图9-104所示。

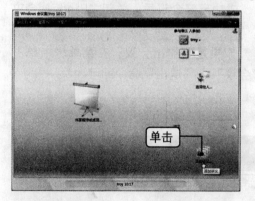

★ 图9-104

2 在弹出的提示对话框中，程序会告知用户将要执行怎样的操作以及操作后果，单击"确定"按钮，如图9-105所示。

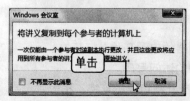

★ 图9-105

3 弹出"选择要添加的文件"对话框，选择要讨论的文件，然后单击"打开"按钮，如图9-106所示。

★ 图9-106

4 在"讲义"选项组中双击添加的文件，可打开该文件，如图9-107所示。

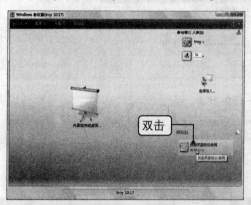

★ 图9-107

5 在弹出的提示对话框中单击"确定"按钮，即可打开该文件，如图9-108所示。

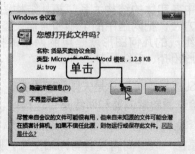

★ 图9-108

9.6.4　离开和退出会议

知识点讲解

作为会议的参与者，如果要中途离开会议，并不影响会议的进行，其他参与者可以继续会议，直到所有参与者离开。

动手练

请读者按照下面的操作提示离开会议，并将未保存的会议讲义保存到"文档"文件夹中。

1　在"Windows会议室"窗口的菜单栏中单击"会议"→"离开会议"命令，如图9-109所示。

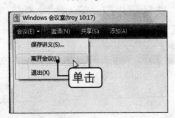

★ 图9-109

2　如果有还未保存的会议讲义，会弹出提示对话框询问是否保存讲义，根据需要选择"是"或"否"，如图9-110所示。

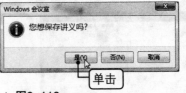

★ 图9-110

3　如果选择"是"按钮，则需要在弹出的"浏览文件夹"对话框中选择"文档"文件夹，然后单击"确定"按钮，如图9-111所示。

★ 图9-111

4　成功离开会议后，关闭"Windows会议室"窗口即可。

如果是要退出会议，在菜单栏中单击"会议"→"退出"命令即可。

疑难解答

问　什么是网络的拓扑结构？

答　网络的拓扑结构是一种反映网络中电脑之间的连接关系的结构图，网络的拓扑结构反映出网络中各实体的结构关系。拓扑结构图引用拓扑学中研究与大小、形状无关的点和线关系的方法，把网络中的电脑和通信设备抽象为一个点，把传输介质抽象为一条线，由点和线组成的几何图形就是电脑网络的拓扑结构。最基本的网络拓扑结构有：环形拓扑、星形拓扑、总线拓扑三种。

问　建立ADSL拨号连接时总是失败该怎么办？

▶　要检查调制解调器和网线是否连接好，确保调制解调器的电源开关是打开的。

▶　检查输入的用户账号和密码是否正确，包括任何所需的访问号码。

▶　如果在一段时间内没有与网站交互，则ISP可能已经断开与电脑的连接，稍等片刻再次尝试连接。

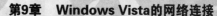

问 什么是IP地址？

答 IP地址是分配给网络中每一台电脑的唯一地址，用来标识网络中的电脑，IP地址是和电脑一一对应的，不能重复冲突。IP地址由4组数字组成，用圆点分割开，其中每一组数字都在0~255之间。

问 打开"网络"窗口后为什么看不到其他电脑？

答 首先要检查"网络和共享中心"设置，是否开启了网络发现和文件共享功能。如果仍发现不了网络中的其他电脑，要检查电脑是否连入了局域网内。此外要注意的是，如果同网络中的其他电脑都处于关机状态，则也发现不了这些电脑。

问 创建Windows会议后，为什么要邀请的人不在"邀请他人"对话框中呢？

答 能够参加Windows会议必须满足如下条件：

▶ 安装并设置了Window会议室，并且电脑处于开机状态。

▶ 打开正确的防火墙端口。

▶ 与会议的参加者位于同一子网中，并且电脑之间开启了网络发现。

如果任意上述条件和要求不满足，则该用户不会出现在"邀请他人"对话框中，无法参加会议。

问 Windows会议过程中对讲义文件所做的更改不会保存在原始文件中吗？

答 Windows会议室程序会创建讲义的复制版本，所做的更改会应用到该备份文件中，而不是原始文件。若要保存会议的讲义，可将文件拖动到要保存的位置。

Chapter 10

第10章 使用IE浏览器上网冲浪

本章要点

↳ *Internet Explorer与网页浏览*

↳ *IE 7.0的使用技巧*

↳ *IE 7.0的基本设置*

↳ *IE 7.0的安全和隐私设置*

上网在各大网站上浏览信息，离不开网页浏览器。Windows Vista采用全新的IE 7.0作为网页浏览工具，其选项卡式网页浏览方式成为该款程序的一个亮点。此外，IE 7.0还新增了仿冒网站和安全模式等IE安全性设置。

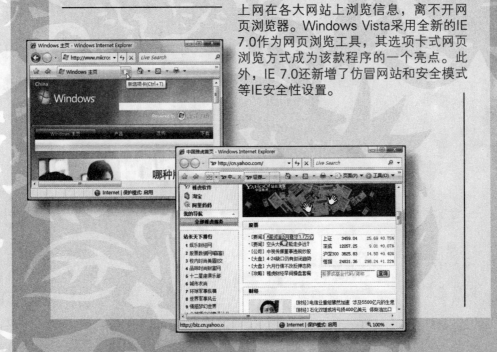

10.1　Internet Explorer与网页浏览

Internet Explorer 7.0浏览器是Windows Vista操作系统绑定的网页浏览器，是上网浏览网页和定位到网站的工具。

10.1.1　IE 7.0的操作界面

知识点讲解

Internet Explorer 7.0浏览器，简称IE 7.0，遵循了Windows Vista操作系统的界面风格设计模式，精简了菜单栏和部分按钮选项。

从"开始"菜单或者在桌面上双击"Internet Explorer"快捷方式图标启动IE 7.0，可见如图10-1所示的程序窗口。

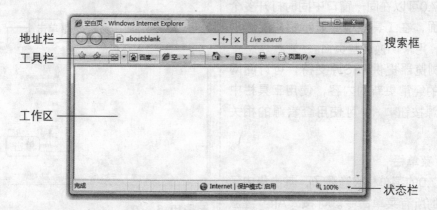

★ 图10-1

IE 7.0窗口主要由窗口的基本构成元素和地址栏、工具栏、菜单栏、状态栏等组成，采用多线程窗口框架设计，下面重点介绍IE 7.0的地址栏、搜索框、工具栏、菜单栏、状态栏和工作区的组成和功能。

1. 地址栏和搜索框

地址栏和搜索框位于窗口标题栏下方，与地址栏配合使用的还有左侧的"前进"、"后退"以及"刷新"按钮等，如图10-2所示。

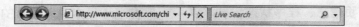

★ 图10-2

地址栏用于输入和显示网页的网址，配合使用"后退"、"前进"按钮可在浏览过的网页之间切换。单击"后退"按钮，返回到上一个网页。单击"前进"按钮前进到后退前的网页。

地址栏的右侧为"刷新"按钮和"停止"按钮，单击"刷新"按钮会重新载入当前页面以显示最新的网页，单击"停止"按钮，则停止打开当前的网页。

IE 7.0特别在地址栏右边设置了搜索框，用于使用"Live Search"搜索功能在互联网中搜索信息和资源。

2. 工具栏

工具栏由常用的工具按钮组成，从左到右依次为"收藏中心"按钮、选项卡标签、"主页"按钮、"页面"按钮等多个工具按钮，如图10-3所示。

★ 图10-3

IE 7.0可以在同一窗口中同时打开多个网页页面，在工具栏中会显示相应的选项卡标签，用来切换这些页面。

IE浏览器提供RSS源支持，可订阅网站发布的经常更新的内容，使用工具栏中的查阅源按钮，可使用查看源的相关功能。

3. 菜单栏

IE 7.0的菜单栏被隐藏了，其中集中了IE操作的所有菜单命令。可按"Alt"键激活菜单栏，如图10-4所示。

★ 图10-4

4. 状态栏

状态栏位于窗口最底部，用于显示IE浏览的当前网页信息、程序状态信息、保护模式信息和"更改缩放级别"按钮等，如图10-5所示。

★ 图10-5

单击"更改缩放级别"按钮，可在弹出的列表中选择网页的缩放比例。

5. 工作区

窗口中间的空白区域是工作区，显示正在浏览的网页页面，网页中包含大量的文字、图片等信息。

页面中内容很多不能完全显示时，会在窗口右侧和下方显示滚动条，用于滚动页面。

动手练

请读者在工具栏中单击"工具"→"菜单栏"命令，勾选"菜单栏"选项，永久显示菜单栏，如图10-6所示。

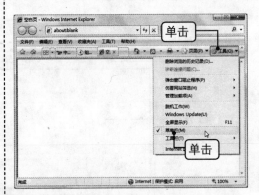

★ 图10-6

需要去掉菜单栏时，按照同样的方法取消"菜单栏"选项的勾选即可。

10.1.2 使用IE 7.0打开网页

知识点讲解

在IE 7.0中打开网页的方法很简单，同以往IE浏览器的使用方法相同。

在地址栏中输入网页的网站地址，然后单击地址栏右侧的"转到"按钮，或者按"Enter"键确认，即可连接到该网站并打开网页，如图10-7所示。

在连接到的网页中，将鼠标指针指向网页中的文字或者图片，如果鼠标指针变为手指状，则表示所指向的对象为链接。单击该链接即可在当前窗口或新的窗

口中打开新的网页进行浏览。

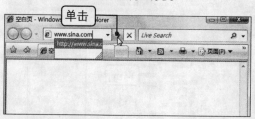

★ 图10-7

提示

网址是与网站的IP地址一一对应的域名（DNS），因为IP地址不便于记忆，所以采用直观明了的一串字符作为网站地址。

动手练

请读者按照下面的操作提示，浏览雅虎网站http://cn.yahoo.com中的主要新闻。

1 双击桌面上的IE快捷方式图标，或者在"开始"菜单中单击"Internet Explorer"命令，启动IE浏览器，如图10-8所示。

★ 图10-8

2 在IE浏览器的地址栏中输入雅虎网站的网址"http://cn.yahoo.com"，然后单击地址栏右侧的"转到"按钮确认，打开该网页，如图10-9所示。

在浏览网站的过程中，可单击页面中的不同链接进入其他页面阅读。若网页显示不全，拖动窗口右侧或下方的滚动条滚动页面。

★ 图10-9

10.1.3 IE 7.0的选项卡操作

知识点讲解

选项卡式的网页浏览是 Internet Explorer 7.0的一大特色，可在单个浏览器窗口中打开多个网页，每个网页都在一个单独的选项卡中显示。

1. 新建或关闭选项卡

启动IE窗口时默认只打开一个选项卡，工具栏中只可见一个选项卡标签，需要打开新的网页时，可以再新建多个选项卡页面。

新建选项卡页面的方法有如下几种。

▶ 单击选项卡最右侧的"新选项卡"按钮，如图10-10所示。

★ 图10-10

▶ 按"Ctrl+T"组合键，如图10-11所示。

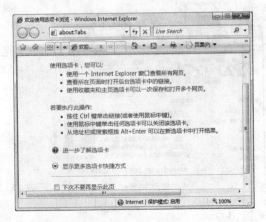

★ 图10-11

▶ 在浏览网页时，按住"Ctrl"键的同时用鼠标单击要打开的链接，则在当前窗口中新建一个选项卡，并跟踪网页中的链接打开链接网页，如图10-12所示。

★ 图10-12

▶ 在浏览网页时，用鼠标右键单击页面中的链接，然后在弹出的菜单中单击"在新选项卡中打开"命令，在当前窗口中新建一个选项卡并打开链接网页，如图10-13所示。

需要关闭选项卡时，先单击希望关闭的选项卡标签，然后单击其右上角的"关闭选项卡"按钮（小红叉）即可，如图10-14所示。

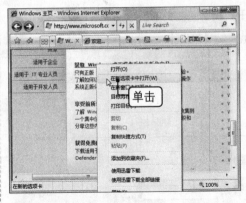

★ 图10-13

★ 图10-14

2. 切换选项卡

在IE窗口中打开了多个选项卡后，可以通过在工具栏中单击选项卡标签切换到对应的选项卡页面。

3. 快速导航选项卡

假如工具栏中打开的选项卡过多，可以使用快速导航选项卡功能，快速找到并切换到所需页面。使用快速导航选项卡功能的方法如下。

1 单击选项卡标签一行左侧的"快速导航选项卡"按钮打开选项卡的缩略视图，如图10-15所示。

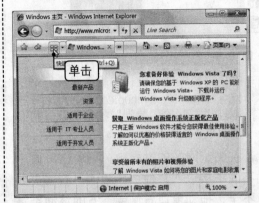

★ 图10-15

2 在缩略视图的缩略图中找到要浏览的页面，单击该页面缩略图即可切换到该选项卡页面，如图10-16所示。

★ 图10-16

提　示

"快速导航选项卡"按钮 ⊞ 仅在打开了多个网页时显示。

动　手　练

请读者练习使用IE 7.0浏览网页。单击"快速导航选项卡"按钮旁的小箭头按钮，在弹出列表中也可选择要切换的页面，如图10-17所示。

★ 图10-17

10.1.4　保存网页中的图片

知识点讲解

在使用IE浏览器浏览网页的同时，还可以将网页中的图片、文字，甚至整个网页保存下来作为收藏。

对网页中的图片单击鼠标右键，在弹出的菜单中选择"图片另存为"命令进行保存。

动　手　练

请读者按照下面的操作提示，将网页中喜欢的图片保存到"示例图片"文件夹中。

1 在网页中对要收藏的图片单击鼠标右键，在弹出的菜单中选择"图片另存为"命令，如图10-18所示。

★ 图10-18

提　示

在保存网页中的图片时，假如图片本身比较小或者是一个链接，可先单击该图片看能否打开原图，再保存原始大小的图片。

2 在弹出的"保存图片"对话框中，定位到"C:\用户\公用\公用图片\示例图片"路径下，然后单击"保存"按钮即可，如图10-19所示。

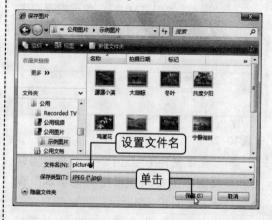

★ 图10-19

10.1.5 保存整个网页

知识点讲解

如果要将网页中的全部信息保存下来，可以将整个网页保存为文件。

在工具栏的右端单击"页面"下拉按钮 页面(P) ▼，在弹出的下拉列表中单击"另存为"命令，进行网页保存。

可以根据需要将网页保存为4种文件类型中的任意一种。

> "网页，全部（*.htm、*.htlm）"：保存所有初始格式的图形、边框以及样式表，会保存为一个超文本文件和相关文件的文件夹，如图10-20所示。

名称	修改日期	类型	大小
网易_files	2008/6/2 17:34	文件夹	
网易	2008/6/2 17:34	HTML 文档	139 KB

★ 图10-20

> "Web 档案，单个文件(*.mht)"：将网页中的全部信息保存为一个单一文件，如图10-21所示。

名称	修改日期	类型	大小
网易	2008/6/2 17:37	MHTML 文档	634 KB

★ 图10-21

> "网页，仅 HTML"：仅保存没有图形、声音或其他文件的当前 HTML 页面，如图10-22所示。

名称	修改日期	类型	大小
网易	2008/6/2 17:39	HTML 文档	120 KB

★ 图10-22

> "文本文件（*.txt）"：仅保存当前网页中的文本，可用"记事本"查看，如图10-23所示。

名称	修改日期	类型	大小
网易	2008/6/2 17:41	文本文档	8 KB

★ 图10-23

动手练

请读者按照下面的操作提示，打开网易首页（http://www.163.com），然后将其保存"Web 档案，单个文件(*.mht)"文件。

1 启动IE 7.0浏览器，输入网址"http://www.163.com"，打开要保存的网页。

2 在工具栏的右端单击"页面"下拉按钮 页面(P) ▼，在弹出的下拉列表中单击"另存为"命令，如图10-24所示。

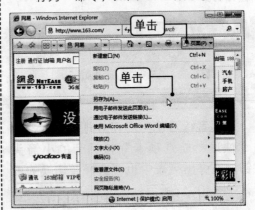

★ 图10-24

3 弹出"保存网页"对话框，导航到要保存该网页的文件夹，然后单击"保存类型"下拉按钮，选择"Web档案，单个文件(*.mht)"保存类型，如图10-25所示。

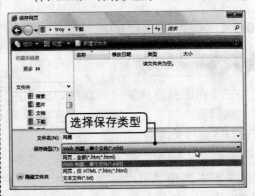

★ 图10-25

4 设置完毕后单击"保存"按钮即可，如图10-26所示。

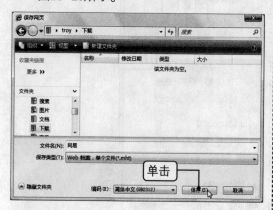

★ 图10-26

> **提 示**
>
> 如果要更改保存网页的文件名称，在"文件名称"框中输入新名称即可。

10.1.6　网页的显示设置

知识点讲解

在IE 7.0中，可以通过自定义页面显示设置，更改显示网页的字体、颜色、页面显示比例等，让网页按照用户的要求显示。

1. 更改文本的字体大小

想要让网页中的文本文字显示得更大或者更小，可通过更改文本大小来实现。在更改文本大小的同时，网页中的图形和控件将仍保持原始大小。

在IE窗口的工具栏中单击"页面"下拉按钮 ，在弹出的下拉列表中单击"文字大小"命令，然后在弹出的列表中选择文本大小即可，如图10-27所示。

2. 更改文本的字体和颜色

通过更改文字的字体和颜色设置，可以自定义网页中部分文本的字体和字色。该设置只对网页中没有特别指定颜色和字体的文本有效。具体设置方法如下。

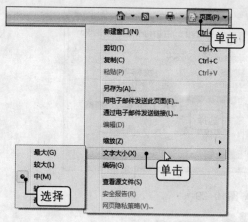

★ 图10-27

1 在IE窗口的工具栏中单击"工具"→"Internet选项"命令。

2 在弹出的"Internet选项"对话框中切换到"常规"选项卡，在下方的"外观"选项组中单击"字体"按钮，如图10-28所示，打开"字体"对话框。

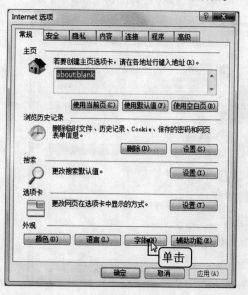

★ 图10-28

3 在弹出的"字体"对话框中，单击"字符集"下拉按钮可选择字符集。在下边的"网页字体"和"纯文本字体"文本框中可分别选择网页和源代码的字体，选择完毕后单击"确定"按钮，如图10-29所示。

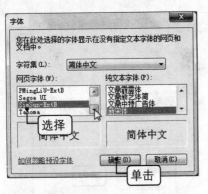

★ 图10-29

> **提示**
>
> 在"网页字体"列表框中选择的字体将应用于网页；在"纯文本字体"文本框中选择的字体将应用于网页的源代码，也就是网页源代码在"记事本"中的字体格式。

4 返回"Internet选项"对话框，单击"颜色"按钮，如图10-30所示。

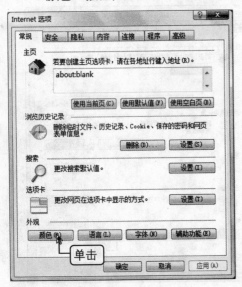

★ 图10-30

5 在弹出的"颜色"对话框中，取消"使用Windows颜色"复选项的勾选，激活下边的各个选项，然后分别单击各选项的色块，定义需要的颜色，如图10-31所示。

★ 图10-31

> **提示**
>
> 在勾选"使用Windows颜色"复选项时，IE将使用Windows定义的颜色方案来显示网页文本。此外，若勾选"使用悬停颜色"复选项，可激活"悬停"选项。

6 在接下来弹出的"颜色"对话框中，在"基本颜色"选项组中单击需要的颜色进行选择，然后单击"确定"按钮，如图10-32所示。

★ 图10-32

7 依次返回上一个对话框，单击"确定"按钮保存设置并关闭对话框即可。

3. 更改网页显示比例

IE 7.0 可以按照一定比例缩放网页视图的大小，将网页中的所有内容放大或者缩小，缩放范围介于10%~1000%之间。

在IE窗口状态栏的右下角，单击"更

改缩放比例"下拉按钮，在弹出的列表中选择缩放的比例，如图10-33所示。

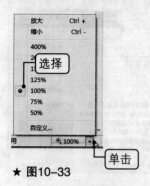

★ 图10-33

如果要更加灵活地指定缩放比例数值，则在弹出的列表中单击"自定义"命令，打开"自定义缩放"对话框，设置缩放比例，如图10-34所示。

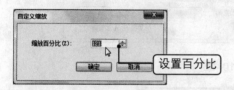

★ 图10-34

自定义缩放比例时，可以在微调框中输入10~1000之间的任意数值，也可单击微调按钮进行调节，设置完毕后单击"确定"按钮保存设置即可。

动手练

请读者分别按照下述方法缩放网页显示比例。

► 按住"Ctrl"键的同时滚动鼠标滚轮，可缩放当前IE窗口中的页面。
► 按"Ctrl++"组合键，增大网页显示比例，按"Ctrl+-"组合键，缩小网页显示比例。
► 按"Ctrl+0"组合键，将网页缩放比例还原到100%。
► 只单击状态栏中的百分比按钮 ，逐步放大网页显示比例。

10.2 IE 7.0的使用技巧

IE 7.0有许多功能可以提高上网效率，比如使用收藏夹、历史记录和主页等，可以将经常访问或者曾经访问过的网站收藏或记录下来，以便随时打开和查阅。

10.2.1 用收藏夹收藏网站

收藏夹是IE浏览器用来存储网站链接的文件夹。

知识点讲解

将网站的网址添加到收藏夹中，以后若需要再次访问该网站时，只需打开收藏夹列表，单击收藏的网站链接即可。

1. 收藏单个网页

由于IE 7.0可以在同一个窗口中打开多个网页，所以在收藏网页时，不仅可以选择单个选项卡中的网页，还可以选择将多个选项卡中的多个网页同时收藏。

下面先介绍收藏单个网页的方法。

1 在IE窗口中打开想要收藏的网站首页，如果打开了多个选项卡，则切换到要收藏的网页页面。

2 在工具栏中单击"添加到收藏夹"按钮，在弹出的下拉列表中单击"添加到收藏夹"命令，如图10-35所示。

3 在弹出的"添加收藏"对话框中，单击"创建位置"下拉按钮，在弹出的下拉列表中选择存储网站链接的文件夹，然后单击"添加"按钮即可，如图10-36所示。

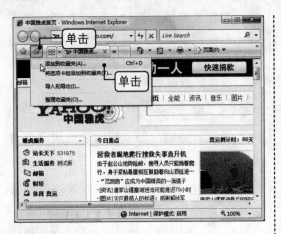

★ 图10-35

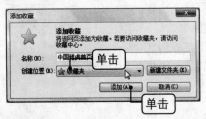

★ 图10-36

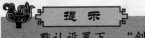

提　示

　　默认设置下，"创建位置"只有一个"收藏夹"文件夹可选，用户还可在该文件夹下创建子文件夹。

2. 收藏选项卡组

　　在IE窗口中打开了多个选项卡页面后，还可以将这些网页全部作为一个组收藏到收藏夹。被收藏的选项卡组会被作为一个子文件夹存储在"收藏夹"列表中。

　　收藏选项卡组的方法如下。

1 在IE窗口中用多个选项卡分别打开所有想要收藏的网站首页。

2 在工具栏中单击"添加到收藏夹"按钮，在弹出的下拉列表中单击"将选项卡组添加到收藏夹"命令，如图10-37所示。

3 在弹出的"收藏中心"对话框中，设置"选项卡组名"，选择"创建位置"保存链接，然后单击"添加"按钮即可，如图10-38所示。

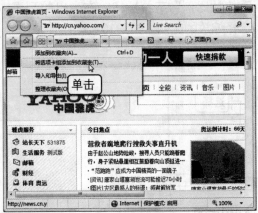

★ 图10-37

★ 图10-38

动 手 练

　　在收藏夹中收藏了雅虎网站（http://cn.yahoo.com）后，下面请读者跟随讲解练习从收藏夹列表中打开该网站。

　　在IE窗口的工具栏中单击"收藏中心"按钮，在弹出的下拉列表中单击"收藏夹"按钮，如图10-39所示。

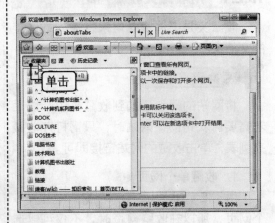

★ 图10-39

在收藏夹列表中单击要打开的"中国雅虎首页"网站，即可打开网页。

如果网站链接存放在子文件夹中，则单击文件夹选项逐级展开文件夹列表，再选择要打开的网页，如图10-40所示。

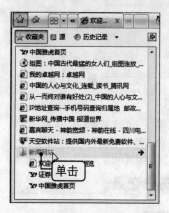

★ 图10-40

10.2.2 管理收藏夹

可以在"收藏夹"文件夹中创建不同的子文件夹，将收藏的网站归类到这些子文件夹中，具体操作方法如下。

1 在IE窗口的工具栏中，单击"添加到收藏夹"按钮，在弹出的下拉列表中单击"整理收藏夹"命令，如图10-41所示。

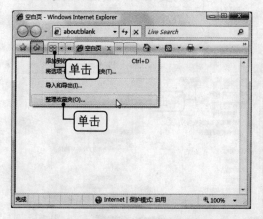

★ 图10-41

2 在弹出的"整理收藏夹"对话框中，

单击"新建文件夹"按钮新建一个文件夹，并为此文件夹设置名称，如图10-42所示。

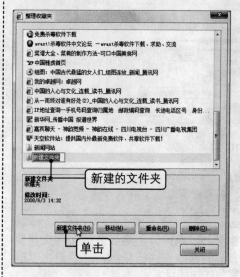

★ 图10-42

3 选择要归类的网站链接，然后单击"移动"按钮，如图10-43所示。

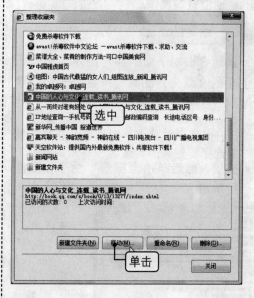

★ 图10-43

4 在弹出的"浏览文件夹"对话框中，选择要将网站链接归类到的文件夹，然后单击"确定"按钮，如图10-44所示。

★ 图10-44

注 意

在"整理收藏夹"对话框中，还可以用鼠标将网站链接拖放到目标文件夹中。

5 重复上述操作，创建必要的文件夹将要归类的网站都进行归类，然后单击"确定"按钮即可。

此外，在"整理收藏夹"对话框中还可对网站链接、文件夹等进行重命名、删除、移动位置等操作。

动 手 练

请读者根据下面的操作提示，整理正在使用的收藏夹，删除"维客——知识索引"网站链接。

1 打开"整理收藏夹"对话框，在列表框中选择要删除的"维客——知识索引"选项，然后单击"删除"命令，如图10-45所示。

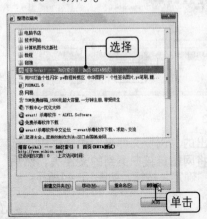

★ 图10-45

2 在弹出的对话框中单击"是"按钮，确认删除，如图10-46所示。

★ 图10-46

3 重复上述操作，删除其他不需要的项目，然后返回"整理收藏夹"对话框，单击"确定"按钮即可。

10.2.3 使用历史记录

知识点讲解

浏览网页时，所浏览过的网站信息会存储在历史记录中。

通过查看历史记录可以了解用户曾经浏览过的网站，还可以直接从历史记录中打开网站。使用历史记录访问网站的方法如下。

1 在IE浏览器窗口的工具栏中，单击"收藏中心"按钮☆，再在弹出的下拉列表中单击"历史记录"按钮，如图10-47所示。

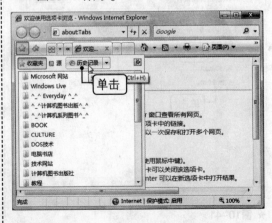

★ 图10-47

2 接着在打开的历史记录列表中，选择

一个要查看的历史记录时间段，如图
10-48所示。

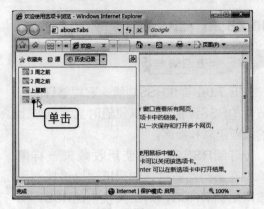

★ 图10-48

3 打开该时间段的文件夹列表，各个浏览
过的相关网站都归类在相应的文件夹
中，依次单击文件夹项和网站链接，便
可打开对应的网页，如图10-49所示。

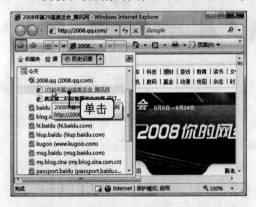

★ 图10-49

请读者单击"历史记录"下拉按钮，
在弹出的下拉列表中可选择"按站点"排
列记录，如图10-50所示。

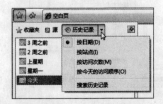

★ 图10-50

10.2.4 使用默认主页

知识点讲解

主页是IE浏览器的默认启动页面，将
经常访问的网页设置为IE主页，则每次启
动IE时，就会自动打开该网页。并且在IE
窗口中单击"主页"按钮 🏠 时，也会立
即切换到该网页。设置IE默认主页的方法
如下。

1 启动IE浏览器，在IE的工具栏中单击
"工具"下拉按钮，然后在弹出的下拉
列表中选择"Internet选项"命令，如
图10-51所示。

★ 图10-51

2 弹出"Internet选项"对话框，默认显
示"常规"选项卡，在"主页"文本框
中输入要设置为主页的网址，或者单击
"使用空白页"按钮，将空白网页作为
主页，然后单击"确定"按钮即可，如
图10-52所示。

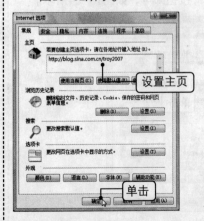

★ 图10-52

提　示

　　"使用空白页"是指使用空白的页面（about:blank）作为主页，在启动IE时不打开任何网页。

动 手 练

　　请读者根据下面的操作提示，启动IE浏览器，打开土豆网（http://www.tudou.com），然后将其设置为主页。

1 启动IE 7.0浏览器，在地址栏中输入网址"http://www.tudou.com"，按"Enter"键打开土豆网，如图10-53所示。

★ 图10-53

2 在IE的工具栏中单击"工具"下拉按钮，然后在弹出的下拉列表中选择"Internet选项"命令。

3 弹出"Internet选项"对话框，默认显示"常规"选项卡，在"主页"文本框下单击"使用当前页"按钮，然后单击"确定"按钮即可，如图10-54所示。

★ 图10-54

　　如果要还原默认的主页，单击"使用默认值"按钮即可。

10.2.5　订阅RSS源

知识点讲解

　　IE 7.0中提供RSS功能，它能够订阅网站中的RSS源信息，以便随时查看网站上的最新消息和新闻。

　　订阅RSS源就像使用收藏夹一样简单。在访问网站时，如果IE浏览器探测到该网站拥有RSS，则工具栏中的RSS订阅按钮就会点亮，此时可单击订阅按钮订阅该源。

提　示

　　RSS源功能是当前热门的网络技术，它是通过网络发布或订阅文字和其他内容的一种开放标准。便于网友向网站订阅最新发布的消息和内容。

　　当订阅了一个或多个RSS源信息后，可以在"收藏中心"查看和打开这些源信息。

　　在IE 7.0窗口的工具栏中，单击"收藏中心"按钮，在弹出的列表中单击"查看源"按钮，打开"源"列表，从中单击要阅读的源信息，即可访问相应的网站，如图10-55所示。

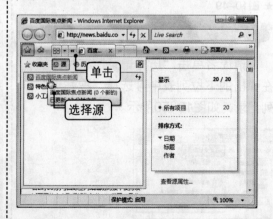

★ 图10-55

请读者根据下面的操作提示，从百度新闻首页（http://news.baidu.com）进入百度国际新闻网站，订阅该网站的RSS源。

1 启动IE浏览器，打开百度新闻首页（http://news.baidu.com），然后单击"国际"链接进入国际新闻页面，如图10-56所示。

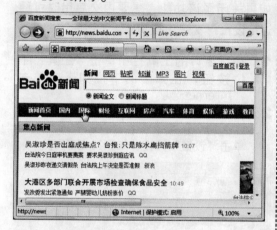

★ 图10-56

2 这是一个包含RSS源的网站，在IE的工具栏中单击RSS订阅按钮，在弹出的下拉列表中单击"百度国际焦点新闻"选项，如图10-57所示。

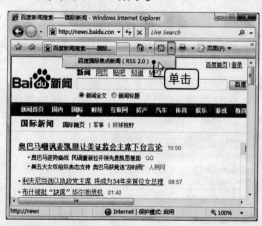

★ 图10-57

3 进入源页面后，在工具栏中单击"添加到收藏夹"按钮，在弹出的下拉列表

中选择"订阅此源"命令，如图10-58所示。

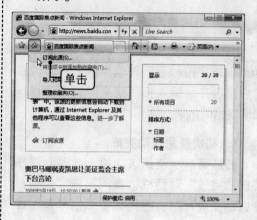

★ 图10-58

4 在弹出的"Internet Explore"对话框中单击"订阅"按钮，完成订阅操作，如图10-59所示。

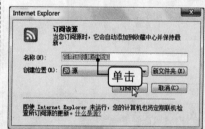

★ 图10-59

5 订阅成功后，网页可能会提示已经成功订阅该网站的源，可以关闭窗口，继续访问其他网站，寻找可订阅的RSS源，如图10-60所示。

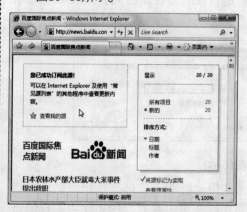

★ 图10-60

10.2.6　使用自动完成功能

知识点讲解

IE浏览器的自动完成功能具备记忆Web表单字段和密码等信息的能力，并在用户日后开始输入相同信息时，自动提示和填写相同的表单字段内容。

1. 初次使用自动完成

若是第一次使用该功能，此时会弹出"自动完成"对话框，询问用户"是否打开自动完成？"，根据需要单击"是"或"否"按钮即可，如图10-61所示。

★ 图10-61

提 示

所谓Web表单是指在网页中提供文本框，让用户填写相关信息的表格或页面。比如填写用户名和密码，登录网页邮箱、论坛账号等。

在填写有关账户密码的信息后，程序会弹出"自动完成密码"对话框，询问用户是否让IE记住此密码，如图10-62所示。

★ 图10-62

如果此时单击"是"按钮，则此后再填写相同表单内容时，例如使用同样的账号进行登录时，则IE浏览器会自动填写所记住的密码。

注 意

若是非常重要的账户密码，或当前的上网环境并不安全（例如在网吧），建议单击"否"按钮，以保证密码安全。

2. 设置自动完成功能

默认设置下自动完成功能是打开的，如果关闭了该功能，想要再次启用时可通过IE设置再次启用该功能。

1 在IE窗口的工具栏中单击"工具"下拉按钮，在弹出的下拉列表中单击"Internet选项"命令。

2 打开"Internet选项"对话框，切换到"内容"选项卡，在"自动完成"栏中单击"设置"按钮，如图10-63所示。

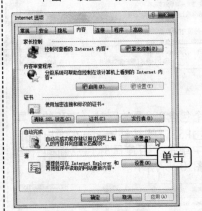

★ 图10-63

3 在弹出的"自动完成设置"对话框中，勾选需要应用该功能的选项，然后单击"确定"按钮，如图10-64所示。

★ 图10-64

4 返回原"Internet选项"对话框，单击"确定"按钮关闭对话框。

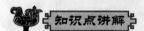

下面请读者练习自动完成功能的使用。在IE地址栏中输入网址时，在弹出的提示列表中选择要输入的网址，自动完成输入，如图10-65所示。

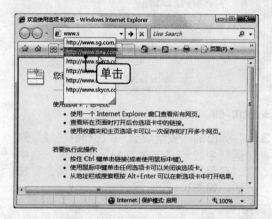

★ 图10-65

在使用网页搜索引擎搜索信息时，在弹出的列表中选择输入过的字段，完成自动输入，如图10-66所示。

★ 图10-66

在登录论坛或者贴吧时，使用自动完成功能填写登录账号。

若使用了IE自动记住账户密码的功能，在输入用户账号后，IE会自动填写密码。

10.3　IE 7.0的基本设置

通过改变IE的一些设置参数，可以提高浏览网页的便捷性和舒适度。如果在IE浏览网页的过程中出现没有遇到过的问题，可以通过这些设置寻求答案和解决方法。

10.3.1　设置IE的语言

知识点讲解

IE 7.0可以使用多种语言，以便能在网页和地址栏中正确地显示文本内容。但若需要更改IE菜单栏和工具栏中的语言，需要安装由用户设定的首选语言编写的IE版本。

1. 设置网页语言编码

网页的语言编码包含语言和字符集的信息，用来告知网页浏览器采用何种语言或字符集显示网页中的内容。通过设置IE浏览器的语言编码，可让IE选择语言编码的方式更加灵活。

1 启动IE浏览器，然后在网页中单击鼠标右键。

2 在弹出的菜单中依次单击"编码"→"自动选择"命令，勾选"自动选择"选项，则IE将自动选择语言编码，如图10-67所示。

★ 图10-67

若需要自行选择其他语言编码，则在网页上单击鼠标右键，在弹出的菜单中依次单击"编码"→"其他"命令，在弹出的子菜单中选择需要的编码，如图10-68所示。

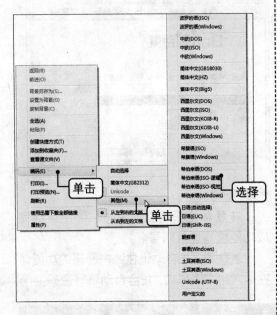

★ 图10-68

2. 自动下载网页字体

网页中的文字时常会采用各种各样的字体，若电脑中并没有安装这些字体，则不能显示出网页中真实的字体形态。

所以IE浏览器默认开启了自动下载字体的功能，以保证真实反映网页中的文字外观。若该功能被关闭，可通过下述方法打开。

1 在IE工具栏中单击"工具"按钮，在弹出的下拉列表中单击"Internet选项"命令。

2 打开"Internet选项"对话框，切换到"安全"选项卡，单击"自定义级别"按钮，如图10-69所示。

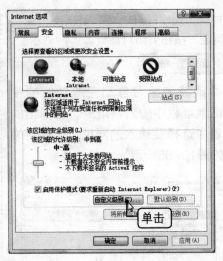

★ 图10-69

3 在弹出的"安全设置-Internet区域"对话框中找到"字体下载"选项组，选中"启用"单选项，然后单击"确定"按钮，如图10-70所示。

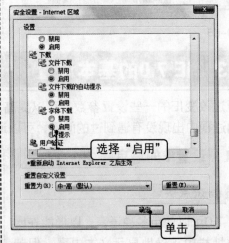

★ 图10-70

4 返回"Internet选项"对话框，单击"确定"按钮关闭对话框。

动手练

若IE缺少需要的语言，不能正确显示网页中的内容时，可将新语言添加到IE中。请读者根据下面的操作提示，在IE浏览器中添加"阿拉伯语（摩洛哥）"语言。

1 在IE工具栏中单击"工具"按钮，在弹出的下拉列表中单击"Internet选项"命令。

2 打开"Internet选项"对话框，在"常规"选项卡中单击"语言"按钮，如图10-71所示。

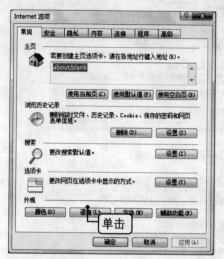

★ 图10-71

3 在弹出的"语言首选项"对话框中单击"添加"按钮，如图10-72所示。

★ 图10-72

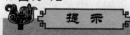

　　若在"语言首选项"对话框中已经添加了多种语言，还可以在"语言"列表框中选中这些语言选项，然后单击旁边的"上移"、"下移"、"删除"等按钮，对这些语言进行排序或删除操作。

4 在弹出的"添加语言"对话框中，选中要添加的"阿拉伯语（摩洛哥）"选项，然后单击"确定"按钮，如图10-73所示。

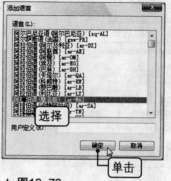

★ 图10-73

5 依次返回上一个对话框，单击"确定"按钮，保存设置并关闭对话框即可。

10.3.2 设置IE辅助选项

知识点讲解

　　IE 7.0的许多功能和程序的运行方式都与辅助选项设置有关，可以通过辅助选项解决一些程序使用上的问题。

　　设置IE辅助选项的方法如下。

1 在IE工具栏中单击"工具"按钮，在弹出的下拉列表中单击"Internet选项"命令，如图10-74所示。

★ 图10-74

2 打开"Internet选项"对话框，切换到"高级"选项卡，在"设置"列表框中找到"辅助功能"选项组，勾选需要启用的功能，如图10-75所示。

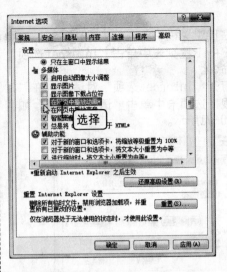

★ 图10-75

3 若需要浏览网页时光标跟随屏幕焦点自动移动，可以勾选"随焦点（或选择）的更改移动系统插入标记"复选项，如图10-76所示。

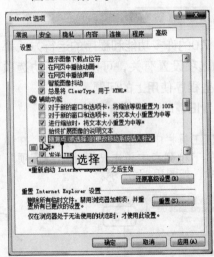

★ 图10-76

4 找到"多媒体"选项组，从中可以勾选或取消网页的辅助功能，例如可以取消选择"在网页中播放动画"复选项，则浏览网页时不会自动播放网页中的动画，如图10-77所示。

5 找到"浏览"选项组，从中可勾选或取消选择辅助选项，可以启用或者屏蔽掉一些网页功能，如图10-78所示。

★ 图10-77

★ 图10-78

6 设置完毕后，单击"确定"按钮保存设置。

动手练

请读者根据下面的操作提示，取消显示图片的功能，屏蔽掉网页中的图片。

1 在IE工具栏中单击"工具"按钮，在弹出的下拉列表中单击"Internet选项"命令。

2 打开"Internet选项"对话框，切换到"高级"选项卡，找到"多媒体"选项

组，从中取消"显示图片"复选项的勾选，如图10-79所示。

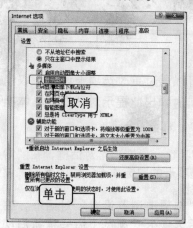

★ 图10-79

3 设置完毕后，单击"确定"按钮保存设置。

屏蔽掉图片后，网页中的图片将会显示为红色的小叉或者空白图片图标。

需要临时查看某张图片时，再用鼠标右键单击网页中图片所在的位置，在弹出的菜单中单击"显示图片"命令即可，如图10-80所示。

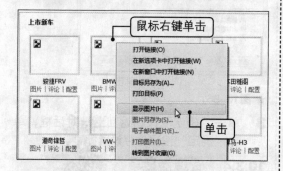

★ 图10-80

屏蔽图片只会屏蔽掉网页中的图片显示，对Flash文件的显示没有影响。

10.3.3 设置选项卡

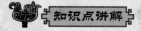

在默认设置下，在IE 7.0中启用了选项卡功能，并且采用了在弹出窗口时在新窗口中打开网页的设置。

如果想要禁用选项卡功能，或者想要在单击链接时只在当前窗口的新选项卡中打开网页，可以对选项卡的设置参数进行重新配置。具体设置方法如下。

1 在IE窗口的工具栏中单击"页面"下拉按钮，在弹出的下拉列表中单击"Internet选项"命令。

2 弹出"Internet选项"对话框，在"常规"选项卡的"选项卡"栏目中单击"设置"按钮，如图10-81所示。

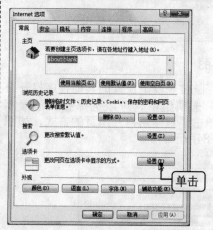

★ 图10-81

3 在弹出的"选项卡浏览设置"对话框中，若需要使用选项卡功能，则保持"启用选项卡式浏览（需要重新启动Internet Explorer）"复选项的勾选状态，还可在下方的选项组中配置选项卡的打开和关闭方式，如图10-82所示。

★ 图10-82

4 在"遇到弹出窗口时"选项组中，选择在弹出网页窗口时的打开方式，如图10-83所示。

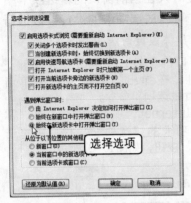

★ 图10-83

5 在"从位于以下位置的其他程序打开链接"选项组中，可以选择在其他程序中单击了链接后打开网页的方式，如图10-84所示。

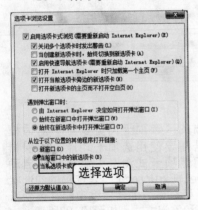

★ 图10-84

6 设置完毕后，单击"确定"按钮保存设置，依次返回上一对话框单击"确定"按钮，关闭对话框即可。

动手练

默认设置下，如果在IE窗口中打开了多个选项卡页面，则在关闭窗口时会弹出提示对话框，要单击对话框中的"关闭选项卡"按钮后才能关闭窗口，如图10-85所示。

★ 图10-85

读者可以通过更改选项卡设置，取消在关闭窗口时弹出此提示对话框。具体操作步骤如下。

1 打开"Internet选项"对话框，在"常规"选项卡的"选项卡"栏中单击"设置"按钮。

2 弹出"选项卡浏览设置"对话框，在"启用选项卡式浏览（需要重新启动Internet Explorer）"选项组中，取消"关闭多个选项卡时发出警告"复选项的勾选，如图10-86所示。

★ 图10-86

3 单击"确定"按钮返回上一对话框，单击"确定"按钮保存设置即可。

10.3.4 管理加载项

知识点讲解

加载项也被叫做ActiveX控件、浏览器扩展、浏览器帮助应用程序对象，可以通过提供多媒体或交互式内容（如动画），运行来自网站的一些功能，或者加载其他程序享用某些服务。

在浏览网页时如果需要安装来自网站

的ActiveX控件等加载项，系统会提示用户是否安装，用户赋予相应的权限后才会安装到电脑中。

但是仍然还是有部分加载项未经许可便安装到系统中。虽然加载项程序大部分是非常有用的，比如观看视频、上传文件的控件等，但部分病毒网站也包含恶意的流氓插件。

此外，一些应用程序也会自动在IE中添加加载项，以便能够实现部分网络功能。比如下载工具、抓图工具、聊天工具等。

在IE窗口的工具栏中单击"工具"下拉按钮，在弹出的下拉列表中依次单击"管理加载项"→"启用或禁用加载项"命令，打开"管理加载项"对话框，便可看到IE中安装了哪些加载项，如图10-87所示。

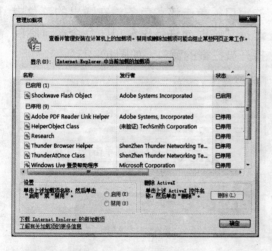

★ 图10-87

在"管理加载项"对话框中，可以对不同加载项进行管理，禁用不需要的加载项或启用加载项。

1 在IE窗口的工具栏中单击"工具"下拉按钮，在弹出的下拉列表中依次单击"管理加载项"→"启用或禁用加载项"命令，如图10-88所示，打开"管理加载项"对话框。

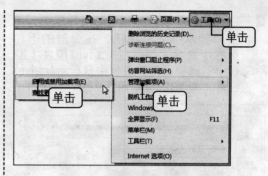

★ 图10-88

2 在弹出的"管理加载项"对话框中，在列表框中选择要启用或禁用的加载项，然后在"设置"选项组中选择"启用"或"禁用"单选项，如图10-89所示。

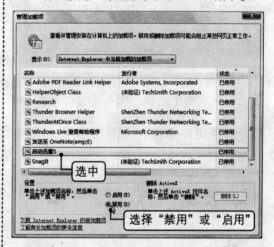

★ 图10-89

3 设置完毕后单击"确定"按钮保存设置即可。

动手练

如果发现IE被安装了不需要的ActiveX控件加载项，并且该控件可能是流氓插件存在安全隐患，应及时删除该加载项。

请读者根据下面的操作提示，删除IE中的"MSN Photo Upload Tool"加载项。

1 在IE窗口的工具栏中单击"工具"下拉按钮，在弹出的下拉列表中依次单击"管理加载项"→"启用或禁用加载项"命令，打开"管理加载项"对话框。

2 在弹出的"管理加载项"对话框中，单击"显示"下拉按钮，在弹出的下拉列表中选择"下载的ActiveX控件（32位）"选项，则列表框中只显示ActiveX控件，如图10-90所示。

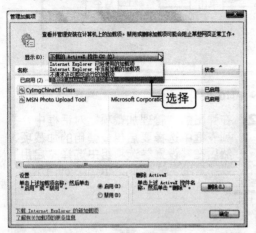

★ 图10-90

3 在列表框中选择"MSN Photo Upload Tool"加载项，然后在"删除ActiveX"选项组中单击"删除"按钮，如图10-91所示。

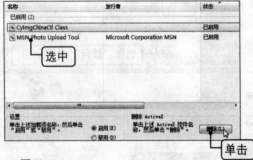

★ 图10-91

10.3.5 禁止弹出广告窗口

知识点讲解

在浏览网页的过程中，常弹出网站自带的广告窗口，影响网页的正常浏览。通过启用IE的阻止弹出广告页面的功能，可以有效避免这一情况。

启用了阻止弹出广告窗口功能后，在打开网页时IE会自动拦截广告窗口，并

且弹出"信息栏"对话框告知拦截信息，单击"关闭"按钮关闭对话框即可，如图10-92所示。

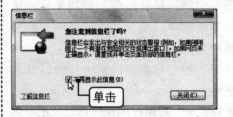

★ 图10-92

提示

在对话框中勾选"不再显示此信息"复选项，然后单击"关闭"按钮关闭对话框，则以后不会再弹出该对话框。

在拦截了窗口后，网页最上方会以黄色条显示拦截信息。如果想要查看被拦截的窗口，单击该黄色条，在弹出的菜单中选择"临时允许弹出窗口"命令，可临时打开被拦截的窗口，如图10-93所示。

★ 图10-93

动手练

下面练习启用禁止弹出广告窗口的操作，具体设置方法如下。

1 在IE窗口的工具栏中单击"工具"按钮，在弹出的下拉列表中选择"Internet选项"命令，打开"Internet选项"对话框，如图10-94所示。

★ 图10-94

2 将对话框切换到"安全"选项卡，单击其下方的"自定义级别"按钮，如图10-95所示。

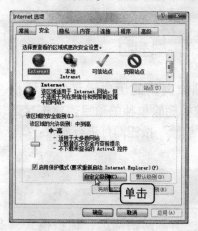

★ 图10-95

3 弹出"安全设置-Internet区域"对话框，拖动"设置"列表框右侧的滚动条，找到"使用弹出窗口阻止程序"选项组，选中"启用"单选项，然后单击"确定"按钮，如图10-96所示

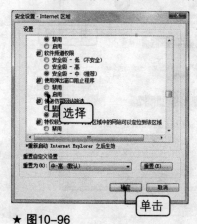

★ 图10-96

4 在弹出的"警告"对话框中，单击"是"按钮，如图10-97所示。

★ 图10-97

5 返回原对话框中，单击"确定"按钮关闭对话框即可。

10.3.6 清除IE临时文件夹

知识点讲解

在浏览网页的过程中，所浏览过的网页信息将作为临时文件存储在临时文件夹中。这样可以提高浏览相同网页的速度，但存在一定的安全隐患。

临时文件中有一种特殊的临时文件——Cookie，用户登录网页邮箱或QQ号时等使用过的账号、密码和单击过的链接等也会保存在Cookie文件中。

而Cookie文件由于包含了大量的用户账户和密码信息，长久存储在电脑中会成为泄露用户个人信息的安全隐患。所以需要适时清除临时文件夹中的文件。

动手练

请读者根据下面的操作提示，清空临时文件夹中的临时文件，以腾出部分存储空间。

1 在IE工具栏中单击"工具"按钮，在弹出的下拉列表中选择"Internet选项"命令，打开"Internet选项"窗口。

2 在"常规"选项卡中单击"浏览历史记录"一栏中的"删除"按钮，如图10-98所示。

★ 图10-98

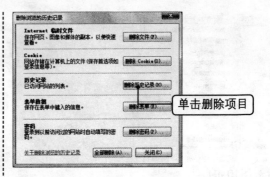

★ 图10-99

3　弹出"删除浏览的历史记录"对话框，
单击下方的"删除历史记录"按钮，如
图10-99所示。

4　在弹出的"删除浏览的历史记录"对话
框中，单击"是"按钮即可，如图10-
100所示。

★ 图10-100

　　在"删除浏览的历史记录"对话框
中，可以选择删除单独的项目，单击其选
项右侧的"删除"按钮即可进行删除。

10.4　IE 7.0的安全和隐私设置

　　IE浏览器的安全和隐私设置包括安全区域和级别、仿冒网站筛选、保护模式、
Cookie隐私设置等多个方面，可提高浏览网页的安全性，避免病毒、恶意插件、仿冒网
站信息的侵害和骚扰。

10.4.1　安全区域

知识点讲解

　　IE浏览器将网络中的网站划分为4个
Internet安全区域，在"Internet安全性"
设置对话框中可以查看和设置这些安全区
域的安全级别。

　　在IE浏览器窗口的状态栏中，双
击"Internetl保护模式"图标，打开
"Internet安全性"对话框，在这里就可以
查看IE所划分的安全区域，如图10-101所
示。

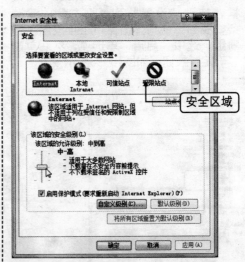

★ 图10-101

在对话框中用鼠标选择其中的某个安全区域图标选项，然后在下方拖动安全级别滑块，即可设置该项目的安全级别。

这4个安全区域分别是：Internet、本地 Intranet、可信站点和受限站点。

1. Internet

默认情况下，Internet 区域的安全设置级别适用于所有网站。该区域的安全级别通常被设置为"中高"（但可将其更改为"中"或"高"），但是不适用于可信站点区域或受限站点区域中的网站。

2. 本地Intranet

本地Intranet区域的安全设置级别适用于存储在企业或商务网络的网站和内容。本地 Intranet 区域的安全级别通常被设置为"中"。

3. 可信站点

可信站点的安全设置级别适用于已明确指定信任其不会损坏电脑或信息的站点。可信站点的安全级别通常被设置为"中"。

4. 受限站点

受限站点的安全设置级别适用于可能损坏电脑或信息的站点。将站点添加到受限制的区域不会阻止这些站点，但可对阻止站点使用脚本或任何活动内容。受限站点的安全级别设置为"高"并且无法更改。

动手练

请读者根据下面的操作提示，自定义Internet安全区域的安全级别。

1 在IE浏览器窗口的状态栏中，双击"Internet|保护模式：启用"图标，如图10-102所示。

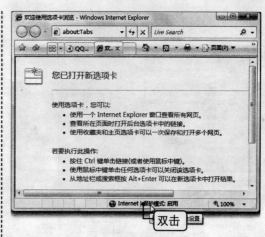

★ 图10-102

2 打开"Internet安全性"对话框，在"选择要查看的区域或更改安全设置"列表框中，单击"Internet"图标，然后在下方设置安全级别，单击"自定义级别"按钮，如图10-103所示。

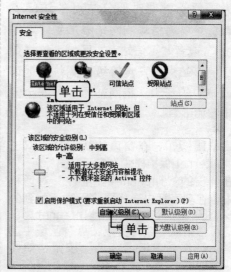

★ 图10-103

3 在弹出的"安全设置-Internet区域"对话框中，可以对各个安全、隐私选项进行配置，设置完毕后单击"确定"按钮，如图10-104所示。

4 依次返回上一对话框，单击"确定"按钮，保存设置关闭对话框即可。

★ 图10-104

10.4.2 设置可信站点

知识点讲解

为了便于管理对部分站点的访问安全设置，可以将信赖的网站添加到"本地Intranet"或者"可信站点"区域，这样更便于控制该站点的安全等级，高效率地访问该网站中的资源。将网站添加到安全区域的步骤如下。

1 启动IE 7.0，在窗口的状态栏中双击"Internet|保护模式：启用"图标。

2 在弹出的"Internet安全性"对话框中，在列表框中选择要将网站添加到的安全区域（只能从"本地Intranet"、"可信站点"或"受限站点"区域中选择），然后单击"站点"按钮，如图10-105所示。

3 在弹出的"可信站点"对话框中，输入要添加的网站地址，输入时必须使用"https://"作为网站的前缀，然后单击"添加"按钮，如图10-106所示。

提 示

如果要添加的网站不是安全站点（HTTPS），此时不能勾选"网站"列表框下方的"对该区域中的所有站点要求服务器验证(https:)"复选项。

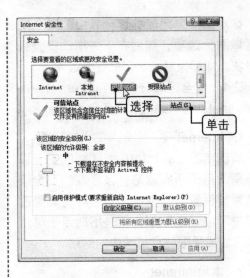

★ 图10-105

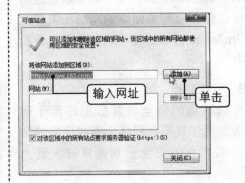

★ 图10-106

4 被添加的网站会显示在下方的"网站"列表框中，可继续输入要添加的其他网址进行添加，然后单击"关闭"按钮关闭该对话框，如图10-107所示。

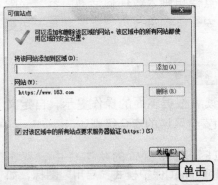

★ 图10-107

5 返回之前的对话框单击"确定"按钮保

存设置，并关闭对话框即可。

🎋 动手练

请读者根据下面的操作提示，在IE的安全区域设置中删除安全区域中添加的站点。

1 打开"Internet安全性"对话框，单击某个安全区域（"本地Intranet"、"可信站点"或"受限站点"），然后单击"站点"按钮。

2 在弹出的对话框中，在"网站"列表框中选中要删除的网站，再单击"删除"按钮即可，如图10-108所示。

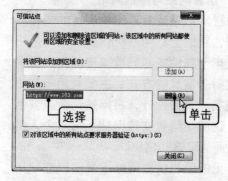

★ 图10-108

3 单击"关闭"按钮，返回上一对话框单击"确定"按钮，保存设置。

10.4.3　保护模式

🎋 知识点讲解

IE 7.0的保护模式是一项保护电脑不被安装恶意软件的功能，它能让IE 7.0运行在最低的权限下。只要涉及到用户配置文件夹、系统关键注册表键值的进程都会被及时制止，就算浏览的网页中包含恶意代码，也无法损害系统。

默认情况下保护模式为已启用状态，在状态栏上可见启用图标 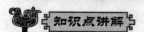。

一旦浏览的网站要尝试在电脑中安装ActiveX控件等加载项，或者要尝试运行特定的软件程序时，IE 7.0就会发出警告，如图10-109所示。

★ 图10-109

出现这种情况，表明有程序可能比用户更希望访问电脑和网页。如果信任该程序，可以单击"允许"按钮继续操作，反之则单击"不允许"按钮。

如果还希望允许该程序在任何网站上运行，可以勾选"不再对此程序显示此警告"复选项，再单击"允许"按钮。

此外，当IE窗口拦截了窗口或者ActiveX控件等加载项后，如果信任该网站并且需要安装或运行来自网站的ActiveX控件程序，可以单击页面顶部的黄色信息栏中的信息，在弹出的下拉列表中选择运行该程序的相关命令（例如"运行Activex插件"命令），允许安装或运行网页要求的程序，如图10-110所示。

★ 图10-110

除了被添加到"可信站点"区域的网站，访问其他所有网站时，IE 7.0都会启用

保护模式。

如果所要访问的网站因为保护模式而不能正常浏览，可以考虑将该网站添加到"可信站点"区域，或者暂时关闭保护模式。

动手练

下面练习关闭对"本地Intranet"区域的保护模式，具体操作步骤如下。

1 打开IE 7.0窗口，在状态栏中双击"保护模式" 🌐 Internet | 保护模式: 启用 图样。

2 在弹出的"Internet安全性"对话框中，选择"本地Intranet"选项，然后取消下方的"启用保护模式（要求重新启动Internet Explorer）"复选项，如图10-111所示。

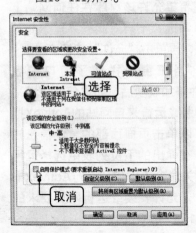

★ 图10-111

3 单击"确定"按钮保存设置，然后在弹出的"警告"对话框中单击"确定"按钮，如图10-112所示。

★ 图10-112

4 关闭IE窗口，重新启动一次IE浏览器即可。

不过为了安全起见，在浏览完需要的

网页后要记得重新启用保护模式，重新勾选"启用保护模式（要求重新启动Internet Explorer）"复选项，再重新启动一次IE浏览器即可。

10.4.4 仿冒网站

知识点讲解

Internet Explorer 7.0新增了仿冒网站筛选功能，该功能主要是检测和筛选仿冒网站。

1. 仿冒网站与筛选网站

仿冒网站是近两年比较流行的网络诈骗形式，它的全称叫联机仿冒网站，是一种通过电子邮件或网站欺骗电脑用户泄漏个人或财务信息的方式。主要利用一些相似的域名和页面设计，将网站伪装成其他网站，诱骗访问者在该网站上输入个人信息，从而盗取这些信息。

常见的联机仿冒网站骗局多以盗取用户身份、银行账号等信息为目的。

如果启用IE 7.0的仿冒网站筛选功能，就可以及时检测出仿冒网站，防止用户上当受骗，从而保护用户的账户、密码、个人隐私等信息不被仿冒网站盗取和泄露。

第一次使用IE 7.0的时候，会在打开第一个网站时弹出对话框，询问用户是否开启该功能，如图10-113所示。

★ 图10-113

选择第一个单选项，然后单击"确定"按钮则启用仿冒网站功能。

IE 7.0主要采用以下方式筛选仿冒网站。

首先，仿冒网站筛选功能会将访问的网站地址与电脑中的合法站点列表进行比较，该合法站点列表中的网址均是被用户向微软报告为合法的网站。

然后，对正在访问的网站进行分析，以查看网站是否具有仿冒网站的常见特征。

最后，仿冒网站筛选程序会争得用户的同意，将一些网站的网址发送给微软网站，以便根据频繁更新的已报告仿冒网站列表进行进一步的检查。

如果正在访问的网站位于已报告仿冒网站列表中，将会显示警告网页并且在地址栏中显示通知。此时，可以在警告网页中选择继续操作或关闭页面。

如果网站具有仿冒站点中常见的特征，但是并不位于该列表中，将在IE 7.0窗口的地址栏中显示警告信息，通知用户该网站可能是仿冒网站。

如果已经判定当前要访问的网站为仿冒网站，IE 7.0窗口的地址栏就会变为红色，网页内容会被禁止访问。

2. 启用仿冒网站筛选功能

如果之前禁用了仿冒网站筛选功能，可按下述步骤启用筛选功能。

1 在IE 7.0窗口的工具栏中，单击"工具"按钮，在弹出的下拉列表中单击"仿冒网站筛选"→"打开自动网站检查"命令，如图10-114所示。

2 在弹出的"Microsoft仿冒网站筛选"对话框中，选中"打开自动仿冒网站筛选（推荐）"单选项，单击"确定"按钮即可，如图10-115所示。

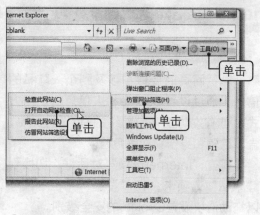

★ 图10-114

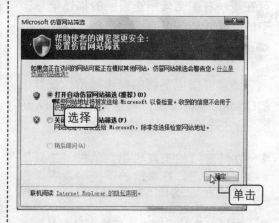

★ 图10-115

动手练

下面练习开启仿冒网站的筛选功能，然后关闭该功能。

在IE窗口的工具栏中单击"工具"按钮，在弹出的下拉列表中单击"仿冒网站筛选"→"关闭自动网站检查"命令。

然后在弹出的"Microsoft仿冒网站筛选"对话框中选中"关闭自动仿冒网站筛选"单选项，单击"确定"按钮即可。

提　示

在打开某个网页时，仿冒网站筛选功能会对当前访问的网站进行检查，此时可在状态栏看见如下图标 。检查通过后，该图标会自动消失。

10.4.5　Cookie和隐私设置

知识点讲解

　　浏览网页时要保护涉及到个人隐私的信息，通过设置Cookie私人信息的使用方式，可有效防止来自网络的有针对性的广告、欺骗和身份窃取等危险。

　　打开"Internet选项"对话框，切换到"隐私"选项卡，在"设置"一栏中，可以拖动滑块设置Cookie的安全级别。

　　每种安全级别都有相应的设置方案，可在滑块右侧阅读所选级别的描述信息，了解设置情况。

动手练

　　请读者根据下面的操作提示，设置IE的Cookie隐私设置，将信任的网站www.baidu.com设置为允许Cookie信息。

1　在IE窗口的工具栏中，单击"工具"下拉按钮，在弹出的下拉列表中单击"Internet选项"命令，打开"Internet选项"对话框。

2　在弹出的对话框中，切换到"隐私"选项卡，若要允许或阻止来自特定网站的Cookie信息和要求，单击"站点"按钮 站点(S)，如图10-116所示。

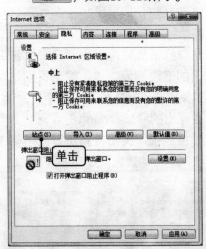

★ 图10-116

3　打开"每站点的隐私操作"对话框，在"网站地址"文本框中输入要设置的站点网址"www.baidu.com"。

4　单击"允许"按钮，允许对该站点的隐私操作，设置完毕后单击"确定"按钮，如图10-117所示。

★ 图10-117

5　返回原"Internet选项"对话框，单击"确定"按钮关闭对话框即可。

10.4.6　设置临时文件

知识点讲解

　　为了提高个人隐私信息的安全性，应设置保存临时文件的存储空间和时间，尤其是保存历史记录的期限。当超过设置的期限时，IE会自动删除过期的历史记录，具体设置方法如下。

1　在IE浏览器窗口的工具栏中单击"工具"按钮，在弹出的下拉列表中选择"Internet选项"命令，打开"Internet选项"对话框。

2　在"常规"选项卡中的"浏览历史记录"栏中单击"设置"按钮，如图10-118所示。

3　弹出"Internet临时文件和历史记录设置"对话框，在"Internet临时文件"选项组中选择"检查所存网页的较新版本"的方式。在"要使用的磁盘空间"微调框中，设置临时文件夹占用的硬盘空间大小，如图10-119所示。

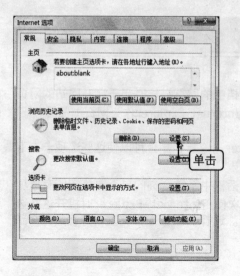

★ 图10-118

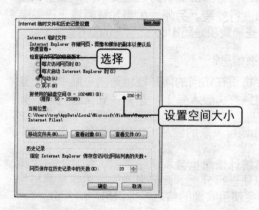

★ 图10-119

4 在下方的"历史记录"一栏中,在"网页保存在历史记录中的天数"微调框中设置保存历史记录的天数,如图10-120所示。

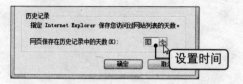

★ 图10-120

5 单击"确定"按钮,保存设置并关闭对话框即可。

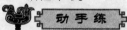

默认设置下,临时文件夹存储在系统

盘的文件夹中,若系统盘空间紧张,可以将临时文件夹的位置更改为D盘中的文件夹。跟随讲解练习其具体操作。

1 打开"Internet选项"对话框,在"常规"选项卡中的"浏览历史记录"一栏中,单击"设置"按钮。

2 打开"Internet临时文件和历史记录设置"对话框,在"Internet临时文件"一栏下方,单击"移动文件夹"按钮,如图10-121所示。

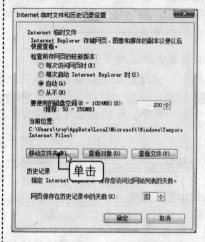

★ 图10-121

3 在弹出的"浏览文件夹"对话框中,选择D盘中的文件夹,然后单击"确定"按钮,如图10-122所示。

★ 图10-122

4 确认操作后返回原对话框,单击"确定"按钮保存设置,关闭对话框即可。

疑难解答

问 使用默认的浏览器设置有什么样的功能呢？

答 使用默认的浏览器设置可以指定在单击程序或文档中的网页链接时用于打开网站的网页浏览器。Widnows操作系统在默认情况下，将使用Internet Explorer作为网页浏览器。

问 打开了许多选项卡后，想要关闭Internet Explorer浏览器，是否可以使这些选项卡在下次启动IE浏览器时重新打开？

答 可以。在关闭IE浏览器窗口时，在弹出的提示对话框中系统会询问是否要关闭所有选项卡，此时单击"显示选项"按钮，然后勾选"下次使用Internet Explorer时打开这些选项卡"复选项，然后再单击"关闭选项卡"按钮。这样一来，在下次重新打开IE浏览器窗口时，将恢复这些选项卡中的内容。

问 IE的加载项是怎样被安装的？

答 来自网络的许多加载项在安装到电脑中之前，通常会弹出提示对话框要求用户赋予相应的权限。但是，一些加载项可能会未经确认即进行安装。另外，如果加载项属于已安装的另一个应用程序，可能会发生这种情况，一些加载项是随Microsoft Windows安装的。

问 仿冒网站筛选功能在运行时，会向微软发送什么信息？

答 使用仿冒网站筛选自动或手动检查网站时，会将正在访问的网站地址连同电脑中的一些标准信息（如IP地址、浏览器类型以及仿冒网站筛选版本号）一起发送到微软公司。为了帮助保护用户的隐私，发送给微软的地址信息会使用SSL进行加密并且仅限于您正在访问的网站的域和路径，不会发送其他可能和Web地址关联的信息，如搜索字词、在表单中输入的信息或Cookie。

有关用户使用IE浏览器和仿冒网站筛选的匿名统计信息也会发送给微软，如从上一次将地址发送给微软起的时间和浏览的网站总数以便进行分析。此信息连同上述信息都将用来分析和改进仿冒网站筛选服务。微软公司不会使用收到的信息来标识用户的身份。

问 发现了仿冒网站如何报告呢？

答 在IE浏览器中打开仿冒网站网页，单击"工具"按钮，在弹出的下拉列表中单击"仿冒网站筛选"→"报告此网站"命令，然后使用显示的网页来报告该网站。

Chapter 11

第11章　网上下载与网络通信

本章要点

↳ 搜索与下载网络资源

↳ *Windows Live Messenger*

↳ *Windows Mail*

网络中拥有丰富的信息和数据资源，也是时尚便捷的通信渠道之一。使用搜索引擎可快速在信息的海洋中找到所需的新闻、图片、网页和音乐等信息和资源，然后可对这些信息和资源进行保存和下载。此外，Windows Vista自带的Windows Live Messenger聊天工具和Windows Mail邮件管理工具，能实现和世界各地的网友进行在线交流，以及互相通信。

11.1　搜索与下载网络资源

使用搜索引擎（Search Engine）能够帮助用户从网络的信息海洋中快速查找出所需的信息和资源，不管是电影、音乐、程序还是各种文档，使用IE 7.0自带的下载功能就可以下载网络中的数据资源。

11.1.1　使用搜索引擎

知识点讲解

搜索引擎（Search Engine）是专为用户提供信息检索服务的系统，它能够以一定的策略搜索互联网中的信息，并加以整理后反馈给搜索者。

1. 搜索引擎简介

根据搜索引擎的工作方式，可分为目录索引类搜索引擎（Search Index/Directory）、全文搜索引擎（Full Text Search Engine）和元素搜索引擎（Meta Search Engine）。

对于广大普通用户而言，可以到提供搜索引擎服务的网站搜索所需要的论坛、网页、新闻、影视剧、程序等多种信息和数据资源。

提供信息检索服务的网站会将Internet中的信息归类整理，然后提供给用户。国内常用的搜索引擎网站有百度（Baidu）和Google。

2. 使用百度搜索

百度（Baidu）是全球最大的中文搜索引擎，可以搜索新闻、网页、贴吧、知道、MP3、图片、视频等多种类型的信息，百度的网址为http://www.baidu.com。

使用百度搜索引擎的方法如下。

1　启动IE浏览器，在地址栏中输入网址http://www.baidu.com，打开百度首页，

如图11-1所示。

★ **图11-1**

2　在页面中单击"新闻"、"网页"、"贴吧"等标签链接，从中选择要搜索的信息类型，然后在搜索文本框中输入搜索的关键词，单击"百度一下"按钮即可开始搜索，如图11-2所示。

★ **图11-2**

3　搜索引擎将搜索到的所有信息资源反馈回网页中，从中查找所需的信息，单击其链接即可打开对应的网页查看详细内容，如图11-3所示。

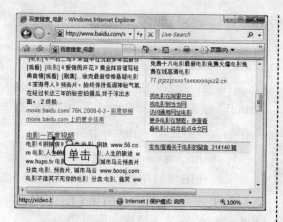

★ 图11-3

3. 使用Google搜索

Google是目前全球使用最多的搜索引擎，除常规搜索内容外还提供如网页翻译、新闻组搜索、网页目录和查找类似网页等特色搜索服务。Google的中文网页网址为http://www.google.cn。

使用Google搜索与使用百度的方法一样。

1 启动IE浏览器打开Google首页，在首页的搜索文本框下选择所要搜索的网页类型，如图11-4所示。

★ 图11-4

技巧

如果想要搜索视频、图片等特定信息，还可以在下方的一排彩色链接中进行选择，比如单击"视频"、"图片"、"资讯"、"地图"等链接。

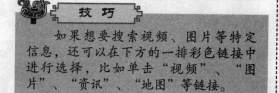

2 在搜索文本框中输入搜索关键词，然后单击"Google搜索"按钮，如图11-5所示。

★ 图11-5

3 网页将搜索到的与关键词匹配的信息反馈回来，从中查找满足要求的信息，单击信息链接即可打开网页查看详细内容，如图11-6所示。

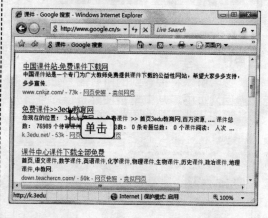

★ 图11-6

在使用Google搜索时，可以有4种选择。

▶ 所有网页：搜索包括英文、繁体中文等语言在内的所有网页。

▶ 中文网页：仅搜索中文网页，包括简体中文和繁体中文网页。

▶ 简体中文网页：仅搜索网页内容的语言为简体中文的网页。

▶ 中国的网页：限制搜索来源于中国的网页。

动手练

请读者根据下面的操作提示，使用百度搜索风景图片，然后保存图片。

1 启动IE浏览器，在地址栏中输入网址 http://www.baidu.com，打开百度首页。

2 单击"图片"标签链接切换到图片页面，然后在搜索文本框中输入搜索的关键词"风景"，单击"百度一下"按钮开始搜索，如图11-7所示。

★ 图11-7

3 搜索引擎将搜索到的所有图片资源反馈回网页中，从中单击图片链接即可打开原图，进行图片收藏，如图11-8所示。

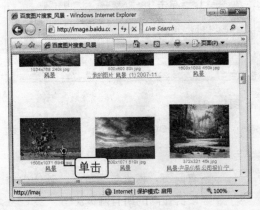

★ 图11-8

在搜索图片的时候，可在搜索框下方的选项组中选择图片类型，限定搜索图片的范围。

11.1.2 巧用Live Search

知识点讲解

在IE窗口的地址栏右边增加了一个"Live Search"搜索框。Live Search是由微软MSN推出的，它提供网页、图片搜索服务。

1. 使用Live Search搜索框

微软在IE窗口中绑定了Live Search框，在该搜索框中输入关键词，可使用Live Search搜索引擎搜索网页和图片。具体操作方法如下。

1 启动IE 7.0，单击IE窗口中的"Live Search"搜索框，输入搜索关键词，如图11-9所示。

★ 图11-9

2 单击"搜索"按钮开始搜索，被搜索到的结果被反馈回网页中，从中查找并单击要阅读的网页链接即可，如图11-10所示。

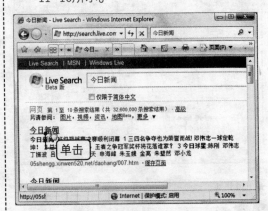

★ 图11-10

2. Live Search资讯

如果要搜索图片、资讯等特定资源，

可以转到Live Search的主页进行搜索。搜索网络资讯的方法如下。

1 启动IE浏览器，在IE地址栏中输入网址http://search.live.com，转到Live Search主页，在搜索框上方，单击"资讯"链接，如图11-11所示。

★ 图11-11

2 在搜索框中输入要查找的资讯事件的关键词，然后单击"搜索"按钮开始搜索，如图11-12所示。

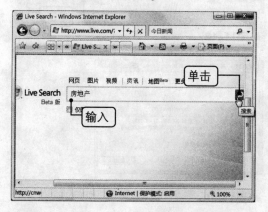

★ 图11-12

3 搜索出结果后，在资讯搜索结果中查找并单击要阅读的资讯即可。

3. Live Search搜索源

使用Live Search 可以查找和订阅RSS源，操作方法如下。

1 启动IE浏览器，在地址栏中输入网址http://search.live.com，转到Live Search

主页，在搜索框上方，选择要订阅的信息类型（比如"资讯"）。

2 在搜索框中输入要订阅的源信息的关键词，然后单击"搜索"按钮开始搜索。

3 在搜索结果的页面中，单击搜索框旁边的"RSS源"按钮，如图11-13所示。

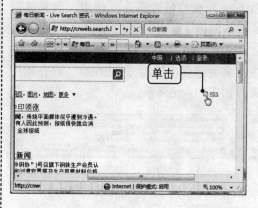

★ 图11-13

4 进入订阅页面，在页面顶部单击"订阅该源"链接，如图11-14所示。

★ 图11-14

5 在弹出的"Internet Explorer"提示对话框中，单击"订阅"按钮即可，如图11-15所示。

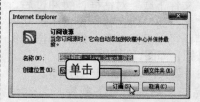

★ 图11-15

成功订阅源后，可关闭该网页继续寻

找其他源。还可以单击"查看我的源"链接查看都订阅了哪些源。

动手练

读者可使用IE 7.0窗口中的Live Search搜索框搜索新浪、雅虎、网易等网站中的网页。

先在Live Search搜索框中输入网站的中文名关键词，然后按"Enter"键开始搜索，如图11-16所示。

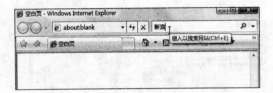

★ 图11-16

在搜索结果中就可以找到网站链接。

11.1.3 使用IE下载网络资源

知识点讲解

IE自带下载功能，只需单击网页中提供的下载链接，就可以开始下载。通常下载链接会显示为"下载"或"点击下载"等字样的链接。

还可以使用快捷菜单中的命令启动IE的下载功能，具体下载方法如下。

1 在网页中找到下载链接，用鼠标右键单击该链接，在弹出的快捷菜单中选择"目标另存为"命令，如图11-17所示。

2 弹出"文件下载"对话框，缓冲过后，弹出"另存为"对话框，设置下载文件的存储路径以及文件名，然后单击"保存"按钮，如图11-18所示。

3 IE开始下载文件，如图11-19所示。

4 下载完毕之后弹出"下载完毕"对话框，单击"打开文件夹"按钮，可打开文件夹窗口查看下载的文件，如图11-20所示。

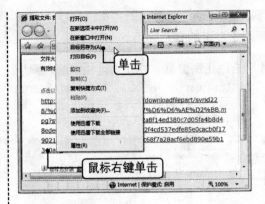

★ 图11-17

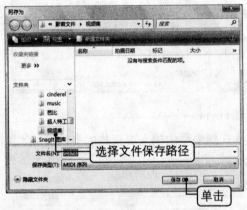

★ 图11-18

★ 图11-19

★ 图11-20

5 如果暂时不想对下载文件做任何操作，

单击"关闭"按钮关闭对话框即可。

技 巧

在关闭对话框前如果勾选"下载完成后关闭此对话框"复选项，则以后会自动关闭文件下载对话框。

动手练

使用IE自带的下载功能下载网络资源的下载速度比较慢，想要享受更快的下载速度，可使用专用的下载工具。比如网际快车、BT、迅雷等。

请读者根据下面的操作提示，使用迅雷下载视频文件，并将其保存到"F:\secret\影音文件\视频集"路径下。

1 在网页中找到下载链接，用鼠标右键单击该链接，然后在弹出的快捷菜单中选择"使用迅雷下载"命令，如图11-21所示。

★ 图11-21

2 弹出"建立新的下载任务"对话框，在"存储分类"下拉列表框中选择文件的分类，在"存储路径"下拉列表框旁单击"浏览"按钮，如图11-22所示。

3 在弹出的"浏览文件夹"对话框中，定位到"F:\secret\影音文件\视频集"路径下，然后单击"确定"按钮返回原对话框，如图11-23所示。

4 返回"建立新的下载任务"对话框，在"另存名称"文本框中可重命名下载的文件，完成所有下载设置后单击"确定"按钮，开始下载。

★ 图11-22

★ 图11-23

5 迅雷下载文件的过程中，窗口将显示"正在下载"目录中的文件列表，并显示下载文件的进度和速度等信息。

6 文件下载完毕后，在"任务管理"窗格中单击"已下载"分类切换到该分类页面，即可查找到下载的文件，如图11-24所示。

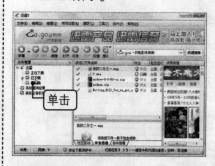

★ 图11-24

技 巧

迅雷的其他功能和使用技巧可以从帮助信息中获得，依次选择"帮助"→"帮助信息"菜单命令便可打开帮助页面。

11.2　Windows Live Messenger

Windows Live Messenger是与Windows Vista操作系统配套推出的MSN聊天工具，可以与互联网上的好友互发文字信息进行网络聊天，还可以视频对话、共享文件等。

11.2.1　下载与安装Windows Live Messenger

知识点讲解

Windows Live Messenger是Windows Vista操作系统配套的工具软件之一，但并没有随操作系统一起安装。

在初次使用Windows Live Messenger之前，还需要连接到Internet下载并安装程序，下载和安装方法如下。

1 打开"开始"菜单，依次单击"所有程序"→"Windows Live Messenger下载"命令，如图11-25所示。

★ 图11-25

2 系统启动IE浏览器并连接到微软官方网站，在网站页面中单击"免费获取"按钮，开始进行下载和安装，如图11-26所示。

★ 图11-26

3 进入"设置您的Messenger"页面，选择需要安装的插件或者功能，然后单击"安装"按钮，如图11-27所示。

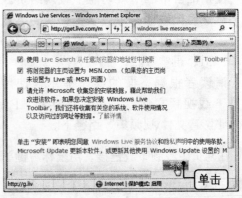

★ 图11-27

技巧

在"设置您的Messenger"页面中，会推荐用户安装一些微软的其他小工具程序，如果不需要这些程序，可以取消相关选项的勾选，不予下载安装。

4 缓冲过后弹出"文件下载-安全警告"对话框，此时可选择运行或保存安装程序，若单击"运行"按钮可立即安装该程序，如图11-28所示。

★ 图11-28

5 IE开始将安装程序下载到临时文件夹，

对话框显示下载进度，此时需要等待一定的下载时间，如图11-29所示。

★ 图11-29

6 下载到临时文件夹后，弹出"Internet Explorer-安全警告"提示对话框，单击"运行"按钮开始安装程序，如图11-30所示。

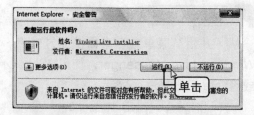

★ 图11-30

7 弹出安装向导对话框，等待系统启动安装程序，如图11-31所示。

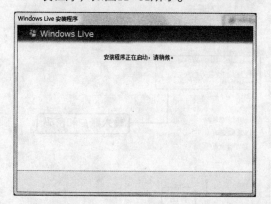

★ 图11-31

8 稍后会弹出"Windows Live安装程序"对话框，显示安装进度以及安装了哪些插件和其他产品，安装完毕之后单击"关闭"按钮关闭对话框即可，如图11-32所示。

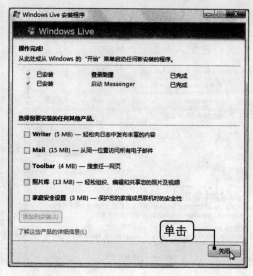

★ 图11-32

动手练

使用Windows Live Messenger还需要使用MSN账号或者Live ID账号登录，请读者按下述方法申请Windows Live ID。

1 单击"开始"按钮，在弹出的"开始"菜单中依次单击"所有程序"→"Windows Live"→"Windows Live Messenger"命令，启动该程序。

2 在弹出的登录界面中，单击下方的"注册Windows Live ID"链接，如图11-33所示。

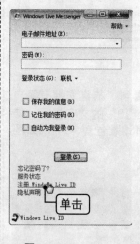

★ 图11-33

3 链接到"获取Windows Live ID"网页，单击页面中的"立即注册"按钮，开始进行注册，如图11-34所示。

★ 图11-34

4 进入"注册Windows Live"页面，根据提示和要求填写账户、密码等信息，然后在页面底部单击"我接受"按钮，如图11-35所示。

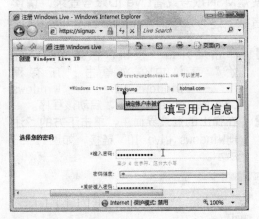

★ 图11-35

5 注册成功后，会看到"恭喜您拥有了自己的Windows Live ID"的文字提示，接下来就可以使用MSN账号登录了，如图11-36所示。

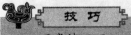

★ 图11-36

11.2.2 登录Windows Live Messenger

知识点讲解

从"开始"菜单或者桌面快捷方式启动Windows Live Messenger，使用MSN账号或者Live ID账号进行登录。

1 打开"Windows Live Messenger"登录窗口，在"电子邮件地址"文本框中输入完整的MSN账号（必须为完整的邮箱账号），在"密码"文本框中输入账号密码，然后单击"登录"按钮，如图11-37所示。

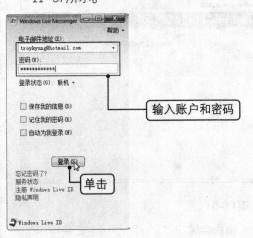

★ 图11-37

2 登录成功后即可看见Windows Live Messenger的控制面板界面，从中可查看和管理联系人列表。

技巧

通常情况下，一台电脑只能登录一个MSN账号，如果要登录多个账号，要到微软的网站上去下载和安装相应的插件，比如"小i机器人伴侣"。

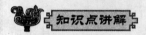

动手练

读者可用所申请的Windows Live ID登录Windows Live Messenger，如图11-38所示。

★ 图11-38

要退出Windows Live Messenger程序，可在任务栏的系统通知区域中，用鼠标右键单击程序图标，在弹出的菜单中单击"退出"命令，如图11-39所示。

★ 图11-39

如果弹出提示对话框，单击"确定"按钮确认关闭即可，如图11-40所示。

★ 图11-40

11.2.3　添加联系人

知识点讲解

要将好友添加到联系人列表中才可与之互发聊天信息，添加联系人的方法如下。

1 登录MSN账号，在工具栏下的"查找联系人"搜索框右侧单击"添加联系人"按钮，如图11-41所示。

★ 图11-41

2 在弹出的"添加联系人"对话框中，在"即时消息地址"一栏中输入联系人的邮箱地址，并填写其他必要信息，然后单击"添加联系人"按钮，如图11-42所示。

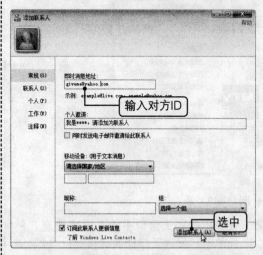

★ 图11-42

3 等待对方通过发出的验证，一旦对方通过了验证请求，即可在联系人列表中看到对方的邮箱或昵称。

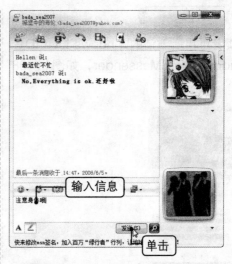

★ 图11-44

动手练

使用Windows Live Messenger与在线联系人进行文字聊天时，还可以使用文本窗格上方的工具栏，发送表情、闪屏、设置文本字体等。请读者跟随下面的讲解一起进行操作。

单击"选择图释"下拉按钮😊▼，在弹出的下拉列表中可以选择各种表情图释并插入到聊天内容中，如图11-45所示。

动手练

读者可用本节所讲的方法，向好友的MSN或者Live ID账号发出邀请，将其添加到联系人列表中。

11.2.4 发送与接收聊天信息

知识点讲解

与联机的联系人在线聊天、发送和接收聊天信息的方法如下。

1 在控制面板的联系人列表中，双击联系人名称，或者对其单击鼠标右键，在弹出的菜单中单击"发送即时消息"命令，如图11-43所示。

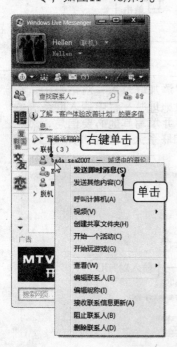

★ 图11-43

2 在弹出的聊天窗口中输入文字信息，然后单击"发送"按钮或者按"Enter"键发送消息，如图11-44所示。

3 收到对方发送的聊天信息，会自动弹出聊天窗口，双方的聊天信息都会显示在窗口上方的窗格中。

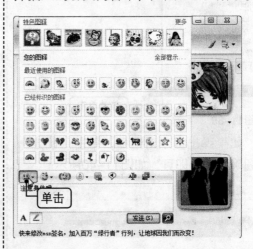

★ 图11-45

单击"更改您的字体或文本颜色"按钮 ，在弹出的文本框中可以设置输入文字的字体、字号和字色，如图11-46所示。

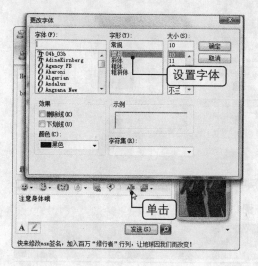

★ 图11-46

11.2.5　视频聊天

知识点讲解

如果电脑中安装了摄像头，还可以使用MSN进行视频聊天，与联系人"面对面"地进行交流。

1 登录Windows Live Messenger后，打开与在线联系人的聊天窗口。

2 在窗口顶部的工具栏中单击"开始或停止视频通话"按钮，如图11-47所示。

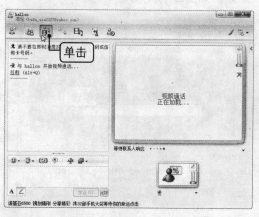

★ 图11-47

3 建立视频连接后，即可在对话窗口中看到对方传送过来的视频图像。

要结束视频聊天时，只需在聊天窗口中单击"挂断"链接，或者直接关闭窗口即可。

动手练

除了语音聊天以外，读者还可使用Windows Live Messenger的共享文件功能，向好友传送文件，请读者跟随讲解进行具体操作。

1 打开与在线联系人的聊天窗口，在窗口上方的工具栏中，单击"共享文件"按钮，在弹出的下拉列表中选择"发送一个文件或照片"选项，如图11-48所示。

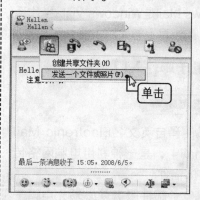

★ 图11-48

2 在弹出的"发送文件给**"对话框中，选择要发送的文件，然后单击"打开"按钮，如图11-49所示。

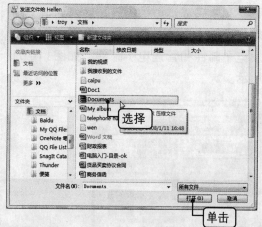

★ 图11-49

3 对方选择"接受"文件后，便开始传递文件，窗口中会显示传输进度，如图11-50所示。

4 文件传送完毕后，会提示文件发送完毕，此时关闭窗口即可。

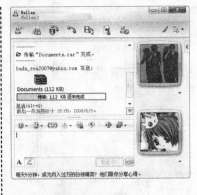

★ 图11-50

11.3 Windows Mail

Windows Mail是Windows Vista操作系统自带的一款邮件收发管理程序，用于管理电子邮箱账户、新闻（新闻组）账户和目录服务账户等。

11.3.1 电子邮件入门

知识点讲解

电子邮件译自英文名Electronic Mail（简称E-mail），是一种利用电脑网络传递的电子媒体信件。

要使用电子邮件服务就必须先申请一个电子邮箱，在许多大型网站都可以申请到免费的电子邮箱，比如新浪、雅虎、网易（163）、TOM网和搜狐等。

申请到电子邮箱后，在网页中用邮箱账号和密码登录电子邮箱，进入到电子邮箱界面中，就可以在页面中撰写邮件、收发电子邮件和管理电子邮件，如图11-51所示。

★ 图11-51

动手练

请读者根据下面的操作提示，申请一个电子邮箱，或者使用申请的Windows Live ID电子邮箱，在Windows Live的主页上登录该邮箱。

1 启动IE浏览器，在IE地址栏中输入网址http://home.live.com，打开Windows Live的主页，在页面右上角单击"登录"链接，如图11-52所示。

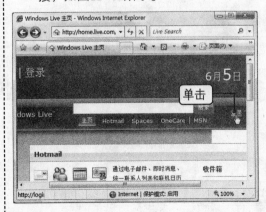

★ 图11-52

2 进入邮箱账户登录界面，输入电子邮箱账户和密码，然后单击"登录"按钮即可登录，如图11-53所示。

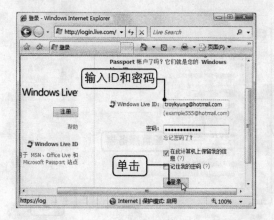

★ 图11-53

登录到Windows Live之后，在网页中单击"Hotmail"链接切换到邮箱界面，便可开始收发电子邮件了。

11.3.2　配置Mail账户

除了在网页中使用电子邮箱外，还可以使用Windows Mail这样的邮箱管理工具来登录和管理电子邮箱，以及收发电子邮件。

使用Windows Mail收发电子邮件之前，先要进行账户配置，将电子邮箱账户配置到该软件上，具体配置步骤如下。

1 在"开始"菜单中依次单击"所有程序"→"Windows Mail"命令，启动Windows Mail，如图11-54所示。

★ 图11-54

2 在Windows Mail窗口的菜单栏中，单击"工具"→"账户"命令，如图11-55所示。

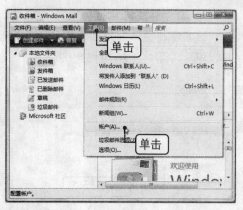

★ 图11-55

3 弹出"Internet账户"对话框，单击右侧的"添加"按钮，如图11-56所示。

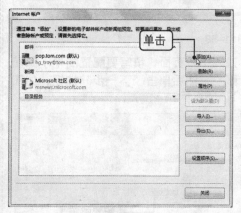

★ 图11-56

4 弹出"选择账户类型"对话框，在列表框中选择"电子邮件账户"选项，然后单击"下一步"按钮，如图11-57所示。

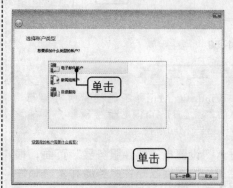

★ 图11-57

5 进入下一页面，填写邮箱账户的显示名，该名称将显示在发件人字段中，然后单击"下一步"按钮，如图11-58所示。

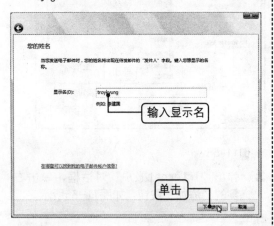

输入显示名

单击

★ 图11-58

6 进入下一页面，填写要配置的电子邮箱账户，然后单击"下一步"按钮，如图11-59所示。

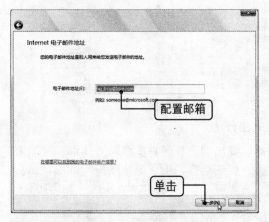

配置邮箱

★ 图11-59

注 意

Windows Mail并不能接受所有邮箱账户的配置，Hotmail电子邮箱账户不能在Windows Mail中使用。

7 进入"设置电子邮件服务器"页面，根据提示填写接收邮件服务器和发送邮件服务器，如图11-60所示。

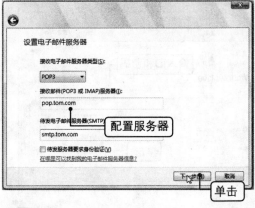

配置服务器

单击

★ 图11-60

提 示

接收电子邮件的服务器名通常为"pop." + "邮箱服务器名"，例如在TOM网（http://mail.tom.com）申请的邮箱，则该邮箱的接收电子邮件服务器名为"pop.tom.com"。

8 进入"Internet邮件登录"页面，输入用户名和邮箱密码，然后单击"下一步"按钮，如图11-61所示。

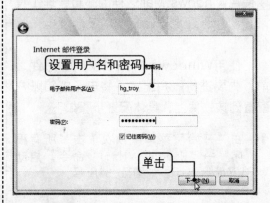

设置用户名和密码

单击

★ 图11-61

9 对话框显示"您已成功地输入了设置账户所需的所有信息"，至此邮箱账户基本添加完毕，直接单击"完成"按钮，程序便立即开始登录邮箱，如图11-62所示。

如果还要添加其他邮箱账户，返回"Internet账户"对话框中单击"添加"按钮，重复上述步骤继续添加其他账户即可。添加完毕后，单击"Internet账户"对

话框的"关闭"按钮关闭对话框。

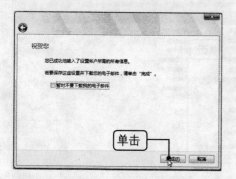

★ 图11-62

动手练

在配置了多个Windows Mail账户以后，对于不常用的或者不再使用的邮箱，可以在Windows Mail中删除该邮箱账户。

请读者根据下面的操作提示，删除配置的Windows Mail账户。

1 启动Windows Mail，在该程序的窗口中，单击"工具"→"账户"菜单命令。

2 弹出"Internet账户"对话框，在左边的"邮件"列表中选中要删除的邮箱账户，然后单击右侧的"删除"按钮，如图11-63所示。

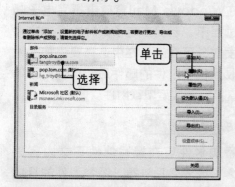

★ 图11-63

3 在弹出的"删除Internet账户"对话框中单击"确定"按钮即可，如图11-64所示。

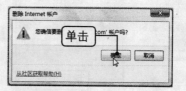

★ 图11-64

11.3.3 撰写与发送电子邮件

知识点讲解

配置了邮箱账户后，启动Windows Mail程序时会自动登录默认的邮箱账户，并自动从邮箱中下载新接收到的电子邮件。然后就可在程序窗口中撰写和发送电子邮件了，具体操作步骤如下。

1 在Windows Mail程序窗口的工具栏中，单击"创建邮件"按钮 ，如图11-65所示。

★ 图11-65

2 弹出邮件撰写窗口，在"收件人"文本框中输入收信人的邮箱地址，在"主题"文本框中填写邮件内容主题，在下

方的正文文本框中撰写信件正文，如图11-66所示。

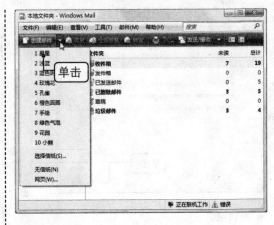

★ 图11-66

3 写完信后，单击工具栏中的"发送"按钮 即可发送电子邮件，如图11-67所示。

★ 图11-67

动手练

请读者跟随下面的讲解练习将信件保存为草稿。

在Windows Mail中，单击"创建邮件"右侧的下拉按钮，在弹出的下拉列表中选择"星星"风格，以应用该邮件风格的背景图案，如图11-68所示。

将当前电子邮件保存到"草稿"文件夹，在菜单栏中单击"文件"→"保存"命令，然后关闭邮件窗口即可，如图11-69所示。

★ 图11-68

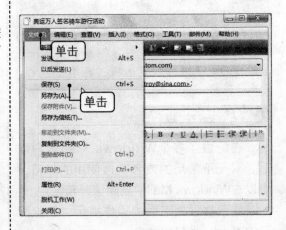

★ 图11-69

保存草稿后，下次可再从"草稿"文件夹中打开该邮件，继续撰写邮件并发送出去。

11.3.4 添加附件

在Windows Mail窗口中撰写电子邮件的过程中，若要在电子邮件中添加文件一起发送，可在工具栏中选择要添加的附件。收到带有附件的邮件后，可使用菜单命令直接打开或者下载附件。

知识点讲解

添加附件可在撰写信件正文内容之前、之中或者之后进行，添加附件的具体方法如下。

1 在写新邮件的窗口中，在工具栏中单击"为邮件附加文件"按钮 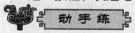（该按钮图案为回形针状），如图11-70所示。

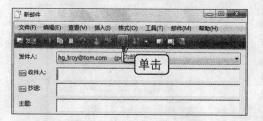

★ 图11-70

2 在弹出的"打开"对话框中，找到并选中要添加的文件，然后单击"打开"按钮，如图11-71所示。

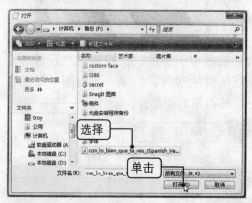

★ 图11-71

3 返回到原写邮件窗口中，在"附件"一栏中可见添加的附件。如果要添加多个附件，可再次单击"为邮件附加文件"按钮，重复上两步操作添加其他文件，如图11-72所示。

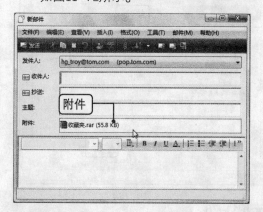

★ 图11-72

4 附件添加完毕后，在工具栏中单击"发送"按钮，发送电子邮件即可。

动手练

请读者跟随讲解练习打开附件的方法。

在"收件箱"文件夹页面的邮件列表中选中带有附件的电子邮件，进行邮件预览，在下方的预览窗格中，可见一个回形针状的附件图标。

在预览窗格中单击附件图标，再在弹出的列表中单击要打开的文件，打开附件文件，如图11-73所示。

★ 图11-73

如果此时要下载并保存附件，可按照下述方法进行操作。

1 在预览窗格中单击附件图标，在弹出的列表中单击"保存附件"命令，如图11-74所示。

★ 图11-74

2 在弹出的"保存附件"对话框中选择要保存的文件，然后在下方的"保存到"文本框旁单击"浏览"按钮，选择保存路径，如图11-75所示。

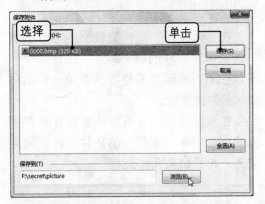

★ 图11-75

3 在弹出的"浏览文件夹"对话框中，选择保存附件的文件夹，然后单击"确定"按钮，如图11-76所示。

★ 图11-76

4 返回"保存附件"对话框中，单击"保存"按钮保存文件即可。

11.3.5 查收新电子邮件

知识点讲解

在Windows Mail窗口中，用鼠标单击工具栏中的"发送/接收"按钮 发送/接收 的下拉按钮，在弹出的下拉列表中单击"接收全部邮件"命令即可，如图11-77所示。

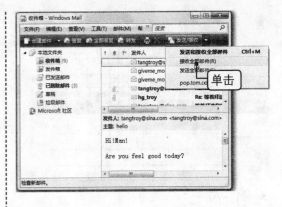

★ 图11-77

如果配置了多个邮箱账户，还可以在弹出的下拉列表中选择对应的邮箱服务器，接收某个账户的邮件。

此外，还可设置自动接收电子邮件。自动接收电子邮件是指根据用户设置的检查新邮件的时间，每隔一定时间自动查收一次邮箱中的新邮件。

动手练

请读者跟随讲解练习使用Windows Mail的自动接收邮件功能，并设置接收到新邮件时自动提示声音。

1 在Windows Mail窗口中，在菜单栏中单击"工具"→"选项"命令，如图11-78所示。

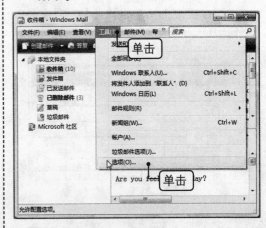

★ 图11-78

2 弹出"选项"对话框，默认显示"常规"选项卡。在"发送/接收邮件"选项组中勾选"每隔X分钟检查一次新邮件"复选项，并在中间的微调框中设置检查新邮件的时间间隔为10分钟（可输入1~480之间的一个数字），如图11-79所示。

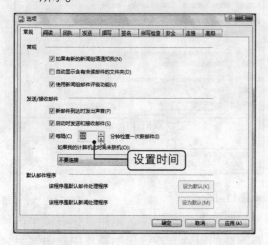

★ 图11-79

3 在设置间隔时间的同时，勾选"新邮件到达时发出声音"等复选项，就可在自动接收到新邮件时听到程序的提示音，如图11-80所示。

★ 图11-80

4 单击"确定"按钮，保存设置并关闭对话框即可。

Windows Mail在接收到电子邮件后，会根据设置发出相应的提示，并在任务栏的系统通知区域显示新邮件图标 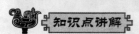。

11.3.6　阅读与回复电子邮件

知识点讲解

接收到的电子邮件被存储在"收件箱"文件夹中，只需先切换到该文件夹页面，就可以选择要阅读的电子邮件。

阅读与回复电子邮件的方法如下。

1 登录Windows Mail程序，在窗口左侧的文件夹列表中单击"收件箱"文件夹，如图11-81所示。

★ 图11-81

2 在窗口右侧的邮件列表中，单击要阅读的邮件主题，可在下方的预览窗格中预览邮件的正文内容，如图11-82所示。

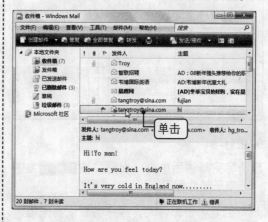

★ 图11-82

3 如果要在新窗口中阅读邮件，可在邮件列表中双击要阅读的邮件，打开邮件窗口阅读邮件全文，如图11-83所示。

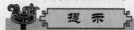

提　示

在独立的窗口中查看邮件时，可以单击"上一封"和"下一封"按钮转至邮箱中相临的上一封或下一封邮件。

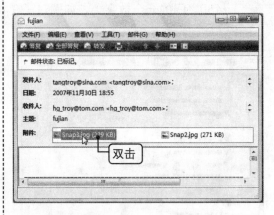

★ 图11-83

4 若要写回信，在打开的邮件窗口中，单击工具栏中的"答复"按钮 ![答复]，然后在弹出的新邮件窗口中撰写回信，如图11-84所示。

![图11-84 回信窗口]

★ 图11-84

5 写完邮件后单击"发送"按钮 ![发送] 发送电子邮件即可。

回复电子邮件时，程序会默认将来信人的邮箱地址填写在"收件人"文本框中，并在正文中引用来信内容。所以不用再填写收件人地址，只需修改"主题"内容，并删除正文中不需要的内容，撰写回信即可。

动手练

请读者跟随讲解练习阅读邮件中的附件内容的方法。

在邮件列表中双击接收到的电子邮

件，打开新窗口进行阅读。如果电子邮件带有附件，可在窗口的"附件"栏中双击要查看的附件文件，直接打开该附件，如图11-85所示。

★ 图11-85

如果要保存附件，则用鼠标右键单击要下载的附件，在弹出的菜单中单击"另存为"命令，在弹出的"另存为"对话框中设置保存路径并保存即可，如图11-86所示。

★ 图11-86

注意

不要随意打开来历不明的附件，因为其中很可能包含病毒。

11.3.7 身份验证设置

如果Windows Mail不能正常收发电

子邮件，要检查邮箱服务器的配置是否正确，以及检查所配置的电子邮箱账户是否被Windows Mail支持。

知识点讲解

针对部分电子邮箱账户，如果出现能成功接收电子邮件，但不能发送邮件这种情况，可能是Windows Mail在连接到用于发送邮件的邮件服务器时出现问题。

很可能是没有正确设置电子邮件账户，或者可能需要更改身份验证设置。因为部分网站提供的邮箱服务需要用户在登录邮箱时提供身份验证。

动手练

请读者根据下面的操作提示，检查并配置Windows Mail邮箱账户的身份验证。

1 在Windows Mail窗口的菜单栏中单击"工具"→"账户"命令，如图11-87所示。

★ 图11-87

2 弹出"Internet账户"对话框，在"邮件"列表中单击出现故障的电子邮件账户，然后单击"属性"按钮，打开其属性配置对话框，如图11-88所示。

★ 图11-88

技巧

在"邮件"列表中双击邮箱账户，也可直接打开其属性配置对话框。如果单击邮箱账户将其选中后，单击"设为默认值"按钮，可将该邮箱账户设置为默认邮箱。

3 在弹出的属性对话框中，切换到"服务器"选项卡，查看邮箱账户配置的服务器信息是否正确，可以对照邮箱网站上提供的服务器信息进行判断和更改，如图11-89所示。

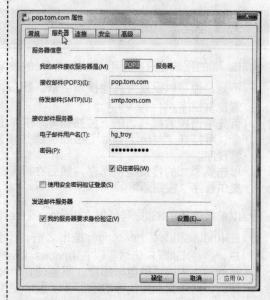

★ 图11-89

4 勾选"发送邮件服务器"一栏下的"我的服务器要求身份验证"复选项，然后

单击旁边的"设置"按钮，如图11-90
所示。

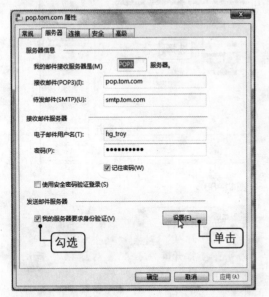

★ 图11-90

5 在弹出的"发送邮件服务器"对话框
中，选中"登录方式"单选项，然后在
"电子邮件用户名"文本框中输入该电
子邮箱账户，在"密码"文本框中输入

邮箱的密码，并勾选"记住密码"复选
项，设置完毕后单击"确定"按钮，如
图11-91所示。

★ 图11-91

6 返回邮箱的属性对话框，单击"确定"
按钮，保存设置并关闭所有对话框。

完成上述设置后，尝试重新发送电子
邮件。

在配置电子邮件身份验证设置的过程
中，如果对电子邮件服务器和邮箱服务的
细节问题仍存在疑问，可到邮箱申请网站
查询帮助信息。

疑难解答

问 IE 7.0的搜索框只能使用Windows Live的搜索引擎吗？

答 不是，也可以设置为其他搜索引擎。IE 7.0搜索设置允许添加或删除搜索框中使用的搜
索提供程序。
首先单击搜索框右边的下拉按钮▼，在弹出的下拉列表中单击"查找其他提供程序"命
令，可打开"向Internet Explorer添加搜索提供商"网页，在该网页中可以选择其他搜
索程序。
单击要添加的搜索提供程序，然后在打开的"添加搜索提供程序"对话框中单击"添加
提供程序"按钮即可。

问 以前所使用的MSN账号能够在Windows Live Messenger中使用吗？

答 在Windows Live Messenger推出之前，不少用户使用自己的电子邮箱账户注册为MSN账
户，这些MSN账户仍然可以在Windows Live Messenger中登录使用。但是在登录后可能会
被标注为未验证的电子邮箱，不能使用Windows Live ID邮箱账户的邮件提示功能，但是
聊天、网络文件传输等功能都可以正常使用。

问 什么是电子邮件服务器？

答 电子邮件服务器是接收和发送电子邮件的服务器站点。在配置Windows Mail邮箱账户时必

须要正确配置账户所使用的电子邮件服务器。Windows Mail支持以下电子邮件服务器类型。

▶ 邮局协议 3（POP3）服务器：在查看电子邮件之前会保留传入的电子邮件，在查看时会将这些邮件传输到电脑中。POP3是最常见的私人电子邮件账户类型，邮件通常会在查看后从服务器中删除。

▶ Internet 邮件访问协议（IMAP）服务器：可以在不用先将电子邮件下载到电脑的情况下使用邮件。可以直接在电子邮件服务器上预览、删除和管理邮件，在删除之前，邮件副本存储在服务器上。IMAP通常用于商业电子邮件账户。

▶ 简单邮件传输协议（SMTP）服务器：负责将电子邮件发送到网络。SMTP 服务器处理传出的电子邮件，与 POP3 或 IMAP 传入电子邮件服务器一起使用。

如果不能确定要使用哪种类型的账户，请与电子邮件提供商（注册邮箱的网站）联系。

Chapter 12

第12章 Windows Vista的系统安全

本章要点

↳ *Windows Vista安全中心*

↳ *Windows Defender*

↳ *Windows防火墙设置*

来自网络的威胁与日俱增，电脑病毒、恶意软件、黑客等入侵等安全隐患时刻威胁着电脑网络的系统安全。Windows Vista操作系统主要通过安全中心机制、Windows Defender和Windows防火墙等设置保护电脑的安全。

12.1　Windows Vista安全中心

　　电脑的安全主要是针对来自网络中的病毒、恶意软件（或攻击）、用户账户安全等安全威胁而言。为了保障电脑的安全，Windows Vista安全中心会实时监控电脑的几个安全设置状态，并及时发出报警，提醒进行修复。

12.1.1　进入安全中心

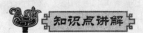

　　Windows 安全中心主要监控电脑的防火墙设置、自动更新、反恶意软件设置、Internet 安全设置和用户账户控制设置等，一旦发现其中任意一项设置存在安全隐患，便会发出安全警报。

　　请读者按照下述方法进入安全中心设置。

1 打开"控制面板"窗口（经典视图模式），双击其中的"安全中心"图标，如图12-1所示。

★ 图12-1

2 打开"Windows安全中心"窗口，在"Windows安全中心"窗口中可查看到所有被监控的安全基础设置状态，并在该窗口中启用或者关闭这些安全基础设置，如图12-2所示。

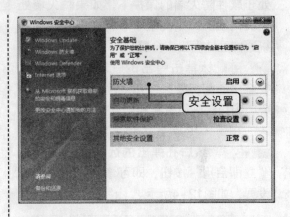

★ 图12-2

　　窗口中显示为红色状态的安全设置项，表示该项安全设置处于未启用或者不正常状态。显示为绿色的设置为正常状态。

12.1.2　安全报警与修复

　　如果Windows检测到安全中心的任何一项安全基础设置存在问题（例如，防病毒程序已过期等），则安全中心将在任务栏的系统通知区域中显示一个安全中心图标，并弹出安全警报气球通知，如图12-3所示。

★ 图12-3

　　此时可单击气球通知，或双击安全中心图标打开安全中心窗口，获取有关解

决该问题的建议信息。下面逐个介绍安全中心对各个监控对象的报警和修复方案。

1. 防火墙

Windows安全中心实时监控电脑是否处于软件防火墙的保护下，如果防火墙处于关闭状态，则安全中心将在任务栏的系统通知区域发出安全警报。

用鼠标单击弹出的气球通知或双击安全中心图标，打开"Windows安全中心"窗口，进行查看和修复操作。

在窗口中单击"防火墙"下拉按钮，然后在弹出的选项区域中单击"立即启用"按钮，即可修复"防火墙"设置，如图12-4所示。

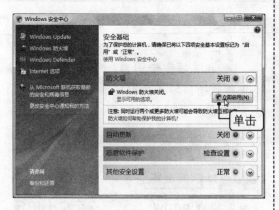

★ 图12-4

2. 自动更新

Windows安全中心如果检测到自带更新功能已经被关闭，则安全中心将在任务栏的系统通知区域发出安全警报。

如果不需要使用自动更新，可以不理会该报警。但若要进行修复操作，则用鼠标单击弹出的气球通知或双击安全中心图标，打开"Windows安全中心"窗口进行修复。

3. 恶意软件防护

恶意软件防护功能会保护电脑免受病

毒、间谍软件和其他安全威胁的侵害。安全中心会检查电脑使用的是否是最新的反间谍软件和防病毒软件。

如果已关闭防病毒或反间谍软件，或者软件已过期，则安全中心将在任务栏的系统通知区域发出安全报警通知，并且在系统通知区域中放置一个安全中心图标。

此时单击弹出的气球通知或双击安全中心图标，可打开"Windows安全中心"窗口进行修复。

1 在"Windows安全中心"窗口中单击"恶意软件保护"下拉按钮，在弹出的选项区域中可选择启用或者修复防病毒和反间谍软件，例如单击"立即更新"按钮，更新反间谍软件，如图12-5所示。

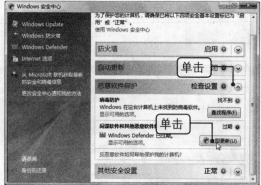

★ 图12-5

2 等待"Windows安全中心"对Windows Defender进行更新，在弹出的提示对话框中可以查看更新进度，如图12-6所示。

★ 图12-6

4. 其他安全设置

其他安全设置包括Internet安全设置和

用户账户控制设置，Windows安全中心会实时检查这两项设置，以确保已将它们设置在推荐的级别。

如果检测到Internet设置或用户账户控制设置为非推荐的安全级别，则会在任务栏的通知区域发出安全警报。

用鼠标单击弹出的气球通知或双击安全中心图标，打开"Windows安全中心"窗口开始修复操作。

1 在"Windows安全中心"窗口中单击"其他安全设置"下拉按钮，在弹出的选项区域中进行修复操作。例如用户账户控制处于未被启动的状态，就单击"立即启用"按钮启用用户账户控制功能，如图12-7所示。

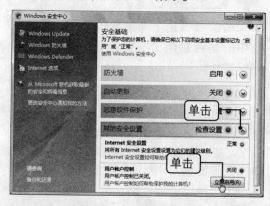

★ 图12-7

2 在弹出的"重新启动"对话框中选择是否需要立即启动重启电脑，电脑重启后用户账户控制生效，如图12-8所示。

★ 图12-8

如果还有其他未完成的操作，不想立即重启电脑，可以单击"稍候重新启动"按钮，继续其他操作。

动手练

请读者跟随讲解练习通过安全中心修复自动更新设置，具体修复步骤如下。

1 用鼠标单击弹出的气球通知或双击安全中心图标，在弹出的窗口中单击"自动更新"下拉按钮，然后在弹出的选项区域中单击"更改设置"按钮，如图12-9所示。

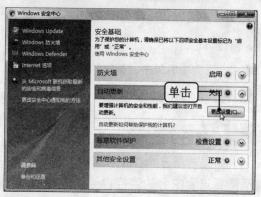

★ 图12-9

2 在弹出的对话框中选择修复自动更新的方式，如果要设置安装自动更新的时间，则单击"让我选择"按钮，如图12-10所示。

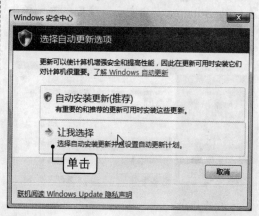

★ 图12-10

3 在弹出的"更改设置"窗口中选择自动更新的方式和下载更新的时间段等，如图12-11所示。

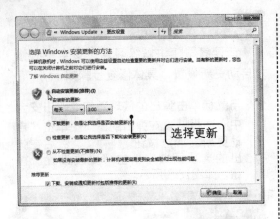

★ 图12-11

4 设置完毕后单击"确定"按钮即可。

12.1.3 禁止报警信息

知识点讲解

如果对自己电脑的安全设置很放心，不需要安全中心的监控，可以考虑彻底禁止安全中心的报警信息。禁止安全中心的报警信息的方法如下。

1 打开"控制面板"窗口（经典视图模式），在窗口中双击"安全中心"图标，打开"Windows安全中心"窗口。

2 在"Windows安全中心"窗口的左侧单击"更改安全中心通知我的方法"链接，如图12-12所示。

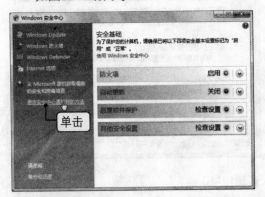

★ 图12-12

3 在弹出的"Windows安全中心"对话框中，单击"不通知我，且不显示该图标（不推荐）"按钮，如图12-13所示。

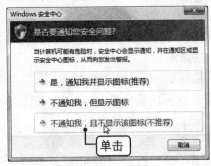

★ 图12-13

注意

为了保障电脑的安全，不到对安全警报忍无可忍的地步，最好不要禁用安全中心的安全警报信息功能。

动手练

请读者根据下面的操作提示，检查安全中心是否启用了报警功能，若没有则启用报警功能。

1 通过"控制面板"窗口进入到"Windows安全中心"窗口中。

2 在"Windows安全中心"窗口的左侧单击"更改安全中心通知我的方法"链接。

3 在弹出的"Windows安全中心"对话框中，单击"是，通知我并显示图标（推荐）"按钮，如图12-14所示。

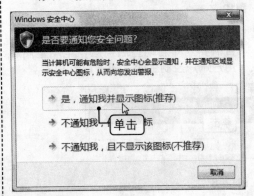

★ 图12-14

此外还可选择"不通知我，但显示图标。"项，只在任务栏的系统通知区域中显示安全图标，不弹出报警气球信息。

12.2　Windows Defender

网络中的间谍软件会在用户上网的过程中不经意间安装到电脑中。Windows Defender是专门针对间谍软件的防护工具，Windows Vista操作系统用它来防止间谍软件和其他恶意软件破坏电脑系统。

12.2.1　Windows Defender与间谍软件

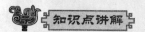 知识点讲解

间谍软件是一种可以自行安装的流氓软件，常在未向用户提供足够的通知、同意或控制选项的情况下，就自动安装并运行。

间谍软件和其他恶意程序的传播途径包括网络、CD、DVD或其他可移动介质。

电脑在感染了间谍软件后，可能不显示任何症状，但许多类型的恶意软件或不需要的程序都可以影响电脑的运行方式。例如，间谍软件可以监视在线行为，或者收集有关用户的信息（包括个人标识或其他敏感信息），更改电脑设置或者降低电脑的运行速度。

Windows Vista自带了间谍软件的防护工具Windows Defender，提供了三种途径来帮助阻止间谍软件和其他可能不需要的软件感染电脑。

▶ 实时保护：当间谍软件或其他可能不需要的软件试图在电脑中自行安装或运行时，Windows Defender 会发出警报。如果程序试图更改重要的Windows 设置，它也会发出警报。

▶ SpyNet 社区：联机Microsoft SpyNet社区可查看其他人是如何响应未按风险分类的软件的。参考社区中其他成员是否允许使用此软件，来选择是否允许此软件在电脑中运行。

▶ 扫描选项：使用Windows Defender可以扫描电脑，检查出已安装到电脑中的间谍软件和其他可能不需要的软件。定期计划扫描，还可以自动删除扫描过程中检测到的任何恶意软件。

12.2.2　打开或关闭Windows Defender

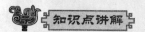 知识点讲解

为了有效地阻止间谍软件和其他可能不需要的软件感染电脑，应打开Windows Defender 实时保护并选择所有实时保护选项。具体操作方法如下。

1 打开"控制面板"窗口（经典视图模式），双击"Windows Defender"图标，如图12-15所示。

★ 图12-15

2 弹出"Windows Defender"窗口，在工具栏中单击"工具"按钮切换到"工具和设置"页面，如图12-16所示。

3 在"工具和设置"页面中单击"选项"链接，如图12-17所示。

★ 图12-16

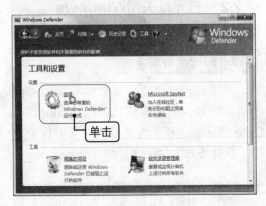

★ 图12-17

4 进入"选项"页面，在该页面中可以看到许多Windows Defender的设置选项，找到"实时保护选项"设置栏目。

5 在"实时保护选项"一栏中，选中"使用实时保护（推荐）"复选项，并选择其他所需选项，建议选择所有实时保护选项，然后单击"保存"按钮即可，如图12-18所示。

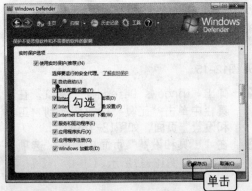

★ 图12-18

完成上述设置后，在每次开机时都会

自动启动Windows Defender的实时防护功能。在任务栏的系统通知区域中可以看到Windows Defender的程序图标。

如果要退出已经启动的Windows Defender，可以在系统通知区域对"Windows Defender"图标单击鼠标右键，然后在弹出的菜单中执行"退出"命令，如图12-19所示。

★ 图12-19

此外，也可以通过执行菜单中的"打开"命令，打开"Windows Defender"窗口。

动手练

请读者根据下面的操作提示，设置在系统通知区域中始终显示Windows Defender的程序控制图标。

1 通过控制面板打开"Windows Defender"窗口，并进入"工具和设置"页面。

2 在"工具和设置"页面中单击"选项"链接，进入"选项"页面。

3 找到"实时保护选项"一栏，并拖动滚动条至"实时保护选项"选项组的末尾，在"选择何时在通知区域显示Windows Defender图标"选项组中，选中"始终"单选项，如图12-20所示。

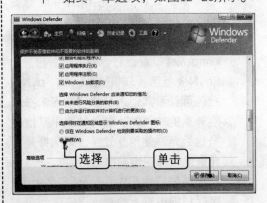

★ 图12-20

4 设置完毕后单击"保存"按钮即可。

12.2.3 扫描间谍软件

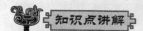 知识点讲解

　　Windows Defender提供最大限度地选择余地给用户，在不干扰用户正常操作的前提下保护电脑。若怀疑电脑感染了间谍软件，可使用Windows Defender扫描并删除间谍软件。

1 通过控制面板打开"Windows Defender"窗口。

技　巧

　　在"Windows Defender"窗口主页面中，单击"历史记录"按钮，可以切换到"历史记录"页面查看程序的所有操作记录和扫描记录。

2 在工具栏中单击"扫描"按钮右侧的下拉按钮，在弹出的列表中选择一种扫描方式开始扫描，比如"自定义扫描"选项，如图12-21所示。

★ 图12-21

3 进入"选择扫描选项"页面，在选项组中选择"扫描选定的驱动器和文件夹"单选项，然后单击"选择"按钮，如图12-22所示。

技　巧

　　这里也可以选择其他单选项，然后单击"立即扫描"按钮，就可以开始扫描。

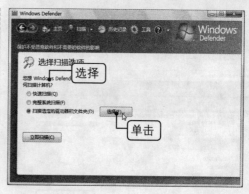

★ 图12-22

4 弹出"Windows Defender"选择对话框，在磁盘驱动器和文件夹列表中，选择要扫描的硬盘分区或者局部文件夹，然后单击"确定"按钮，如图12-23所示。

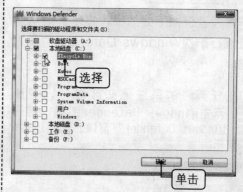

★ 图12-23

5 返回原"Windows Defender"窗口，单击"立即扫描"按钮，开始扫描，系统通知区域中的图标会显示为 ，如图12-24所示。

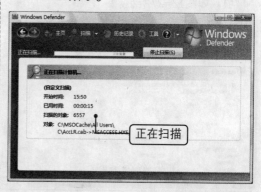

★ 图12-24

6 扫描完成后显示扫描结果。如果扫描到间谍软件，会给出警报信息和处理方案，根据提示进行操作，如图12-25所示。

扫描结果

请读者根据下面的操作提示，对电脑系统进行一次Windows Defender的快速扫描。

1 在任务栏的系统通知区域中，用鼠标双击Windows Defender图标，打开"Windows Defender"窗口，如图12-26所示。

双击

★ 图12-26

2 在工具栏中单击"扫描"下拉按钮，在弹出的下拉列表中选择"快速扫描"选项，如图12-27所示。

单击

选择

★ 图12-27

3 开始快速扫描系统盘中的文件，扫描并清除系统中的间谍软件，如图12-28所示。

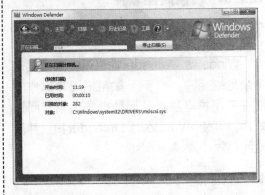

★ 图12-28

提 示

在扫描过程中如果需要中断扫描，可单击"停止扫描"按钮终止扫描。

4 扫描完毕后，查看扫描结果，若没有异常，关闭窗口即可，如图12-29所示。

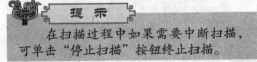

★ 图12-29

12.2.4 设置自动扫描

知识点讲解

可设置Windows Defender根据设定的时间和扫描类型自动进行扫描，以定期对电脑进行扫描。设置自动扫描的方法如下。

1 打开"Windows Defender"窗口，在工具栏中单击"工具"按钮，切换到"工

具和设置"页面，然后单击"选项"链接，如图12-30所示。

★ 图12-30

2 在"选项"页面中找到"自动扫描"一栏，在该栏目中勾选所有选项，并单击"频率"、"大约时间"等按钮，在弹出的下拉列表中选择扫描的频率、扫描时间、扫描类型等选项，如图12-31所示。

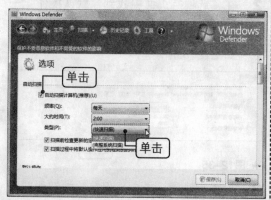

★ 图12-31

3 设置完毕后，单击"保存"按钮保存设置，关闭窗口即可。

完成上述设置后，在开机状态下，Windows Defender会在设置的时间段扫描电脑，此时显示在任务栏系统通知区域中的程序图标会显示为 状。

如果扫描到间谍软件会自动发出警报，并给出建议操作，用户可以选择删除或者隔离间谍软件。如果没有发出任何警

报，则表示没有扫描到任何间谍软件，扫描完毕后会自动结束。

动手练

请读者根据下面的操作提示，设置每周日进行一次对间谍软件的完整扫描。

1 打开"Windows Defender"窗口，切换到"工具和设置"页面，然后单击"选项"链接进入"选项"设置页面。

2 在"选项"页面中找到"自动扫描"一栏，勾选"自动扫描计算机（推荐）"复选项。

3 并单击"频率"下拉按钮，在弹出的下拉列表中选择"星期日"选项，然后单击"大约时间"下拉按钮，选择扫描时间，如图12-32所示。

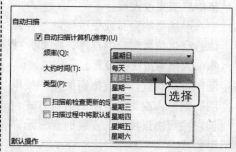

★ 图12-32

4 单击"类型"下拉按钮，在弹出的下拉列表中选择"完整系统扫描"选项，然后单击"保存"按钮，如图12-33所示。

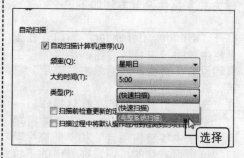

★ 图12-33

如果在设置的扫描时间段内电脑并没有开机，那么设置的扫描会推后到开机的下个时间段弥补。

12.2.5 设置警报等级

知识点讲解

设置Windows Defender警报等级，可以配置在检测到间谍软件和威胁时的操作方式，帮助更好地做出处理操作。

Windows Defender 的警报等级划分如下。

- 严重：范围广或异常的恶意程序，与病毒或蠕虫类似，会对隐私和电脑安全造成负面影响，并损害电脑。
- 高：可能搜集个人信息并对隐私产生负面影响或损害电脑的程序，例如，通常在未指示或未同意的情况下，搜集信息或更改设置。
- 中：可能影响隐私或更改电脑对计算体验产生负面影响的程序，例如，搜集个人信息或更改设置。
- 低：可能有软件会搜集有关用户或电脑的信息，或更改电脑的运行方式，但它按照协议操作，安装时会显示许可条款。
- 未分类：除非在用户未指示的情况下安装到电脑，否则通常为有益程序。

设置Windows Defender警报等级的默认操作重点在于设置高、中、低三个级别的处理方式，具体设置方法如下。

1 打开"Windows Defender"窗口，在工具栏中单击"工具"按钮，切换到"工具和设置"页面。然后单击"选项"链接，进入选项页面。

2 在"选项"页面中找到"默认操作"一栏，分别单击该栏目中的"高警报项目"、"中等警报项目"和"低警报项目"等项目右侧的按钮，在弹出的下拉列表中选择在检测到报警项目时应该出现的警报和操作，如图12-34所示。

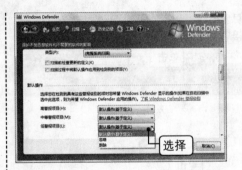

★ 图12-34

3 设置完毕后单击"保存"按钮即可。

动手练

请读者根据下面的操作提示，设置Windows Defender在遇到"高警报项目"时，直接删除扫描到的间谍软件文件。

1 打开"Windows Defender"窗口，进入"选项"页面。

2 在"选项"页面中找到"默认操作"一栏，单击"高警报项目"下拉按钮，在弹出的下拉列表中选择"删除"选项，如图12-35所示。

★ 图12-35

3 设置完毕后，单击"保存"按钮保存设置。

12.2.6 删除或还原隔离项目

知识点讲解

Windows Defender在检测到间谍软件后，如果执行了隔离软件的操作，则会将该间谍软件的文件移动到硬盘中的其他位置进行隔离。

在用户选择恢复或删除这些隔离文件之前，Windows Defender只阻止其运行而没有进行删除。

请读者根据下面的操作提示，查看 Windows Defender的隔离项目，对其中的项目进行清理。

1 打开"Windows Defender"窗口，在工具栏中单击"工具"按钮，进入"工具和设置"页面，然后单击"隔离的项目"链接选项，如图12-36所示。

★ 图12-36

2 进入"隔离的项目"页面查看每个项目，如果有需要删除或还原的项目，可以在选择该项目后，单击"删除"或"还原"按钮，如图12-37所示。

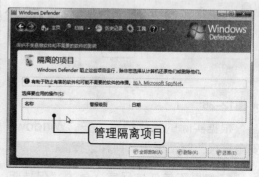

★ 图12-37

12.3　Windows防火墙设置

　　Windows操作系统自带的防火墙被叫做Windows防火墙，它是一种位于电脑和所连接的网络之间的防护程序，用来对网络与电脑之间的网络通信进行扫描和监控，阻止未经授权的访问，过滤掉来自网络的对电脑的恶意攻击，以及关闭不使用的端口，禁止特定端口的流出通信，封锁特洛伊木马等。

12.3.1　启用或禁用Windows防火墙

知识点讲解

　　Windows Vista操作系统的Windows防火墙是防止黑客或恶意软件（如蠕虫）的屏障。

　　该防火墙会检查进站和出站的所有信息，阻止来自网络中的黑客、恶意软件等的恶意攻击，同时也阻止电脑向网络中的其他电脑发送恶意软件。不过也有

Windows防火墙无法阻止的恶意攻击，比如电子邮件病毒和仿冒骗局。

　　默认设置下，Windows防火墙随开机自动启动。防火墙会根据配置的规则，监控电脑中运行的程序，以及想要访问电脑的网络程序。一旦发现未经许可的访问，就会弹出"Windows安全警报"对话框，要求用户进行操作选择，如图12-38所示。

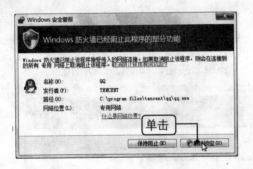

★ 图12-38

根据实际的操作情况，在"Windows安全警报"对话框中有两种选择。

▶ 如果不信任该程序，单击"保持阻止"按钮，阻止程序在未经许可的情况下接受连接。这样一来在下次启动该程序时，仍会保持阻止并弹出警报对话框。

▶ 如果信任该程序，单击"解除锁定"按钮，允许该应用程序接受连接，同时也将该程序设为了Windows防火墙的例外程序或端口。这样一来，在下次使用该程序时就可直接正常使用，不会再弹出安全警报对话框。

动手练

下面练习如何通过控制面板启用Windows防火墙，具体操作步骤如下。

1 打开"控制面板"窗口，在经典视图模式下双击"Windows防火墙"图标，如图12-39所示。

★ 图12-39

2 在打开的"Windows防火墙"窗口中，单击"更改设置"链接，如图12-40所示。

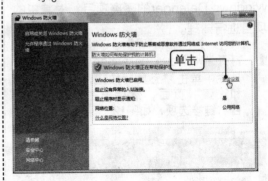

★ 图12-40

3 弹出"Windows防火墙设置"对话框，选中"启用（推荐）"单选项，如图12-41所示。

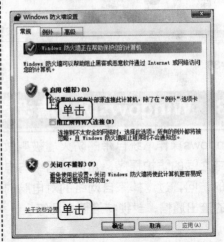

★ 图12-41

4 单击"确定"按钮，保存设置并关闭对话框即可。

12.3.2 配置例外项目

知识点讲解

对于信任的程序和网络访问，可以通过设置为例外程序或端口，取消对这些程序或端口的阻止，具体操作方法如下。

1 通过控制面板窗口进入"Windows防火

墙"窗口，在左侧的任务窗格中单击"允许程序通过Windows防火墙"链接，如图12-42所示。

★ 图12-42

2 弹出"Windows防火墙设置"对话框的"例外"选项卡页面，在列表框中勾选例外的程序或端口，如图12-43所示。

★ 图12-43

3 如果要给予例外的项目没有在列表框中，可单击下方的"添加程序"或者"添加端口"按钮进行添加，如图12-44所示。

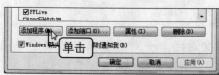

★ 图12-44

4 在弹出的"添加程序"对话框中，选择要添加的项目，然后单击"确定"按钮，如图12-45所示。

★ 图12-45

5 返回原"Windows防火墙"对话框的"例外"选项卡，即可看到添加进来的新项目，勾选该项目，设置为例外程序或端口，如图12-46所示。

★ 图12-46

提 示

如果需要添加更多项目，可重复上一步操作继续添加。

6 添加完所有例外的项目后，切换到"高级"选项卡，如果有多个网络连接，可在该选项卡中选择需要应用防火墙的网络连接，如图12-47所示。

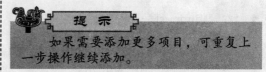

297

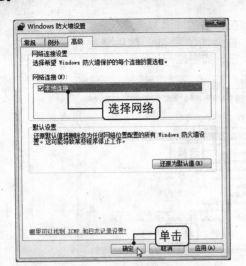

★ 图12-47

7 完成设置后，单击"确定"按钮保存设置，关闭对话框即可。

> **提示**
>
> 　　在设置过程中，如果对已做设置不满意，可以在"高级"选项卡中单击"还原为默认值"按钮，删除在自从Windows防火墙投入使用后对防火墙所做的所有更改（包括之前在安全警报对话框中所进行的所有设置）。一切还原为默认状态后，再重新设置。

> **动手练**
>
> 　　下面练习如何将信任的"avast! Antivirus"程序设置为例外程序和端口。
>
> 　　在设置过程中，若对设置项目不了解，或者需要更改其限制使用的网络范围，可以打开其"编辑程序"对话框进行设置。

1 在"Windows防火墙设置"的"例外"选项卡中，在列表框中选中"avast! Antivirus"程序项目，然后单击"属性"按钮，如图12-48所示。

2 在弹出的"编辑程序"对话框中查看程序的安装路径等信息，若要设置其限制范围则单击"更改范围"按钮，如图12-49所示。

★ 图12-48

★ 图12-49

3 在弹出的"更改范围"对话框中，选择要接触锁定的电脑或网络，如果要接触具体来自某台电脑的访问锁定，可选择"自定义列表"单选项，然后设置其IP地址，设置完毕后单击"确定"按钮，如图12-50所示。

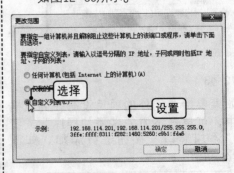

★ 图12-50

4 依次返回上一对话框单击"确定"按钮，保存设置即可。

疑难解答

问 Windows安全中心为什么要监控Windows更新?

答 因为Windows更新能够及时下载和安装最新的程序补丁，弥补系统的漏洞，所以Windows安全中心把系统的更新作为系统安全保障的基本设置之一。如果不启用Windows更新，则Windows安全中心的警报会一直存在。但也可以根据自己的需要不启用更新，对该警报不予理会和处理。

问 Windows Defender也需要更新吗?

答 是的，因为间谍软件和流氓软件的种类和数量会随时间的推移不断增加和变化，Windows Defender需要最新的定义文件来判断哪些软件是间谍软件或不需要的软件。

保持Windows Defender的定义文件是最新的非常重要。定义文件就像一本不断更新的有关潜在软件威胁的百科全书。Windows Defender依据这些定义来确定它所检测的软件是否为间谍软件或其他可能不需要的软件，然后发出警报提示潜在风险。通常Windows Defender与Windows Update一起运行，以便在发布新定义时自动进行安装。还可将Windows Defender设置为在扫描之前联机检查更新的定义。

问 如何判断电脑中是否有间谍软件或不需要的软件?

答 根据电脑系统在运行过程中的症状进行判断，如果存在以下情况，电脑中可能就有某种形式的间谍软件。

▶ IE浏览器窗口的工具栏中出现可疑的工具按钮，收藏夹中出线未知的链接。

▶ IE的默认的主页、鼠标指针或搜索程序设置被无故更改。

▶ 键入特定网站（如搜索引擎）的地址，但却在毫无通知的情况下转到另一网站。

▶ 看到弹出未知的广告窗口，即使未在网络上。

▶ 电脑突然重新启动或运行缓慢。

即使未发现任何症状，电脑中也可能有间谍软件。这种软件可以在未经认可或同意的情况下，收集关于用户和电脑中的信息。需要使用Windows Defender进行扫描，有助于发现和删除此软件。

问 Windows防火墙能阻止所有的病毒和恶意访问吗?

答 不能。Windwos防火墙并不是防病毒软件，它只能对电脑与网络之间的通信进行监控，辅助用户阻止未经允许的程序访问，Windows防火墙无法阻止电子邮件病毒和仿冒骗局。

电子邮件病毒是电子邮件附带的。防火墙无法确定电子邮件的内容，因此它无法保护电脑免受这类病毒的侵害。应该在打开电子邮件之前，使用防病毒程序扫描并删除电子邮件中的可疑附件。即使安装了防病毒程序，也不应该在不能确定电子邮件附件是否安全的情况下打开它。

仿冒是一种技术，用于欺骗电脑用户泄漏个人账户或财务信息。常见的仿冒骗局是从看似来自受信任源的电子邮件开始，但实际上是使收件人向欺骗性网站提供信息。防火墙无法确定电子邮件的内容。

Chapter 13

第13章　Windows Vista的系统维护

本章要点

↳ 使用系统工具维护磁盘

↳ 系统性能检测工具

↳ 备份与还原中心

↳ 系统备份与还原

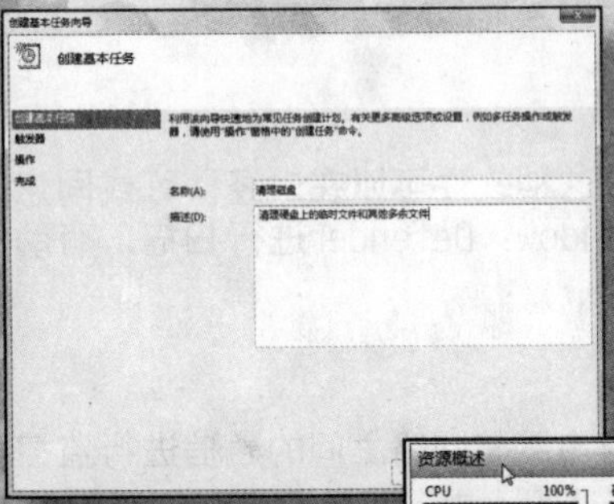

在电脑使用较长一段时间后，需要对硬盘进行一下磁盘清理，还要整理一下磁盘碎片。Windows Vista的系统维护工具可以满足这些基本的系统维护需求，还可使用系统性能检测工具对系统的程序运行、系统性能进行监控和管理。若要备份个人文件和系统，以防文件丢失和系统故障，可在备份与还原中心进行文件和电脑系统的备份。

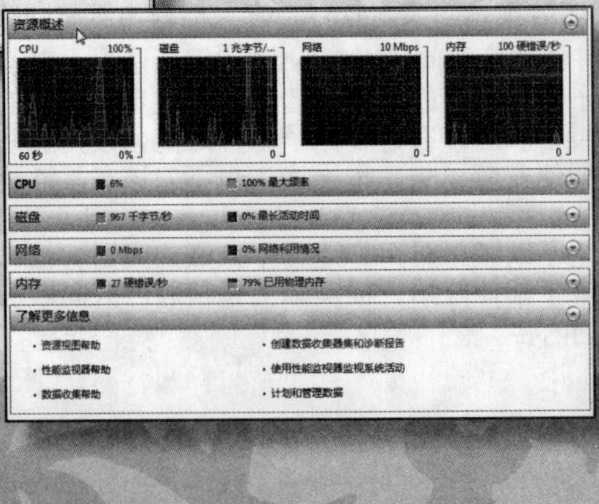

13.1　使用系统工具维护磁盘

维护磁盘是指清理和保养电脑的硬盘，在经历了无数次的文件存储或删除操作之后，电脑硬盘空间中会出现冗余数据和磁盘碎片，使用系统工具可以清理硬盘中的临时文件，并对硬盘中的磁盘碎片进行整理。

13.1.1　磁盘清理

　知识点讲解

如果系统盘的硬盘空间紧张，需要删除硬盘中不需要的文件以释放磁盘空间，提高电脑的运行速度，可使用磁盘清理。

磁盘清理是维护磁盘的系统工具，可删除临时文件、清空回收站并删除各种系统文件和其他不再需要的文件。

动手练

请读者根据下面的操作提示使用磁盘清理，删除C盘中的临时文件。

1 单击"开始"按钮，在弹出的"开始"菜单中依次单击"所有程序"→"附件"→"系统工具"→"磁盘清理"命令，如图13-1所示。

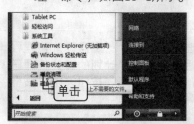

★ 图13-1

2 打开"磁盘清里"对话框，在"驱动器"下拉列表框中单击下拉按钮，在弹出的下拉列表中选择C盘分区，如图13-2所示。

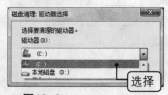

★ 图13-2

3 单击"确定"按钮，系统开始扫描磁盘并计算可以释放的空间，如图13-3所示。

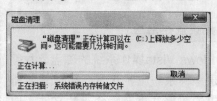

★ 图13-3

4 扫描完毕后弹出磁盘清理对话框，在磁盘清理对话框中选择要删除的文件，然后单击"确定"按钮，如图13-4所示。

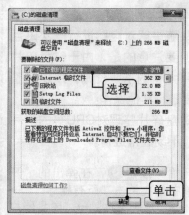

★ 图13-4

5 在弹出的"磁盘清理"提示对话框中单击"删除文件"按钮，确认操作即可开始清理，如图13-5所示。

★ 图13-5

6 删除完文件后，对话框自动关闭，如图13-6所示。

★ 图13-6

13.1.2 磁盘碎片整理

知识点讲解

Windows Vista操作系统的磁盘碎片整理程序是一种系统维护工具，可以重新排列硬盘中的数据并重新组合碎片文件，以便电脑能够更有效地运行。

进行磁盘碎片整理实际上是合并硬盘中的碎片文件的过程。

动手练

请读者跟随讲解对电脑进行一次磁盘碎片清理。但要注意的是，由于磁盘碎片整理需要占用大量的系统资源，所以在整理过程中不要进行其他操作。

系统的磁盘碎片整理对CPU等的消耗和损耗很大，不易经常进行。

1 单击"开始"按钮，在弹出的"开始"菜单中依次单击"所有程序"→"附件"→"系统工具"→"磁盘碎片整理程序"命令，如图13-7所示。

★ 图13-7

2 在弹出的"磁盘碎片整理程序"对话框中，单击"立即进行碎片整理"按钮，

可马上开始整理磁盘碎片，如图13-8所示。

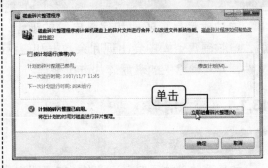

★ 图13-8

3 整理过程可能需要十几分钟或者几小时，该过程中"立即进行碎片整理"按钮会变为"取消碎片整理"按钮，此时单击该按钮可取消磁盘整理，如图13-9所示。

★ 图13-9

4 磁盘整理完毕之后，"磁盘碎片整理程序"对话框中显示"计划的碎片整理已启用"，单击"确定"按钮关闭对话框即可，如图13-10所示。

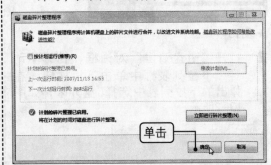

★ 图13-10

技 巧

如果勾选了"按计划进行"复选项，可以设置定期整理磁盘碎片。

13.1.3　计划定期运行磁盘清理

知识点讲解

通过任务计划程序设置定期运行磁盘清理，可以省去必须记住定期运行磁盘清理的麻烦。

设置计划定期运行磁盘清理的方法如下。

1　单击"开始"按钮，在弹出的"开始"菜单中依次单击"所有程序"→"附件"→"系统工具"→"任务计划程序"命令，如图13-11所示。

★ 图13-11

2　打开"任务计划程序"窗口，在菜单栏中依次单击"操作"→"创建基本任务"命令，如图13-12所示。

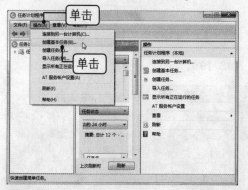

★ 图13-12

3　在弹出的"创建基本任务向导"对话框中，根据提示输入任务的名称和描述信息（可选），然后单击"下一步"按钮，如图13-13所示。

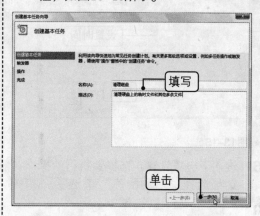

★ 图13-13

提 示

在"描述"文本框中可以输入文本，以描述此任务的操作内容和操作结果等。该"描述"项目为可选填的项目，若不需要对任务进行过多的说明，可以不填写。

4　进入下一步设置页面，选择执行该任务的时间频率，可在"每天"、"每周"、"每月"或"一次"等选项中选择，选择完毕后单击"下一步"按钮，如图13-14所示。

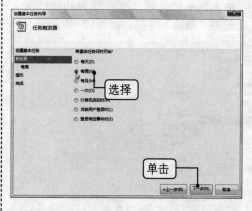

★ 图13-14

5　进入下一项设置，指定执行该任务计划的时间，设置完毕后单击"下一步"按钮，如图13-15所示。

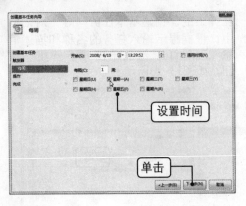

★ 图13-15

6 进入下一项设置，选择要执行的操作，这里选择"启动程序"单选项，如图13-16所示。

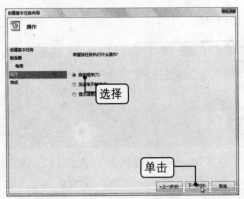

★ 图13-16

7 进入下一项设置，选择要启动的程序，单击"浏览"按钮，如图13-17所示。

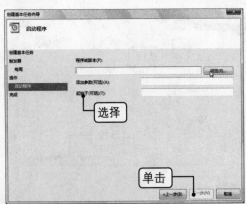

★ 图13-17

8 在弹出的"打开"对话框中，找到"cleanmgr"文件，如果很难找，可以直接在"文件名"文本框中输入"cleanmgr.exe"文件名，然后单击"打开"按钮，如图13-18所示。

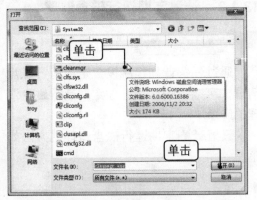

★ 图13-18

9 返回向导对话框可见添加的程序文件，单击"下一步"按钮。

10 进入任务向导的最后一步，在"摘要"页面中检查任务计划的各项设置信息是否正确，如果没有问题单击"完成"按钮即可，如图13-19所示。

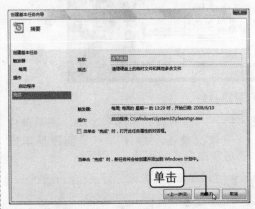

★ 图13-19

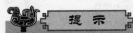
提 示

在最后一步完成操作时，如果勾选了"当单击'完成'时，打开此任务属性的对话框"复选项，则可在结束操作时打开"磁盘清理 属性"对话框，阅读详细的任务设置信息。

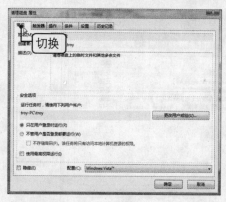

使用任务计划程序，设置定期运行磁盘清理程序。

在设置最后打开任务的属性对话框，查看任务的详细设置参数，如图13-20所示。

★ 图13-20

13.2 系统性能检测工具

Window Vista自带了几款用于检测系统性能的工具，通过这些性能检测工具可随时查看和调节系统CPU、系统进程、磁盘使用情况等系统性能指标，掌握当前系统的性能状况。还可以解决一些系统故障，处理相应的程序和功能。

13.2.1 任务管理器简介

任务管理器是监视和管理电脑性能的工具，任务管理器窗口会显示系统中当前正在运行的程序、进程和服务，在任务管理器中可以关闭没有响应的程序。

另外，还可以使用任务管理器查看网络状态以及查看当前电脑网络是如何工作的。如果有多个用户连接到本地电脑，从中还可查看到谁在连接、在做什么，甚至还可以给其他电脑发送消息。

启动任务管理器的方法有如下几种。

▶ 用鼠标右键单击任务栏的空白处，在弹出的菜单中选择"任务管理器"命令，如图13-21所示。

▶ 按"Ctrl+Alt+Delete"组合键，切换到安全桌面，然后在该桌面中单击"启动任务管理器"命令。

★ 图13-21

启动任务管理器后，在弹出的"Windows任务管理器"窗口中，可以看到工具栏和多个选项卡页面。

1. "应用程序"选项卡

"应用程序"选项卡页面中会显示当前桌面上已经打开的应用程序的窗口名称及其程序状态，从中可选择关闭某个程序或者启动新程序，如图13-22所示。

当某个应用程序不能正常关闭，出现无响应状态时，可使用"应用程序"选项卡强行关闭该程序。

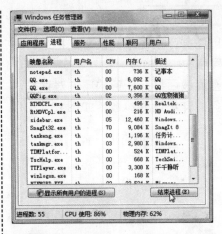

★ 图13-22

　　如果需要启动某个新的应用程序，单击窗口右下方的"新任务"按钮，然后在弹出的"创建新任务"对话框中输入应用程序的路径和名称，然后单击"确定"按钮即可，如图13-23所示。

★ 图13-23

　　"应用程序"选项卡还有另外一个便利的功能，能够迅速地查找到某个应用程序窗口的进程。

2. "进程"选项卡

　　"进程"选项卡用于监控当前运行进程的详细信息，包括"映像名称"、"用户名"、"CPU"占用率等信息，如图13-24所示。

　　若要查看当前在电脑中运行的所有用户的进程，可单击左下方的"显示所有用户的进程"按钮。如果系统提示输入管理员密码或进行确认，输入密码或提供确认即可。

★ 图13-24

3. "性能"选项卡

　　任务管理器的"性能"选项卡用于监控CPU使用情况、内存占用率等系统性能信息。

　　在"CPU使用"图表中显示CPU的占用率，在"CPU使用记录"图表中显示过去几分钟CPU使用率的波形图。

　　如果电脑中安装了多个CPU或者使用的是双核CPU，则还会显示多个"CPU使用记录"图表。

　　CPU的占用率越高，说明系统进程占用的CPU资源越多，系统运行速度相对较缓慢。如果CPU的占用率长时间达到100%，则可能是因为有程序没有响应。如图13-25所示为"性能"选项卡页面。

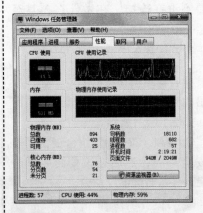

★ 图13-25

在"内存"图表中，显示当前系统所使用的物理内存大小，"内存使用记录"图表显示几分钟内物理内存的使用情况。

在图表下方则详细地显示了"物理内存"、"核心内存"和"系统"的详细信息。

动 手 练

请读者根据下面的操作提示，打开"Windows任务管理器"窗口，在"应用程序"选项卡中查找程序窗口的进程。

1 在"应用程序"选项卡中，在列表框中用鼠标右键单击某个程序选项，然后在弹出的菜单中选择"转到进程"命令，如图13-26所示。

★ 图13-26

2 窗口立即转到"进程"选项卡，并自动选中该程序对应的进程，如图13-27所示。

提 示

进程是程序运行的一部分，是一个运行任务，但不是程序的全部。如果某个进程被中断，会影响甚至是中断其程序的运行。

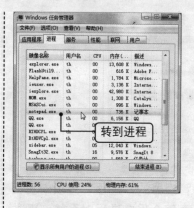

★ 图13-27

13.2.2　使用任务管理器

知识点讲解

在任务管理器的实际运用中，多会将其用于关闭不相应的程序，或终止占用太多资源的系统进程。

如果有程序在运行时不响应任何常规操作，系统运行速度也受到了影响，可以通过任务管理器来关闭该程序。具体关闭方法如下。

1 启动任务管理器，打开"Windows任务管理器"窗口。

2 在"应用程序"选项卡中，选中没有响应的程序，然后单击"结束任务"按钮，如图13-28所示。

★ 图13-28

3 如果弹出"结束程序"对话框，单击"立

即结束"按钮即可，如图13-29所示。

★ 图13-29

在任务管理器的"进程"选项卡页面中，可以查看每个程序进程对系统资源的占用情况。

如果发现有进程占用了较高的CPU资源或较大数量的随机存取内存（RAM），从而降低了系统性能，或者发觉某进程疑似病毒程序的进程，则可以在窗口中强行结束该程序进程。

动手练

下面练习终止"QQpig"程序进程，具体操作步骤如下。

1 启动任务管理器，打开"Windows任务管理器"窗口，切换到"进程"选项卡页面。

2 在"进程"选项卡中，在列表框中选择要结束的"QQpig.exe"进程，然后单击"结束进程"按钮，如图13-30所示。

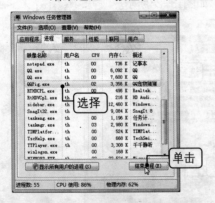

★ 图13-30

3 在弹出的"Windows任务管理器"提示对话框中单击"结束进程"按钮，确认结

束该进程即可，如图13-31所示。

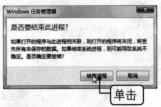

★ 图13-31

提示

在使用任务管理器结束进程之前，最好先尝试关闭打开的应用程序，看看是否进程已结束。如果结束的进程是应用程序的进程（如字处理程序），则会关闭该程序并且将丢失所有未保存的数据；如果结束的是与系统服务关联的进程，则系统的某些部分可能无法正常工作。

13.2.3 可靠性和性能监视器

知识点讲解

Windows可靠性和性能监视器是一个 Microsoft 管理控制台（MMC）管理单元，提供用于分析系统性能的工具。通过从一个单独的控制台，实时监视电脑的应用程序和硬件性能，自定义要在日志中收集的数据，定义警报和自动操作的阈值，生成报告以及以各种方式查看过去的性能数据。

Windows可靠性和性能监视器组合了以前独立工具的功能，包括性能日志和警报（PLA）、服务器性能审查程序（SPA）和系统监视器，并提供了自定义数据收集器集和事件跟踪会话的图表界面。

提示

Microsoft 管理控制台的英文全称叫 Microsoft Management Console（缩写为MMC），在Windows Vista操作系统中使用的是MMC 3.0。作为一个框架，通过提供在不同工具间通用的导航栏、菜单、工具栏和工作流，来统一和简化Windows中的日常系统管理任务。

Windows 可靠性和性能监视器包括以下三个监视工具：资源视图、性能监视器和可靠性监视器。

1. 资源视图

Windows可靠性和性能监视器的主页是资源视图，·打开资源视图的方法如下。

1 在桌面上用鼠标右键单击"计算机"图标，然后在弹出的菜单中单击"管理"命令，如图13-32所示。

★ 图13-32

2 打开"计算机管理"窗口，在左侧的窗格中展开"系统工具"列表，并单击"可靠性和性能"选项，在中间的窗格中便以资源视图打开Windows可靠性和性能监视器，如图13-33所示。

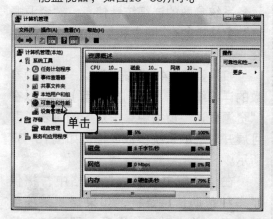

★ 图13-33

当以管理员用户身份运行 Windows 可靠性和性能监视器时，可以实时监控 CPU、磁盘、网络和内存资源的使用情况

和性能。可通过展开4个资源获得详细信息（包括哪些进程使用哪些资源）。

2. 性能监视器

性能监视器以实时或查看历史数据的方式显示内置的Windows性能计数器，打开性能监视器的方法如下。

1 在桌面上用鼠标右键单击"计算机"图标，然后在弹出的菜单中单击"管理"命令，打开"计算机管理"窗口。

2 在左侧的窗格中依次展开"系统工具"→"可靠性和性能"项，然后在展开的列表中单击"性能监视器"选项，在中间的窗格中便打开了"性能监视器"视图，如图13-34所示。

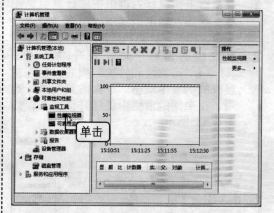

★ 图13-34

在"性能监视器"视图中，可以通过拖放或创建自定义数据收集器集将性能计数器添加到性能监视器。其特征在于可以直观地查看性能日志数据的多个图表视图。可以在性能监视器中创建自定义视图，该视图可以导出为数据收集器集以便与性能和日志记录功能一起使用。

3. 可靠性监视器

可靠性监视器提供系统稳定性的大体情况以及趋势分析，具有可能会影响系统总体稳定性的个别事件的详细信息，例如软件安装、操作系统更新和硬件故障。

可靠性监视器在系统安装时开始收集数据，并使用数据收集器集执行数据收集和日志记录。

> **注意**
>
> 只有用管理员用户账户登录系统，才能使用或配置可靠性和性能监视器的全部功能。其他用户账户可以使用监视器的部分功能，但不能进行配置。

动手练

请读者根据下面的操作提示，打开"计算机管理"窗口，然后打开可靠性监视器。

1 在桌面上用鼠标右键单击"计算机"图标，然后在弹出的菜单中单击"管理"命令，打开"计算机管理"窗口。

2 在左侧的窗格中依次展开"系统工具"→"可靠性和性能"列表，然后在展开的列表中单击"可靠性监视器"选项，在中间的窗格中便打开该视图，如图13-35所示。

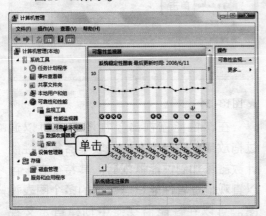

★ 图13-35

13.2.4 使用资源视图

知识点讲解

在"计算机管理"窗口中，可以资源视图打开Windows可靠性和性能监视器视图。

该视图共分"资源概述"、"CPU"、"磁盘"、"网络"、"内存"和"了解更多信息"6个栏目组成。

在视图中单击任意一个栏目的窗格按钮（例如"资源概述"按钮），可展开或者收起该窗格。

其中"资源概述"窗格分别用"CPU"、"磁盘"、"网络"和"内存"4个图表实时反映这4个系统参数的变化情况，展示系统的运行情况，如图13-36所示。

★ 图13-36

而在下边的"CPU"、"磁盘"、"网络"和"内存"4个窗格中，则分别显示各系统参数的详细统计信息。"资源概述"窗格中的4个图表和下边的4个窗格存在一一对应的关系。

如果要查看4个系统参数之一的某项参数的详细统计信息（例如磁盘），可以在"资源概述"窗格中单击对应的图表，即可展开对应的系统参数窗格，如图13-37所示。

在"了解更多信息"窗格中，提供了多种帮助信息链接，如果需要某项帮助信息，单击对应的选项，即可打开帮助信息窗口获取相关的详细解释和详细介绍内容。例如单击"资源视图帮助"按钮 `资源视图帮助`，如图13-38所示。

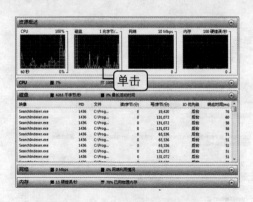

★ 图13-37

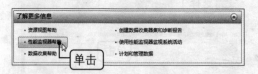

★ 图13-38

动手练

除了在"计算机管理"窗口中使用资源视图外，还可以通过任务管理器打开"资源监视器"窗口，下面介绍其具体操作方法。

打开"Windows 任务管理器"窗口，切换到"性能"选项卡，单击窗口右下角的"资源监视器"按钮 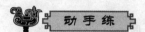，即可打开"资源监视器"窗口，如图13-39所示。

★ 图13-39

在弹出的"资源监视器"窗口中，只保留了资源视图的界面，可在该视图中查看系统的CPU和硬盘使用情况。

13.3　备份与还原中心

Windows Vista的备份和还原中心具备完善的文件备份和还原功能，也提供备份整个系统的备份功能。一旦个人文件夹中的文件被误删或者系统出现异常，可通过备份和还原中心还原文件和系统。

13.3.1　备份个人文件

知识点讲解

备份个人文件功能可以备份个人账户设置和个人文件夹中的所有文件，以便于在这些数据和文件被损坏后，通过备份文件来恢复数据和文件。

注　意

要说明的是，该备份文件夹的功能是针对与用户账户相关联的系统设置、程序、个人文件夹而言的，而并不包括其他硬盘分区、文件夹中的文件，也不是单独地对某个文件进行备份。

要使用还原个人文件的功能，首先要对个人文件进行备份，首次备份个人文件的方法如下。

1 单击"开始"按钮 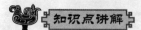，在弹出的"开始"菜单中依次单击"所有程序"→"维护"→"备份和还原中心"命令，如图13-40所示。

2 在弹出的"备份和还原中心"窗口中，单击"备份文件"按钮，如图13-41所示。

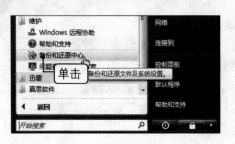

★ 图13-40

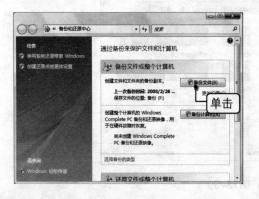

★ 图13-41

3　在弹出的"备份文件"向导对话框中，选择备份文件的存储位置，然后单击"下一步"按钮，如图13-42所示。

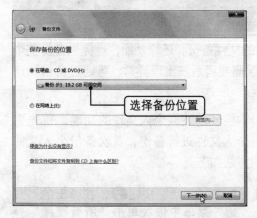

★ 图13-42

提　示

　　在选择备份文件位置时不能选择在系统分区，应该选择其他硬盘分区。最好使用其他可移动存储设备存储备份文件。将可移动存储设备连接到电脑，进行备份操作。

4　进入下一设置页面，选择要备份的文件类型，然后单击"下一步"按钮，如图13-43所示。

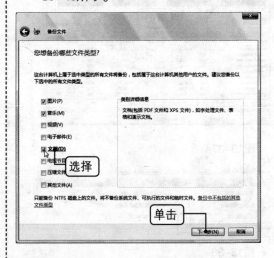

★ 图13-43

5　进入下一设置页面，分别在"频率"、"哪一天"、"时间"下拉列表中设置自动备份的频率和时间，设置完毕后单击"保存设置并开始备份"按钮，如图13-44所示。

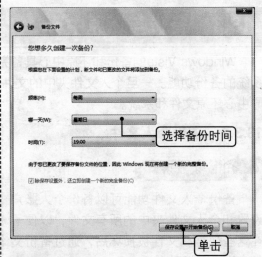

★ 图13-44

6　系统开始创建卷影复制文件和文件备份，如图13-45所示。

7　备份完成后，单击"关闭"按钮关闭"备份文件"对话框即可，如图13-46所示。

Chapter 13

第13章　Windows Vista的系统维护

★ 图13-45

★ 图13-46

完成上述备份后，在所设置的存储备份文件的存储设备或文件夹中，可见一以当前计算机名命名的文件夹，该文件夹所存储的便是备份文件，如图13-47所示。

★ 图13-47

动手练

请读者根据下面的操作提示，对已经备份过的文件重新备份。

1　打开"备份和还原中心"窗口，在"备份文件或整个计算机"选项组中，单击"备份文件"按钮，如图13-48所示。

2　如果已经进行过备份设置，此时不会再弹出"备份文件"向导对话框，而是直接开始进行文件备份，只在系统通知区域弹出正在运行的提示，此时可单击弹出的提示气球，查看备份进度，如图

13-49所示。

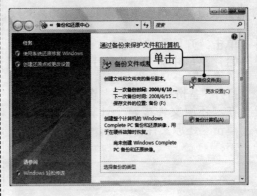

★ 图13-48

★ 图13-49

3　备份完毕后，系统通知区域会弹出提示告知备份完成，单击关闭提示即可，如图13-50所示。

★ 图13-50

13.3.2　还原个人文件

知识点讲解

发现个人文件夹中有文件丢失，使用备份文件可以还原丢失的文件。

打开"备份和还原中心"窗口，在"还原文件或整个计算机"一栏中单击"还原文件"按钮，开始还原操作。

在弹出的"还原文件"对话框中，可以选择要采用新备份还是旧备份文件进行还原，以还原到想要的文件版本。

动手练

请读者根据下面的操作提示，通过还

Windows Vista操作系统（第2版）

原文件，使用最新备份将个人文件夹中的"销售渠道"文档还原到之前的状态。

1 单击"开始"按钮 ，在弹出的"开始"菜单中依次单击"所有程序"→"维护"→"备份和还原中心"命令，打开"备份和还原中心"窗口。

2 在"还原文件或整个计算机"一栏中单击"还原文件"按钮，如图13-51所示。

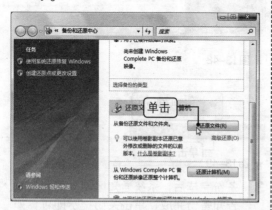

★ 图13-51

3 在弹出的"还原文件"对话框中，选择"文件来自最新备份"单选项，然后单击"下一步"按钮，如图13-52所示。

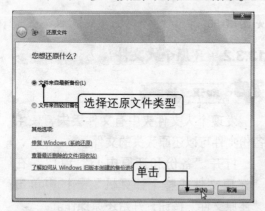

★ 图13-52

    如果选择"文件来自较旧备份"单选项，单击"下一步"按钮后，还需选择开始还原的日期，在列表框中选择根据哪个时间的备份文件进行还原。

4 进入"选择要还原的文件和文件夹"页面，单击"添加文件"按钮，如图13-53所示。

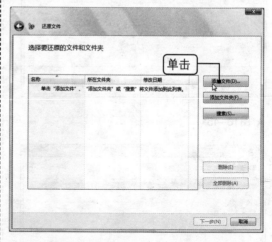

★ 图13-53

    如果要还原的是整个文件夹，可单击"添加文件夹"按钮，然后在弹出的对话框中选择要还原的文件夹。

5 在弹出的对话框中选择"销售渠道"文件，然后单击"添加"按钮，如图13-54所示。

★ 图13-54

6 返回"还原文件"向导对话框，在列表框中选中添加的文件，然后单击"下一步"按钮，如图13-55所示。

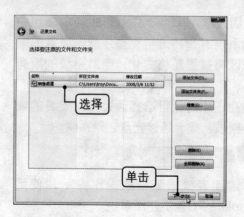

★ 图13-55

7 进入下一页面选择文件还原位置，选中"在原始位置"单选项，单击"开始还原"按钮开始还原，如图13-56所示。

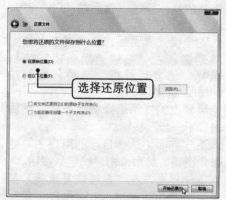

★ 图13-56

提　示

如果想将文件还原到其他文件夹中，可选择"在以下位置"单选项，然后单击"浏览"按钮选择要还原到的文件夹。选择完毕之后，再单击"开始还原"按钮进行还原。

8 还原完毕之后，在完成对话框中单击"完成"按钮即可，如图13-57所示。

如果选择的是还原到原始位置，由于原始位置很可能还保留有部分残留文件，所以在还原文件的过程中，也许会出现文件重复现象。此时会弹出对话框询问是否覆盖原文件，根据需要做出选择即可。

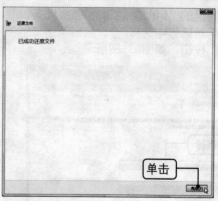

★ 图13-57

13.3.3　Complete PC备份

知识点讲解

备份与还原中心的Complete PC功能是对整个电脑系统进行备份，包括操作系统文件、系统设置、安装的应用程序和个人文件夹数据等。

但是该功能只能在NTFS格式的硬盘格式下进行备份，所以需要准备NTFS格式的硬盘分区或移动硬盘来存储备份文件。

动手练

请读者根据下面的操作提示，使用Complete PC功能备份整个电脑系统，将备份存储在NTFS格式的F盘中。

1 参考备份个人文件的方法，打开"备份和还原中心"窗口，然后单击"备份计算机"按钮，如图13-58所示。

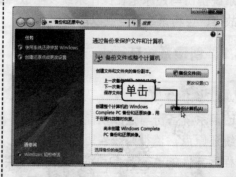

★ 图13-58

2 在弹出的"Windows Complete PC备份"向导对话框中选择F盘，然后单击"下一步"按钮，如图13-59所示。

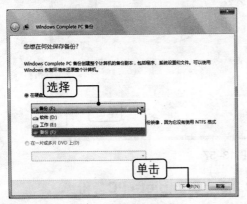

★ **图13-59**

3 接下来根据"Windows Complete PC备份"向导对话框的提示，完成剩下的操作步骤，这里不再赘述。

13.3.4 Complete PC还原

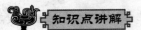 **知识点讲解**

如果操作系统运行出现异常，许多功能都不能正常使用，一般的方法也无法修复，可通过Complete PC备份还原系统设置和系统文件。

但是在使用Complete PC还原时要慎重，因为从Windows Complete PC 备份中还原系统时，将进行完整还原。硬盘的系统分区将被重新格式化，当前系统的所有程序、系统设置和文件都将被替换。

在还原时，可选择通过预先安装的恢复还原项，或者通过光盘还原系统。

动手练

请读者根据下面的操作提示，使用Complete PC备份还原系统。

1 重新启动电脑，如果电脑中仅安装了一个操作系统，在出现Windows徽标之前按"F8"键；如果电脑中安装了多个操作系统，则使用键盘上的光标移动键选中要恢复的操作系统，然后按"F8"键，进入安全模式界面。

2 进入安全模式界面后，使用键盘上的光标移动键，在"高级启动选项"菜单中选择"修复计算机"选项，然后按"Enter"键确认。

3 根据屏幕上的提示选择键盘布局，然后单击"下一步"按钮。

4 进入下一界面，选择自己的用户名并输入账户密码，然后单击"确定"按钮。

5 进入下一界面，在"系统恢复选项"菜单中单击"Windows Complete PC还原"命令，然后按照说明和提示进行操作，完成剩下的步骤。

13.4 系统备份与还原

系统备份与还原是在操作系统发生故障时的补救措施。将系统正常状态备份，一旦出现故障，可将系统恢复到以前的状态。

13.4.1 创建系统还原点

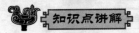 **知识点讲解**

使用系统备份与还原功能，首先要创建系统还原点，监视系统各驱动器和某些应用程序文件的改变，自动创建系统的备份。使用这些还原点才可进行系统还原。

创建还原点时，必须保证电脑处于最佳状态，没有感染病毒或其他系统问题。

动手练

请读者根据下面的操作提示，打开当前系统的系统还原功能，创建系统还原点。

Chapter 13

第13章　Windows Vista的系统维护

1 在桌面上用鼠标右键单击"计算机"图标，在弹出的快捷菜单中执行"属性"命令，如图13-60所示。

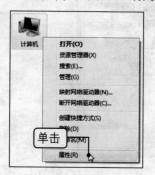

★ 图13-60

2 弹出"系统"窗口，在窗口左侧单击"系统保护"链接，如图13-61所示。

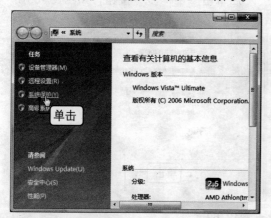

★ 图13-61

> **注　意**
>
> 只有管理员账户或获取系统管理员权限，才能使用系统还原功能开启还原点和还原系统。

3 弹出"系统属性"对话框，默认显示"系统保护"选项卡，在"自动还原点"列表框中勾选系统盘磁盘驱动器（例如本地磁盘C），然后单击"应用"按钮，如图13-62所示。

4 右下角的"创建"按钮被激活，单击"创建"按钮，如图13-63所示。

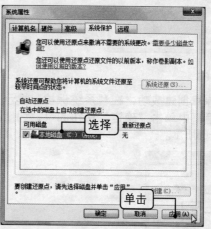

★ 图13-62

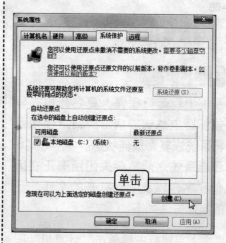

★ 图13-63

5 弹出"系统保护"对话框，在中间的文本框中输入还原点的描述名称，然后单击"创建"按钮，如图13-64所示。

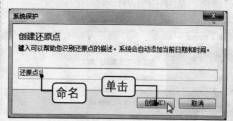

★ 图13-64

6 系统开始创建还原点，此时耐心等待系统搜索系统各方面的状态参数，如图13-65所示。

★ 图13-65

7 还原点创建成功，在"系统保护"提示对话框中单击"确定"按钮即可，如图13-66所示。

★ 图13-66

13.4.2 还原系统

知识点讲解

当系统出现运行缓慢、莫名死机等异常时，或怀疑电脑感染病毒时，可使用系统还原将系统恢复到最佳状态。

在还原系统之前，要关闭所有正在运行的其他程序，以及所有打开的文件。还原系统的操作方法如下。

1 在桌面上用鼠标右键单击"计算机"图标，在弹出的快捷菜单中执行"属性"命令。

2 弹出"系统"窗口，在窗口左侧单击"系统保护"链接，打开"系统属性"对话框，如图13-67所示。

★ 图13-67

3 在"系统保护"选项卡中单击"系统还原"按钮，如图13-68所示。

★ 图13-68

4 弹出"系统还原"向导对话框，可先阅读系统还原和文件配置的相关说明，然后单击"下一步"按钮，如图13-69所示。

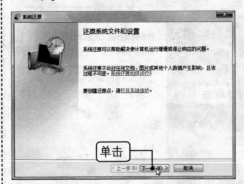

★ 图13-69

5 进入下一步页面，在还原点列表框中选择一个还原点（系统将还原到所选的还原点状态），然后单击"下一步"按钮，如图13-70所示。

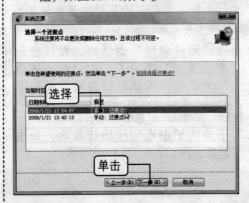

★ 图13-70

6 进入下一步页面，确认还原点信息无误后，单击"完成"按钮，如图13-71所示。

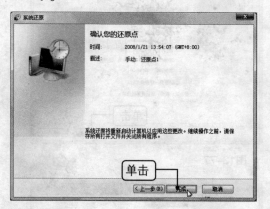

★ 图13-71

7 在弹出的提示对话框中单击"是"按钮，开始系统还原，如图13-72所示。

★ 图13-72

8 系统开始进行还原，在弹出的"系统还原"提示对话框中可看到准备还原的提示，紧接着电脑将重新启动，此时已不能做任何撤销操作，如图13-73所示。

★ 图13-73

9 重新启动后，弹出"系统还原"提示对话框，单击"关闭"按钮即可，系统还原完毕，如图13-74所示。

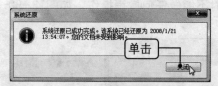

★ 图13-74

在还原系统的重启过程中系统还原依次完成还原初始化、还原系统等过程。

动手练

使用开启的系统还原点，进行系统还原，还可以从"开始"菜单启动系统还原功能，请读者跟随讲解练习其具体操作方法。

单击"开始"按钮，在弹出的"开始"菜单中依次单击"所有程序"→"附件"→"系统工具"→"系统还原"命令，如图13-75所示。

★ 图13-75

然后直接打开的便是"系统还原"向导对话框，根据向导的提示完成还原操作。

13.4.3 撤销还原

知识点讲解

如果还原后的操作系统不尽如人意，也许是因为选择了错误的还原点，或者还原点状态本身的问题。此时可以通过撤销还原来进行补救，恢复还原前的状态。

创建还原点、还原系统和撤销还原操作，都必须以管理员身份登录系统或者获取同等权限，才能进行操作。

参考系统还原的步骤，进入"系统还原"对话框，选择"撤销系统还原"单选项，然后单击"下一步"按钮，开始选择

还原点、系统还原等操作。

动手练

请读者根据下面的操作提示，使用最新创建的还原点还原系统，然后撤销该还原。

1 在桌面上用鼠标右键单击"计算机"图标，在弹出的快捷菜单中执行"属性"命令。

2 在打开的"系统"窗口中，在左侧的窗格中单击"系统保护"链接，打开"系统属性"对话框。

3 弹出"系统属性"对话框，默认显示"系统保护"选项卡，单击该选项卡中的"系统还原"按钮，如图13-76所示。

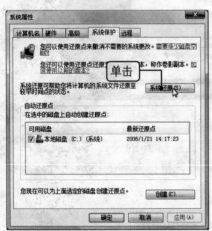

★ 图13-76

4 弹出"系统还原"对话框，选择"撤销系统还原"单选项，然后单击"下一步"按钮，如图13-77所示。

提 示

由于刚进行过系统还原，因此"系统还原"对话框的页面内容与之前的有所不同。在此步骤中，如果之前设置了多个还原点，也可考虑选择"选择另一还原点"，重新进行一次系统还原。

5 进入下一步页面，单击"完成"按钮确认操作，如图13-78所示。

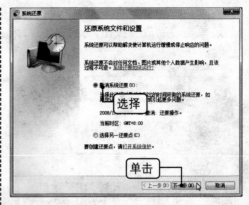

★ 图13-77

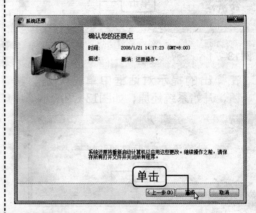

★ 图13-78

6 弹出"系统还原"提示对话框，单击"是"按钮，开始撤销还原，如图13-79所示。

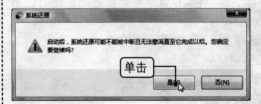

★ 图13-79

7 弹出"系统还原"提示对话框告知开始准备还原系统，紧接着系统重新启动，此时不能做任何撤销操作，如图13-80所示。

系统还原

正在准备还原系统……

★ 图13-80

8 重新启动后，撤销还原便完成，在弹出的"系统还原"提示对话框中单击"关闭"按钮，关闭对话框即可，如图13-81所示。

单击

★ 图13-81

> **提 示**
>
> 虽然系统备份与还原能够修复系统故障，但是需要系统本身还能正常启动的前提下才能进行。如果整个系统已经完全瘫痪无法启动，系统备份与还原功能本身也将无法使用。

疑难解答

问 磁盘碎片是怎样产生的？

答 因为多次的保存、更改或删除文件的操作后，硬盘中会产生不能被利用的碎片空间。对文件所做的更改通常存储在硬盘中与原始文件不同的位置，其他更改甚至会保存到多个位置。随着时间的流逝，文件和硬盘本身都会成为碎片，当电脑必须在多个不同位置查找以打开文件时，其速度会降低。

问 如果任务管理器无法启动该怎么办？

答 如果任务管理器无法启动，有以下几种情况。

  ▶ 系统资源紧张，整个系统运行缓慢，只能耐心等待系统反应。
  ▶ 电脑可能已经中病毒，确保电脑中安装了最新的防病毒软件，进行一次病毒扫描和杀毒。
  ▶ 桌面上的所有程序都不响应，濒临死机或者已经死机，只能重启电脑。
  ▶ 没有上述故障，但唯独不能启动任务管理器，则可能是任务管理器被禁用，需要以系统管理员账户身份在系统设置中重新开启该功能。

问 在备份个人文件时，哪些文件需要备份？

答 对于个人很重要的文件、很难再找到或者不可能替换的文件。对于经常需要更改的文件，还需要定期备份。图片、视频、音乐、项目、财务记录等，都是应该备份的文件类型。无须备份程序，因为可以使用原始产品光盘重新安装它们，而且程序通常占用很多磁盘空间。

问 在备份期间，如果光盘空间不足，该怎么办？

答 如果备份期间光盘空间不足，可以稍后再完成备份。如果用于备份的存储设备中还存储有其他不相干的文件，可先将这些文件转存到其他存储设备或删除，以腾出空间。

反侵权盗版声明

  电子工业出版社依法对本作品享有专有出版权。任何未经权利人书面许可，复制、销售或通过信息网络传播本作品的行为；歪曲、篡改、剽窃本作品的行为，均违反《中华人民共和国著作权法》，其行为人应承担相应的民事责任和行政责任，构成犯罪的，将被依法追究刑事责任。

  为了维护市场秩序，保护权利人的合法权益，我社将依法查处和打击侵权盗版的单位和个人。欢迎社会各界人士积极举报侵权盗版行为，本社将奖励举报有功人员，并保证举报人的信息不被泄露。

举报电话：(010)88254396；(010)88258888
传　　真：(010)88254397
E - mail：dbqq@phei.com.cn
通信地址：北京市万寿路173信箱
　　　　　电子工业出版社总编办公室
邮　　编：100036